高等学校应用型本科"十三五"规划教材

低频电子电路

主　编　张　媛
副主编　唐林建
主　审　李卫东

西安电子科技大学出版社

内 容 简 介

　　本书以电子信息系统中的放大电路为主线,介绍了放大、信号运算、功率放大、直流电源等单元功能电路,主要内容包括半导体二极管及其基本电路、双极型三极管及其放大电路、场效应管及其放大电路、放大电路的频率响应、集成运算放大器、负反馈放大电路、功率放大电路和直流电源。全书内容系统性较强,结构完整,重点突出,每章均附有小结和思考与练习题。

　　本书在编写上保持简明易学的风格,力图摆脱理论推导繁琐的方式,着重介绍放大电路分析的基本思想和方法,尽可能地使知识易于为读者所接受,同时,补充了一些实践应用的内容。

　　本书可作为高等院校电气信息类各专业学生的教材,也可作为自学参考书。

图书在版编目(CIP)数据

低频电子电路/张媛主编 . —西安:西安电子科技大学出版社,2017.8(2017.12 重印)
高等学校应用型本科"十三五"规划教材
ISBN 978 - 7 - 5606 - 4613 - 8

Ⅰ. ① 低… Ⅱ. ① 张… Ⅲ. ① 电子电路—低频 Ⅳ. ① TN710.6

中国版本图书馆 CIP 数据核字 (2017) 第 177771 号

策　　划　戚文艳
责任编辑　买永莲
出版发行　西安电子科技大学出版社(西安市太白南路 2 号)
电　　话　(029)88242885　88201467　　　邮　编　710071
网　　址　www.xduph.com　　　　　　　电子邮箱　xdupfxb001@163.com
经　　销　新华书店
印刷单位　陕西利达印务有限责任公司
版　　次　2017 年 8 月第 1 版　2017 年 12 月第 2 次印刷
开　　本　787 毫米×1092 毫米　1/16　印张 16
字　　数　376 千字
印　　数　1001～4000 册
定　　价　32.00 元
ISBN 978 - 7 - 5606 - 4613 - 8/TN

XDUP 4905001 - 2

前　　言

为了适应电子科学技术的发展和高等教育培养高素质人才的需要，我们根据近年电子技术的新发展，总结多年来课程改革的经验，并考虑素质教育的特点，编写了本书。本书在保留基本理论体系的基础上，精炼基础部分，适当拓宽知识面，以培养学生创新意识为目标，并以"保证基础，联系实际，体现先进，引导创新"为编写原则，力求体现"精炼"和"实用"。本书在编写时考虑到要使学生获得必要的电子技术基础理论、基本知识和基本技能，因此舍去了繁复的、不必要的理论叙述与推导，以加强应用，提高学生分析和解决实际问题的能力。

全书共9章，编写特色如下：

1. 在内容安排上，先介绍半导体器件，再介绍放大电路；先介绍分立元件构成的放大电路，再介绍集成运放电路；围绕信号的放大、运算、处理、转换和产生这一主线展开介绍。

2. 以集成电路为主，分立元件为辅。引入常用的模拟集成电路和新的常用电子器件的介绍，重在对电路的认知和对应用能力的培养。

3. 各章力图按"提出问题、突出主干、启发引导、举一反三"的原则编排内容，沿主干方向由浅入深、由简到繁、承前启后，激发读者学习兴趣。

4. 由于电子电路分析和设计方法的现代化和自动化，使定量计算更准确和精确，因而设计者将更侧重电路结构的设计。因此，本书注重电路结构的构思，突出定性分析，使学生从中获得启迪，并进一步提高创新意识。

5. 各章节在讲清基本内容的基础上，增加了"提高"的内容，以扩展知识面，开阔视野。这部分内容教师可以按学时多少和专业需要取舍。

6. 内容与习题融为一体。每章的思考与练习中都设置填空、选择、判断与计算题，以帮助学生总结内容，拓宽思路，提高分析问题和解决问题的能力。

本书由重庆邮电大学移通学院通信与信息工程系组织编写，张媛任主编，唐林建任副主编，李卫东任主审，唐燕、蔡凯、高飞、何春燕、张雪莲、胡蓉、郑秋菊、郭彦芳等参与了编写。本书编写过程中，参阅了大量的相关教材和资料，并借鉴了部分内容，同时本书的出版得到西安电子科技大学出版社的大力支持，在此对相关作者及编辑一并表示感谢。

由于编者水平所限，书中难免存在疏漏、欠妥之处，恳请各位读者批评指正。

编者

2017 年 4 月

目　　录

第 1 章 绪 论

以微电子技术为标志的现代电子技术的飞速发展，推动了计算机、自动控制、通信和互联网等技术的发展。目前，人类已进入信息时代，而信息时代最重要的基础就是电子技术。

电子技术的基本任务是完成信号的产生、传输和处理。对电子器件、电子电路、电子系统性能的研究决定着电子技术基本任务的完成与否。

按照功能和构成原理的不同，电子电路可分为模拟电路和数字电路两大类，本书将对模拟电子电路进行详细的阐述。

本章在简要介绍信号与电子系统基本概念的基础上，介绍模拟电子电路中应用最普遍的基本电路（即放大电路），并介绍放大电路的主要性能指标，为后续各章的学习提供必要的基础知识。

1.1 信号与电子系统

1.1.1 信号及其分类

信号是信息的载体，信息通过信号进行传输。信息既可以用语言、文字、图像等来表达，也可以用人们事先规定好的编码来表达。多数情况下，表达信息的语言、文字、图像、编码等不便于直接传输。因此，在近代科学技术中，通常利用一种变换设备把各种信息转换为随时间而相应变化的电压或电流进行传输，这种随信息相应变化的电压或电流称为电信号。所以，信息的传输是采用电信号来实现的。当电信号传递到目的地后，再利用一种与上述相反的变换设备，把电信号还原成原来的信息。最早的无线电系统就是利用电磁波传输信息的无线电通信系统。

例如，在电视广播系统中，传输配有声音的景物时，先利用电视摄像机把景物的光线、色彩转变成图像信号（电压或电流），并利用传声器把声音转变成伴音信号（电压或电流），图像信号和伴音信号就是电视要传的带有信息的电信号。然后，把这些信号送入电视发射机进行处理，产生一种反映信息变化的便于传输的高频电信号，再由天线将高频电信号转换为电磁波发射出去，在空间传播。电视观众用接收天线截获了电磁波的很小一部分能量并将其送入电视接收机，接收机的作用与发射机相反，它对接收的由电磁波转换得到的高频电信号进行处理，从而恢复出原来的图像和伴音信号，并分别送入显像管与扬声器，供观众欣赏。这个过程可用一个简明的方框图表示，如图 1.1－1 所示。其中，变换器指的是把表达信息的景物和声音转换为电信号的装置（如摄像机和传声器）或把电信号转换为景物和声音的装置（如显像管和扬声器等）。

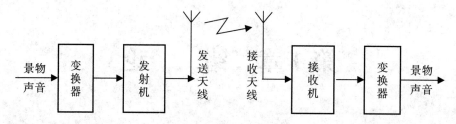

图 1.1-1　电视系统方框图

综上所述，电子技术中的信号指的是电信号，即变化的电压或电流。根据电信号随时间的变化规律，可将电信号分为两大类：模拟信号和数字信号。

图 1.1-2 所示的电压波形有正弦波、三角波、调幅波和阻尼振荡波等，均可用复杂的数学函数表示。虽然它们随时间的变化规律不同，但都是模拟信号。模拟信号的幅值随时间呈连续变化，波形上任意一点的数值均有其物理意义。在前面介绍的电视系统中，模拟语音的音频信号、模拟图像的视频信号都是模拟信号。自然界中大部分物理参数都属于模拟量，如温度、压力、位置、速度和重量等。在电子技术中，为了测量和分析的需要，常常将这些物理量转换为模拟信号。产生和处理模拟信号的电路称为模拟电子电路，如交流放大器、直流放大器和音频信号发生器等。

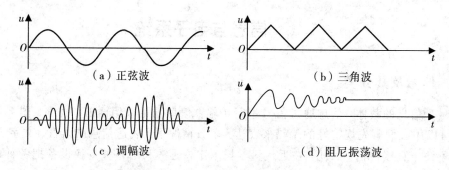

图 1.1-2　几种模拟信号波形

与模拟信号相对应的是数字信号，它只在某些不连续的瞬时给出函数值，其函数值通常是某个最小单位的整数倍，小于这个最小单位的数值是没有意义的。如电灯的"亮"和"灭"，工厂产品数量的统计等都是数字信号。图 1.1-3 所示的方波信号就是典型的数字信号。产生和处理数字信号的电路称为数字电子电路，如各种门电路、触发器、计数器等。

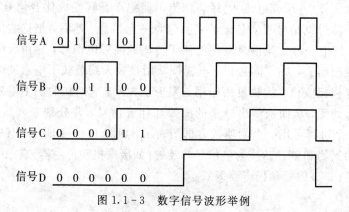

图 1.1-3　数字信号波形举例

1.1.2 典型电子系统举例

电子系统由若干相互关联的单元电子电路组成，用来实现信号的传输或信号的处理。电子系统的种类很多，下面通过两个典型的例子来说明。

1. 热电偶温度计

热电偶温度计是电子测量系统的一个例子，如图 1.1-4 所示。热电偶有两个结，一个与待测温度的物体接触，另一个浸于冰槽的冰水中，以产生稳定的参考温度。当热电偶的两个结点间存在温差时，两端就会产生相应的模拟电压信号 u_T，将此电压送往放大器进行放大。因为热电偶的电压不可能很准确地正比于温度，所以放大器输出的电压通过线性补偿器加一个小的校正电压进行补偿，以使获得的测量电压正比于温差。最后，把信号送往显示器(指针式仪表或数字式仪表)显示出来。

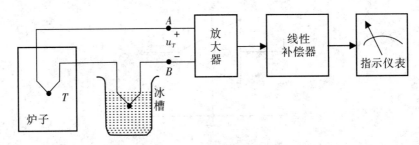

图 1.1-4 热电偶温度计的方框图

2. 炉温自动控制系统

炉温自动控制系统如图 1.1-5 所示。炉温的希望值存储在单片机内存中。热电偶两端的电压 u_T 可近似认为与炉温成正比。该电压信号经放大、滤波、模/数转换、单片机自动控制，经数/模转换器转换为相应的模拟电压信号，以驱动功率调节器，适当改变电阻丝的加热电流，使炉温调整到希望值。

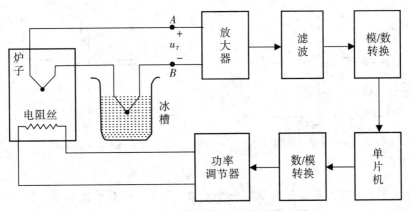

图 1.1-5 炉温自动控制系统

1.2 放大电路的基本概念

放大是模拟信号处理电路的最基本功能。大多数电子系统通常包含各种各样的放大电路，以便将微弱信号增强（放大）到所需的数值。放大电路是构成其他模拟电路的基本单元和基础，是模拟电子技术课程研究的主要内容。本节将介绍放大电路的基本概念及主要性能指标。

1.2.1　放大电路的符号

　　放大电路是由晶体三极管（或场效应管、集成运算放大器）、电阻和电容等元器件构成的二端口网络，可用图1.2-1所示的电路符号表示。其中，输入端口（1—1'）接信号源，端口输入电压用 u_i 表示、输入电流用 i_i 表示；输出端口（2—2'）接负载，输出电压用 u_o、输出电流用 i_o 表示。图1.2-1中，各电压、电流的正方向按照二端口网络的习惯规定标注。在放大器输入端口和输出端口之间有一个公共端"0"，用来作为零电位参考点，称作放大器的"地"。

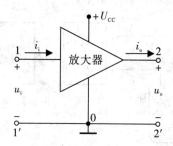

图 1.2-1　放大电路的符号

　　作为放大电路的一个应用例子，扩音机的工作原理如图 1.2-2(a) 所示。当人们对着传声器（话筒）讲话时，传声器把声音转变成频率和振幅随之变化的毫伏数量级电压信号，由放大器把微弱的电压信号增强为足够大的电压信号，才能驱动扬声器播放放大了的声音。因此，传声器的作用可与一个内阻为 R_s 的信号源 u_s 的作用等效，它为放大器提供输入信号电压 u_i；扬声器可等效为放大器的负载电阻 R_L。扩音机的等效电路如图1.2-2(b) 所示。

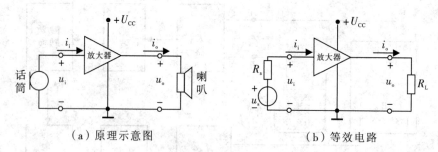

（a）原理示意图	（b）等效电路

图 1.2-2　扩音机原理示意图

　　从表面上看，放大是将信号的幅度由小增大。但是，在电子技术中，放大的本质则是实现能量的控制和转换。通常，输入信号的能量较微弱，不足以推动负载。因此，需要在放大电路中另外提供一个直流能源，通过输入信号的控制，使放大电路将直流能量转换为较大的交流输出能量，去推动负载。这种小能量对大能量的控制作用就是放大作用。因此，放大电路又称为有源电路，放大电路中的放大元件也称为有源器件。

另外，放大的前提是不失真，放大后的信号波形与放大前的波形形状必须相同或基本相同，否则就会丢失要传送的信息，失去放大的意义。

1.2.2 放大电路的主要性能指标

放大电路的质量好坏必须用一些性能指标来衡量，这些指标主要是围绕放大能力和不失真等方面的要求提出的。但是，所制定的指标除了能衡量放大器的优劣之外，还应该便于测量，因此，常用正弦电压信号作为实验的测试信号。

1. 增益

增益又称为放大倍数，定义为输出变化量的幅值与输入变化量的幅值之比，是直接衡量放大能力的重要指标。对于图1.2-1所示放大器，由于输入和输出信号都有电压和电流量，因此，根据研究对象的不同，可用4种增益来表示。

(1) 电压增益(A_u)为输出电压u_o与输入电压u_i之比，即

$$A_u = \frac{u_o}{u_i} \quad 或 \quad \dot{A}_u = \frac{\dot{U}_o}{\dot{U}_i} \tag{1.2-1}$$

在分析和测试中，输入信号常用正弦信号。因此，在正弦稳态分析中，信号电压、电流均可用复数表示。

需要注意的是，若输出波形出现明显的失真，则增益就失去了意义。放大器的其他指标也是如此。

(2) 电流增益(A_i)是输出电流i_o与输入电流i_i之比，即

$$A_i = \frac{i_o}{i_i} \quad 或 \quad \dot{A}_i = \frac{\dot{I}_o}{\dot{I}_i} \tag{1.2-2}$$

(3) 互阻增益(A_r)是输出电压u_o与输入电流i_i之比，即

$$A_r = \frac{u_o}{i_i} \quad 或 \quad \dot{A}_i = \frac{\dot{U}_o}{\dot{I}_i} \tag{1.2-3}$$

(4) 互导增益(A_g)是输出电流i_o与输入电压u_i之比，即

$$A_g = \frac{i_o}{i_i} \quad 或 \quad \dot{A}_i = \frac{\dot{I}_o}{\dot{U}_i} \tag{1.2-4}$$

在工程上，电压增益常以分贝(dB)为单位，其定义为

$$\dot{A}_u = 20\lg|\dot{A}_u| \tag{1.2-5}$$

采用分贝为单位表示增益，可以十分方便地将增益数值的相乘转化为增益数值的相加，从而大大简化运算。

2. 输入电阻

放大电路与信号源相连接就成为信号负载，必然从信号源汲取电流。汲取电流的大小表明了放大器对信号源的影响程度。输入电阻R_i是从放大电路输入端看进去的等效电阻，定义为输入电压$\dot{U}_i$和输入电流$\dot{I}_i$之比，即

$$R_i = \frac{\dot{U}_i}{\dot{I}_i} \qquad (1.2-6)$$

由图 1.2-3 可见，R_i 越大，则放大电路从信号源汲取的电流越小，信号源内阻 R_s 上的电压越小，输入端所得到的电压 $\dot{U}_i$ 越接近信号源电压 $\dot{U}_s$。理想电压放大器的 $R_i = \infty$。

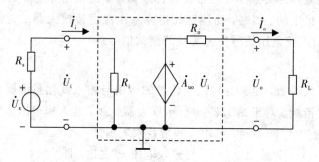

图 1.2-3 放大器的输入电阻和输出电阻

3. 输出电阻

任何放大电路的输出端都可等效为一个有内阻的电压源，从放大电路输出端看进去的等效电阻称为输出电阻 R_o，如图 1.2-3 所示。图 1.2-3 中，$\dot{A}_{uo}\dot{U}_i$ 为负载 R_L 开路(空载)时的输出电压，$\dot{A}_{uo}$ 称为放大电路的开路电压增益。由图可得，放大电路带负载时的输出电压为

$$\dot{U}_o = \frac{R_L}{R_L + R_o} \times \dot{A}_{uo} \times \dot{U}_i \qquad (1.2-7)$$

由式(1.2-7)可见，R_o 越小，放大器带负载前后的输出电压相差越小，即放大器受负载影响的程度越小。因此，输出电阻是衡量放大器带负载能力的参数。理想电压放大器的输出电阻 $R_o = 0$。输出电阻可由实验测得：在放大器的输入端加一正弦信号，测出负载 R_L 开路时的输出电压 $\dot{A}_{uo}\dot{U}_i$，再测出接入负载 R_L 时的输出电压 $\dot{U}_o$。由式(1.2-7)可求得

$$R_o = \left(\frac{\dot{A}_{uo}\dot{U}_i}{\dot{U}_o} - 1 \right) \times R_L \qquad (1.2-8)$$

4. 非线性失真

理想放大器具有线性传输特性，如图 1.2-4 所示，传输特性的斜率(即增益)为常数。输入单一频率的正弦波时，输出是同频率的正弦波，且 u_o 应正比于 u_i。然而，实际放大器的传输特性是非线性的，如图 1.2-5 所示。这是因为放大器是由三极管等具有非线性特性的器件组成的。当输入信号过大，超出三极管线性工作区进入非线性区时，放大器的输出信号不再是与输入信号成正比的正弦波，而是非正弦波，它除了基波外，还含有许多谐波分量，即在输出信号中产生了输入信号中没有的新的频率分量，这是非线性失真的基本特征。

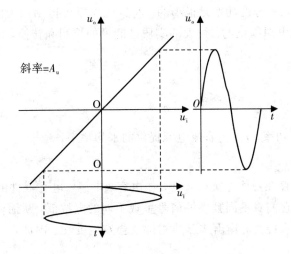

图 1.2-4　线性传输特性与线性放大

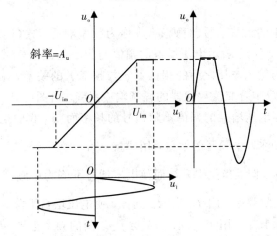

图 1.2-5　非线性传输特性与非线性失真

放大器的非线性失真的程度可用非线性失真系数 D 来表示,定义为

$$D = \sqrt{\left(\frac{U_2}{U_1}\right)^2 + \left(\frac{U_3}{U_1}\right)^2 + \cdots} \tag{1.2-9}$$

式中,U_1、U_2、U_3、… 分别为基波和各次谐波的幅值。

5. 最大输出幅值

在图 1.2-5 中传输特性出现了弯曲,说明实际放大器只在允许的范围($-U_{im} \sim +U_{im}$)内与理想放大器相同,输出电压与输入电压成线性关系;超出这个范围,输出波形将出现失真。也就是说,实际放大器的输入信号、输出信号最大值是受限制的。

通常把非线性失真系数达到某一规定值(例如 5%)时的输出幅值称为最大输出幅值,用 $(U_{om})_{max}$ 或 $(I_{om})_{max}$ 来表示。

6. 最大输出功率与效率

最大输出幅值是输出不失真时的单项指标。此外还应该有一个综合性的指标,即最大不失真功率。它是在输出信号基本不失真的情况下能输出的最大功率,记作 P_{om}。

在放大器中，输入信号的功率是很小的，经过放大后可得到较大的输出功率，这些多出来的能量是由直流电源提供的。放大的实质是能量的控制和转换，因此就存在转换效率的问题。

效率定义为

$$\eta = \frac{P_o}{P_U}$$

（1.2－10）

式中，P_o 是输出信号功率，P_U 为直流电源提供的平均功率。

7. 频率响应

放大电路中总是存在一些电抗性元件，如电容、电感、电子器件的极间电容以及接线电容和接线电感等，它们对不同频率的信号呈现不同的电抗值，从而使放大器对不同频率的信号具有不同的放大能力，输出波形的相位也会发生变化。因此，放大器的电压增益应该用复数表示，即

$$\dot{A}_u = A_u(f) \angle \varphi(f)$$

（1.2－11）

放大器对不同频率的正弦信号的稳态响应称为频率响应，式（1.2－11）是放大器的频率响应表达式。其中：$A_u(f)$ 表示电压增益的幅值与频率的关系，称为幅频响应；而 $\varphi(f)$ 表示放大器输出电压与输入电压之间的相位差 φ 与频率 f 的关系，称为相频响应。

图 1.2－6(a) 为 RC 耦合交流放大器的幅频响应曲线。由图可见，在一个较宽的频率范围内曲线是平坦的，即电压增益的幅值不随信号的频率而变。我们把这个频率范围称为中频区，对应的电压增益称为中频区的增益，用 $\dot{A}_{uM}$ 表示。在中频区以外信号的频率升高或降低时，电压增益都将下降。当频率升高而使电压增益下降为中频区增益 $\dot{A}_{uM}$ 的 0.707 倍时，对应的频率称为上限频率，用 f_H 表示。同样，使电压增益下降为 $\dot{A}_{um}$ 的 0.707 倍时的低频信号频率称为下限频率，用 f_L 表示。f_H 与 f_L 之间的频率范围（中频区）通常又称为放大器的通频带，用 B_W 表示，即

$$B_W = f_H - f_L$$

（1.2－12）

有些放大器的电压增益只在高频范围内下跌，如图 1.2－6(b) 所示，其通频带 $B_W = f_H$。这种放大器被称为直流（直接耦合）放大器。模拟集成电路大多采用直接耦合进行放大。

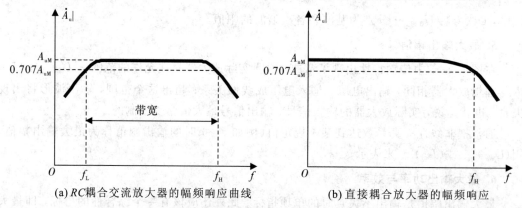

(a) RC耦合交流放大器的幅频响应曲线　　　　(b) 直接耦合放大器的幅频响应

图 1.2－6　放大器的幅频响应

通频带越宽，表明放大器对信号频率的适应能力越强。那么，通频带的宽窄对信号的放大究竟会产生什么影响呢？我们知道，实际放大器的输入信号一般不会是单一频率的正弦信号，而是比较复杂的。一个复杂信号可分解为许多不同频率的正弦谐波分量，而放大器的带宽却是有限的，并且相频响应也不能保持常数。若放大器对复杂信号的各个频率成分放大程度不一样，就会造成输出波形的失真。

例如，图 1.2 - 7(a) 中输入信号由基波和二次谐波组成，如果受放大器带宽限制，基波增益较小，而二次谐波增益较大，于是输出电压波形产生了失真，这叫做幅度失真。同样，当放大器对不同频率的信号产生的相移不同时，也要产生失真，称为相位失真。例如，在图 1.2 - 7(b) 中，如果放大后的二次谐波滞后了一个相角，输出波形也会变形。

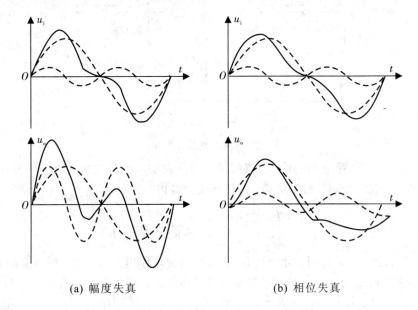

(a) 幅度失真　　　　　　　(b) 相位失真

图 1.2 - 7　频率失真

需要指出的是，产生幅度失真的同时，往往会产生相位失真。幅度失真和相位失真总称为频率失真，它们都是由线性电抗元件所引起的，所以又称为线性失真，以区别于因元器件的非线性造成的非线性失真。

对放大器通频带的要求，要根据放大器的用途、信号的特点及允许的失真度来确定。为使信号的频率失真限制在容许的范围之内，要求设计放大器时正确估计信号的有效带宽，以使电路带宽与信号带宽相匹配。例如，对于收录机、扩音机来说，通频带宽意味着可以将原乐曲中丰富的高、低音都能表现出来，但放大器带宽过宽，往往造成噪声电平升高或产生成本增加。音响系统放大器的带宽在 20 Hz ～ 20 kHz，这与人类听觉的生理功能相匹配。在有些情况下，则希望通频带较窄，以减小干扰和噪声。

1.2.3　放大电路模型

为了能够在电子系统中像积木块一样地使用放大器，必须用适当方式来表征放大器两个端口的特性。

由上所述，根据实际的输入信号和所需的输出信号是电压或电流，放大器可分为 4 种类型,即可以建立起 4 种不同的双口网络作为相应类型放大电路的模型。这些模型采用一些基本的元件来构成电路,只是为了等效放大电路的输入和输出特性,模型中的各元件参数值可以通过对电路的分析来确定,也可以通过对实际电路的测量而得到。

1. 电压放大器

图 1.2-8 虚线框内的电路给出了一个电压放大器的电路模型,它由输入电阻 R_i、受控电压源 $\dot{A}_{uo}\dot{U}_i$ 和输出电阻 R_o 三个元件组成。其中 $\dot{A}_{uo}$ 为放大器输出开路($R_L = \infty$)时的电压增益。

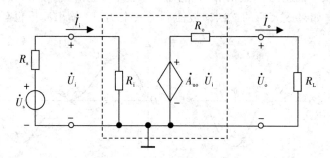

图 1.2-8　电压放大器模型

从图 1.2-8 可以看出,电压放大器的输入回路和输出回路均为电阻分压关系,使信号在传输过程中受到了衰减。由图可得,电压放大器源电压增益为

$$\dot{A}_{us} = \frac{\dot{U}_o}{\dot{U}_i} = \frac{\dot{U}_i}{\dot{U}_s} \times \frac{\dot{U}_o}{\dot{U}_i} = \frac{R_i}{R_i + R_s} \times \frac{R_L}{R_L + R_o} \times \dot{A}_{uo}$$

显然,只有当 $R_i \gg R_s$ 时,才能使 R_s 对信号的衰减作用大为减小。同样应使 $R_o \ll R_L$,以尽量减小输出回路的信号衰减。这就要求设计电路时,应尽量设法提高电压放大器的输入电阻 R_i,并尽量减小输出电阻 R_o。理想电压放大器的输入电阻应为 $R_i = \infty$,输出电阻应为 $R_o = 0$。

2. 电流放大器

图 1.2-9 的虚线框内是电流放大器模型。与电压放大电路模型相比,在形式上的不同之处在于输出回路,它是由受控电流源 $\dot{A}_{is}\dot{I}_i$ 和输出电阻 R_o 并联而成的,其中 $\dot{A}_{is}$ 为输出短路($R_L = 0$)时的电流增益。为了表达输入为电流信号,信号源采用诺顿等效电路。

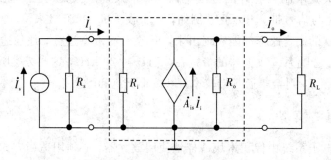

图 1.2-9　电流放大器模型

　　与电压放大电路相对应，衰减发生是由于放大电路输出电阻 R_o 和信号源内阻 R_s 分别在电路输出与输入端对信号电流分流。从电路特性可知，电流放大电路一般适用于信号源内阻 R_s 较大而负载电阻 R_L 较小的场合。只有当 $R_o \gg R_L$ 和 $R_i \ll R_s$ 时，才可使电路具有较理想的电流放大效果。

3. 互阻放大器和互导放大器

　　互阻放大器和互导放大器的模型分别如图 1.2−10(a)、(b) 虚线框内所示。

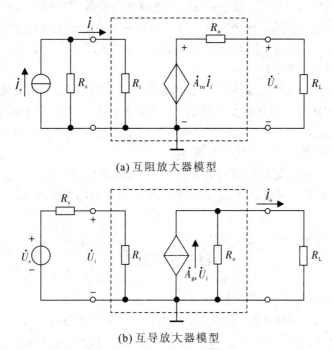

(a) 互阻放大器模型

(b) 互导放大器模型

图 1.2−10　互阻放大器和互导放大器的模型

　　两电路的输出信号分别由受控电压源 $\dot{A}_{ro}\dot{I}_i$ 和受控电流源 $\dot{A}_{gs}\dot{U}_i$ 产生。其中，$\dot{A}_{ro}$ 为互阻放大器在负载电阻 R_L 开路（即 $R_L = \infty$）时的互阻增益；$\dot{A}_{gs}$ 为互导放大器在负载电阻 R_L 短路（即 $R_L = 0$）时的互导增益。在理想状态下，互阻放大器电路要求输入电阻 $R_i = 0$，而互导放大器则要求输入电阻 $R_i = \infty$，输出电阻 $R_o = \infty$。

　　根据信号源的戴维南-诺顿等效变换原理，上述 4 种模型是可以互相转换的。例如，一个放大器既可以用图 1.2−8 中的电压放大器模型表示，也可由图 1.2−9 中的电流放大器模型表示。图 1.2−9 所示电路给出的开路输出电压是 $\dot{A}_{is}\dot{I}_i R_o$，图 1.2−8 所示电路给出的开路输出电压是 $\dot{A}_{uo}\dot{U}_i$，并注意到图 1.2−8 中输入回路有 $\dot{I}_i = \dot{U}_i / R_i$。令两个模型等效，即这两个输出电压数值相等，于是有

$$\dot{A}_{uo}\dot{U}_i = \dot{A}_{is}\dot{I}_i R_o = \dot{A}_{is} \times \frac{\dot{U}_i}{R_i} \times R_o$$

即

$$\dot{A}_{uo} = \frac{R_o}{R_i} \times \dot{A}_{is}$$

同理，可实现其他放大电路模型之间的转换。

上述放大器模型只考虑了放大器的三个指标，即增益、输入电阻和输出电阻，实际的放大器远不止这么简单。

本 章 小 结

电子电路由晶体三极管、二极管、电阻、电容和电感等元件组成。电子系统由若干相互关联的单元电子电路组成，用来实现信号的传输和处理。电子电路中的信号是指带有信息息的电压或电流这些电信号，通常分为模拟信号和数字信号。与此对应，电子电路分为模拟电路和数字电路两大类。

放大电路是电子系统中最基本的单元电路之一，它的作用是利用直流电源提供的能量把输入量的微小变化增强为足够大输出量。因此，放大的实质是用较小的能量控制较大的能量，是一种能量控制作用。衡量放大电路性能的主要技术指标有增益（放大倍数）、输入电阻、输出电阻、频率响应和非线性失真等。

在复杂电路中，放大电路可用一个模型代替，即输入回路用输入电阻 R_i 代替，输出回路用输出电阻 R_o 和受控电流源 $A_{uo}u_i$ 的串联支路代替或者输出电阻 R_o 和受控电流源 $A_{is}i_i$ 的并联支路代替。

思 考 与 练 习

1-1 填空题：

(1) 根据信号的连续性和离散性分析，水银温度计显示的温度值属于_____信号；自动生产线上产品数量的统计属于_____信号；十字路口交通灯信号属于_____信号。

(2) 某放大电路输入信号为 10 pA 时，输出为 500 mV，它的增益是_____；属于_____类型的放大电路。

(3) 表示电压增益的幅值和频率关系的称为_____响应；表示放大器输出电压和输入电压之间的相位差与频率关系的称为_____响应。

(4) 模拟信号处理的最基本功能是_____。

1-2 选择题：

(1) 某电路处于放大状态下，已知输入电压为 10 mV 时，输出电压为 5 V；输入电压为 15 mV 时，输出电压为 5.5 V（以上均为瞬时电压），则其电压增益为（　　）。

A. 500　　　　　　　　　　　　B. 100

C. −100　　　　　　　　　　　　D. −500

(2) 有一放大电路在负载开路时输出电压为 6 V，接入 5 kΩ 的负载电阻后输出电压为 5 V，则该放大电路的输出电阻为（　　）。

A. 2 kΩ　　　　　　　　　　　　B. 0.5 kΩ

C. 1 kΩ　　　　　　　　　　　　D. 3 kΩ

(3) 当输入信号频率为 f_L 或 f_H 时，电压增益的幅值下降约为中频时的（　　）。

A. 0.2　　　　　　　　　　　　B. 0.5

C. 0.7   D. 0.6

(4) 有两个放大倍数相同、输入和输出电阻不同的放大电路 A 和 B,对同一个带内阻的信号源电压进行放大。在负载开路的情况下测得 B 的输出电压小,表明 A 的( )。

A. 输入电阻小   B. 输出电阻小

C. 输入电阻大   D. 输出电阻大

(5) 若输入信号频率为 f_L 或 f_H,电压增益的幅值约下降( )。

A. 2 dB   B. 3 dB

C. 4 dB   D. 5 dB

(6) 某放大电路输出电压变化量为 0.2 V,输入电流变化量为 2 mA,请问其增益类型为( );其增益为( )。

A. 电压增益   B. 电流增益

C. 互阻增益   D. 互导增益

E. 100   F. 120

G. 150   H. 130

(7) 某放大电路输入信号为 100 μA 时,输出为 50 mV,请问其增益为( )。

A. 2×10^9 B. 500

C. 400   D. 300

1-3 判断题:

(1) 放大的实质就是将信号的幅度由小增大。( )

(2) 放大电路中的放大元件又称为无源元件。( )

(3) 放大的前提是不失真,即放大前后信号的波形形状相同或基本相同。( )

(4) 放大器的输出电阻越小,放大器越趋于理想情况。( )

(5) 电流放大电路一般适用于信号源内阻较大而负载电阻较小的场合。( )

(6) 某场合需要将来自高阻抗传感器的电流信号变换为电压信号时,则采用互阻放大电路模型较合适。( )

1-4 某电唱机拾音头内阻为 1 MΩ,输出电压为 1 V(有效值),如果直接将它与 10 Ω 扬声器相接,扬声器上的电压为多少? 如果在拾音头和扬声器之间接入一个放大电路,它的输入电阻 $R_i = 1$ MΩ,输出电阻 $R_o = 10$ Ω,电压增益为 1,试求这时扬声器上的电压。

1-5 某放大电路在负载开路时的输出电压为 4 V,接入 3 kΩ 的负载电阻后输出电压为 3 V,求该放大电路的输出电阻。

1-6 当接上 1 kΩ 的负载电阻时,电压放大器的输出电压减小为空载输出电压的 20%,求该放大器的输出电阻。

1-7 某电压放大电路输出端接 1 kΩ 负载电阻时,输出电压为 1 V,负载电阻断开时,输出电压上升为 1.1 V,求该放大电路的输出电阻。

1-8 某放大电路输入电阻 $R_i = 10$ kΩ,如果用 1 μA 电流源驱动,放大电路输出短路电流为 10 mA,输出开路电压为 10 V。求放大电路接 4 kΩ 负载电阻时的电压增益 $\dot{A}_u$、电流增益 $\dot{A}_i$,并分别转换成以分贝为单位的值。

1-9 现有一个内阻为 1 MΩ、电压有效值为 1 V 的信号源,如果将它与阻值为 10 Ω

扬声器连接，如题 1-9 图(a)所示，试求扬声器上的电压和功率。如果在题 1-9 图(a)中接入开路电压增益为 1 倍、输入电阻为 1 MΩ、输出电阻为 10 Ω 的电压放大器，如题 1-9 图(b)所示。试问：这时扬声器上的电压和功率又是多少？

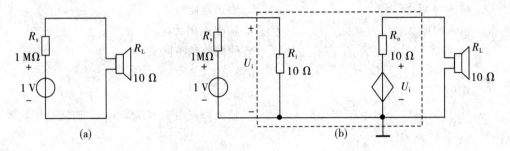

题 1-9 图

1-10 求题 1-10 图所示电路的电压增益 u_o/u_i、输入电阻 R_i 及输出电阻 R_o。

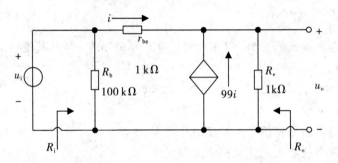

题 1-10 图

第 2 章　半导体二极管及其基本电路

　　半导体器件是构成电子电路的基本元件,其材料是经过特殊加工且性能可控的半导体材料,半导体二极管是由一个 PN 结构成的半导体器件,由于它具有体积小、重量轻、使用寿命长、输入功率小和功率转换效率高等优点,在工业上得到广泛应用。本章首先简要介绍半导体的基本知识,接着讨论半导体器件的核心部分——PN 结,并重点讨论半导体二极管的结构、工作原理、特性曲线、主要参数以及二极管基本电路及其分析方法与应用,最后对稳压二极管、变容二极管和光电子器件的特性与应用进行简要介绍。

2.1　半导体的基础知识

2.1.1　半导体材料

　　现代电子器件多数是由导电性能介于导体与绝缘体之间的半导体材料制成的。根据物体导电能力(电阻率)的不同,将物体可划分为导体、绝缘体和半导体。为了从电路的观点理解这些器件的性能,首先必须从物理的角度了解它们是如何工作的。在电子器件中,常用的半导体材料有:元素半导体材料,如硅(Si)、锗(Ge)等;化合物半导体材料,如砷化镓(GaAs)等;掺杂或制成其它化合物的半导体材料,如硼(B)、磷(P)、铟(In)和锑(Sb)等。

　　半导体主要具有以下特点:

　　(1)半导体的导电能力介于导体与绝缘体之间。

　　(2)半导体受外界光和热的刺激时,其导电能力将会有显著变化。

　　(3)在纯净半导体中,加入微量的杂质,其导电能力会急剧增强。

　　在电子器件中,用得最多的半导体材料是硅和锗,它们的简化原子模型如图 2.1 –1(a)所示。物质的导电性能决定于原子结构,硅和锗都是 4 价元素,在其最外层原子轨道上具

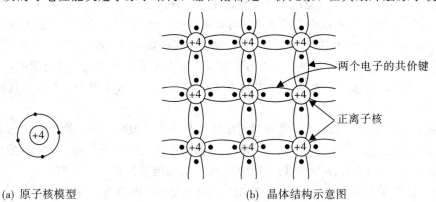

(a) 原子核模型　　　　　　　　　(b) 晶体结构示意图

图 2.1 – 1　硅和锗的原子结构简化模型及晶体结构

有 4 个电子，称为价电子。由于原子呈中性，故在图中原子核用带圆圈的＋4 符号表示。半导体与金属和许多绝缘体一样，均具有晶体结构，它们的原子形成有排列的点阵，称为晶格，邻近原子之间由共价键连接，其晶体结构示意如图 2.1-1(b)所示。图中表示的是晶体的二维结构，实际上半导体晶体结构是三维的。

2.1.2 本征半导体

1. 本征半导体

本征半导体是完全纯净的、结构完整的半导体晶体，晶体中的原子在空间形成排列整齐的晶格，如图 2.1-2(a)所示。半导体的重要物理特性与材料内电荷载流子的浓度有关，浓度越高，导电性能越强。半导体内载流子的浓度取决于许多因素，主要包括材料的基本性质、温度值以及杂质的存在。晶体中的共价键具有很强的结合力，在常温下，仅有极少数的价电子由于温度升高或受光照射，价电子以热运动的形式不断地从外界获取能量，从而挣脱共价键的束缚，成为自由电子。与此同时，在共价键中留下一个空位置，称为空穴。在晶体中产生自由电子与空穴对的现象称为本征激发，如图 2.1-2(b)所示。

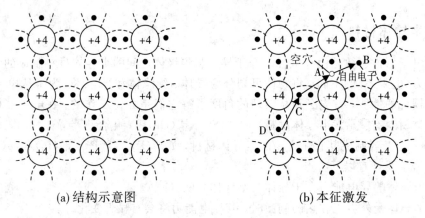

(a) 结构示意图   (b) 本征激发

图 2.1-2 本征半导体

2. 两种载流子

原子外层价电子因获得能量而成为自由电子，自由电子带负电；同时，原子因失掉一个价电子而带正电，或者说空穴带正电。运载电荷的粒子称为载流子，本征半导体中有两种载流子，即自由电子和空穴，自由电子电量与空穴电量相等，符号相反。如图 2.1-2(b)所示，其中 A 处为空穴，B 处为自由电子。显然，自由电子和空穴是成对出现的，所以称为自由电子与空穴对。然而，金属导体中只有一种载流子，即自由电子，这是二者的一个重要区别。

本征激发产生了自由电子和空穴对，在外加电场或其他作用下，价电子成为自由电子就可填补到邻近的空位上，而在这个价电子原来的位置上又留下新的空位，其他电子又可转移到这个新的空位。这样就使共价键中出现一定的电荷迁移。自由电子产生定向移动，形成电子电流；同时价电子也按一定方向依次填补空穴，即空穴产生了定向移动，形成空穴电流；空穴的移动方向和电子移动的方向是相反的。但由于本征激发产生的自由电子与空穴对的数目很少，载流子浓度很低，因此本征半导体的导电能力仍然很弱。

在本征激发产生自由电子与空穴对的同时，自由电子在运动中因能量的损失有可能和空穴相遇，重新被共价键束缚起来，电子空穴成对消失，这种现象称为复合。显然，在一定的温度下，本征激发和复合都在不停地进行，但最终将达到动态平衡。在一定的温度下，本征半导体中载流子的浓度是一定的，并且自由电子与空穴的浓度相等。当环境温度升高时，本征激发增强，参与导电的载流子数量增多，必然使得导电性能增强；反之，若环境温度降低，则参与导电的载流子数量减少，因而导电性能变差。常温下（$T=300$ K），纯净半导体中载流子的浓度较低，如本征硅半导体中，自由电子浓度 n_i（或空穴浓度 p_i）约为 $1.48\times10^{10}/cm^3$。当温度升高到 $T=400$ K 时，纯净硅晶体中的 n_i 达到 $7.8\times10^{12}/cm^3$，增加了 500 余倍。

综上所述，一方面本征半导体中载流子的浓度很低，故导电性能很差；另一方面，载流子的浓度与环境温度有关，则其导电性能受环境温度影响。半导体材料对温度的敏感性既可以用来制作热敏和光敏器件，又是造成半导体器件热稳定性差的原因。

2.1.3　杂质半导体

通过扩散工艺，在本征半导体中掺入微量合适的杂质，就会使半导体的导电性能发生显著改变，形成杂质半导体。根据掺入杂质元素的不同，杂质半导体可分为 N 型半导体和 P 型半导体，其导电性能由掺入杂质元素的浓度控制。

1. N 型半导体

在纯净的硅（或锗）晶体中掺入微量的 5 价元素，如磷、砷、锑等，就形成了 N 型半导体。杂质磷原子外层有 5 个价电子，其中 4 个价电子与相邻的硅原子形成 4 个共价键，多余的一个价电子不受共价键的束缚。其多余的价电子在常温下就很容易挣脱原子核的束缚而成为自由电子，而磷原子本身因失去电子变成带正电荷的离子，如图 2.1-3 所示。

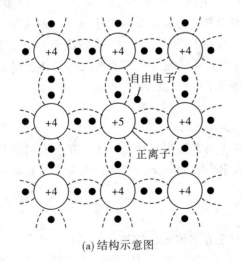

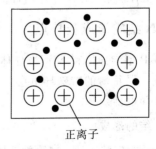

(a) 结构示意图　　　　　　(b) 正离子和多数载流子（不计本征激发）

图 2.1-3　N 型半导体

由于这种杂质原子可以提供自由电子，因此称为施主原子。通常，掺杂所产生的自由电子浓度远大于本征激发所产生的自由电子或空穴的浓度，所以杂质半导体的导电性能远超过本征半导体。在 N 型半导体中，自由电子浓度远大于空穴浓度，所以称自由电子为多数载流子(简称多子)，空穴为少数载流子(简称少子)。多子的浓度取决于所掺杂质的浓度，而少子是由本征激发产生的，因此它的浓度与温度或光照密切相关。

2. P 型半导体

在纯净的硅(或锗)晶体中掺入微量的 3 价元素，如硼、铝、铟等，就形成了 P 型半导体。由于硼原子外层只有 3 个价电子，它与相邻的硅原子形成共价键时，因缺少一个电子而产生一个空位(即空穴)。当相邻共价键上的电子受到热振动或在其他激发条件下获得能量时，就很容易来填补这个空位，于是杂质硼原子变为带负电荷的离子，而邻近硅原子的共价键中则出现了一个空穴，如图 2.1-4 所示。

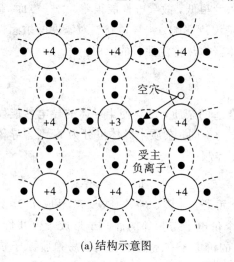

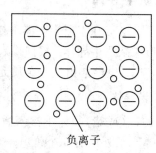

　　　　(a) 结构示意图　　　　　　　　(b) 负离子和多数载流子 (不计本征激发)

图 2.1-4　P 型半导体

由于这种杂质原子能接受电子，因此称为受主原子。在 P 型半导体中，空穴是多子，而自由电子是少子。如果半导体中的同一区域既有施主杂质，又有受主杂质，则其导电类型(N 型还是 P 型)取决于浓度大的杂质。因此，若在 N 型半导体中掺入浓度更大的受主杂质，则可将其变为 P 型半导体，反之亦然。这种因杂质的相互作用而改变半导体类型的过程，称为杂质补偿，它在半导体器件的制造中得到了广泛的应用。

2.1.4　PN 结的形成及特点

如果将 P 型半导体和 N 型半导体制作在同一块本征半导体基片上，在它们的交界面处就会形成一层很薄的特殊导电层，即 PN 结。PN 结是构成各种半导体器件的基础，PN 结具有单向导电性。

1. PN 结的形成

(1) 多子的扩散运动。物质总是从浓度高的地方向浓度低的地方运动，这种由于浓度差而产生的运动称为扩散运动。由于 N 区的电子多空穴少，而 P 区则空穴多电子少，在 P 区和 N 区的交界面两侧就出现了浓度差，从而引起了多数载流子的扩散运动，如图 2.1-5(a)所示。N 区的电子向 P 区扩散，而 P 区的空穴也要向 N 区扩散。扩散到相反区域的载流子因相遇将被大量复合，在紧靠交界面两侧的区域内仅留下了杂质离子，其中 P

侧为带负电的负离子，N 侧为带正电的正离子，从而形成了一个很薄的空间电荷区，又称为耗尽层，如图 2.1 − 5(b)所示。

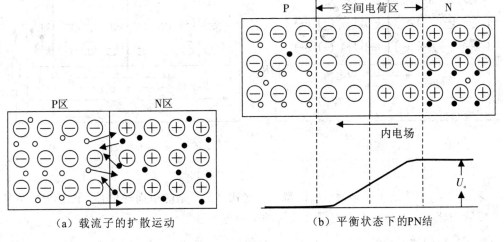

（a）载流子的扩散运动　　　　　（b）平衡状态下的PN结

图 2.1 − 5　PN 结的形成

（2）少子的漂移运动。空间电荷区出现的同时，也产生了一个由 N 区指向 P 区的内电场。显然，内电场将阻止多子的扩散，因此空间电荷区又称为势垒区或阻挡层。另一方面，在内电场力的作用下，使 N 区中的少子空穴漂移到 P 区，P 区中的少子自由电子漂移到 N 区，少数载流子的运动称为漂移运动。

因此，在交界面两侧同时存在扩散和漂移这两种方向相反的运动。扩散使空间电荷区加宽，电场增强，对多数载流子扩散的阻力增大，但使少数载流子的漂移增强；而漂移使空间电荷区变窄，电场减弱，又使扩散容易进行。在无外电场和其他激发的作用下，参与扩散运动的多子数目等于参与漂移运动的少子数目，从而扩散和漂移达到动态平衡，空间电荷区的宽度基本保持不变，形成 PN 结。此时，扩散电流与漂移电流大小相等，方向相反，流过 PN 结的总电流为零。

2. PN 结的单向导电性

若在 PN 结两端外加电压，将破坏原来的平衡状态，PN 结中将有电流流过。而当外加电压极性不同时，PN 结表现出截然不同的导电性能，即单向导电性。

（1）正向导通。若 PN 结的 P 端接电源正极、N 端接电源负极，称为加正向电压，也称正向偏置，简称正偏，如图 2.1 − 6(a)所示。此时外电场方向和内电场方向相反，削弱了内电场，促进了多子的扩散运动，阻碍了少子的漂移运动，PN 结变窄。在外电源的作用下，PN 结将流过较大的正向电流（主要为多子的扩散电流），其方向由 P 区指向 N 区。此时 PN 结对外电路呈现较小的电阻，这种状态称为正向导通。

（2）反向截止。若 PN 结的 P 端接电源负极、N 端接电源正极，称为加反向电压，也称反向偏置，简称反偏，如图 2.1 − 6(b)所示。此时外电场方向和内电场方向一致，PN 结变宽，阻碍了多子的扩散运动，促进了少子的漂移运动，形成反向电流（主要为少子的漂移电流），其方向由 N 区指向 P 区。此时 PN 结对外电路呈现较高的电阻，这种状态称为反向截止。

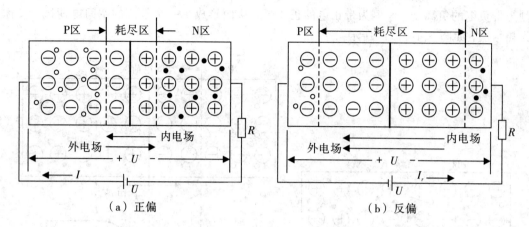

（a）正偏　　　　　　　　　　　（b）反偏

图 2.1-6　外加电压时的 PN 结

综上所述，PN 结正向导通、反向截止，这就是 PN 结的单向导电性。由于 PN 结是构成二极管的核心，因此它也决定了二极管的单向导电性。

3. PN 结的伏安特性

加在 PN 结两端的电压和流过二极管的电流之间的关系曲线称为伏安特性曲线，如图 2.1-7 所示。$u>0$ 的部分称为正向特性，$u<0$ 的部分称为反向特性。它直观形象地表示了 PN 结的单向导电性。

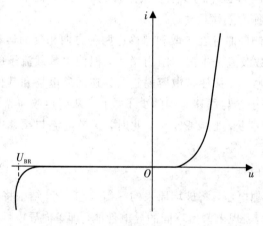

图 2.1-7　PN 结的伏安特性曲线

根据理论分析，PN 结的 U-I 特性可表达为

$$i_D = I_s(e^{\frac{qu_D}{kT}} - 1) = I_s(e^{\frac{u_D}{U_T}} - 1) \tag{2.1-1}$$

式 2.1-1 中，I_s 为 PN 结的反向饱和电流，e 为自然对数的底，U_T 为温度的电压当量，当 $T=300\text{ K}$ 时，$U_T=\dfrac{kT}{q}=26\text{ mV}$，$k$ 为玻耳兹曼常数，T 为热力学温度，q 为电子电量。

当 PN 结两端加正向电压时，电压 u_D 为正值，当 u_D 比 U_T 大几倍时，式（2.1-1）中的 $e^{\frac{u_D}{U_T}}$ 远大于1，括号中的1可以忽略。二极管的电流 i_D 与电压 u_D 成指数关系，如图 2.1-7 中的正向电压部分，可近似表示为

$$i_D = I_s e^{\frac{u_D}{U_T}} \tag{2.1-2}$$

当 PN 结两端加反向电压时，电压 u_D 为负值，当 u_D 比 U_T 大几倍时，指数项趋近于零，因此 $i_D = -I_s$，这说明反向电流几乎不随外加反向电压而变化，如图 2.1-7 中的反向电压部分。

当 PN 结上加的反向电压增大到一定数值时，反向电流突然剧增，这种现象称为 PN 结的反向击穿。PN 结出现击穿时的反向电压称为反向击穿电压，用 U_{BR} 表示。反向击穿可分为雪崩击穿和齐纳击穿两类。当反向电压较高时，PN 结内电场很强，使得在结内作漂移运动的少数载流子获得很大的动能，当少子在 PN 结内与原子发生直接碰撞时，将破坏共价键的束缚，产生新的电子-空穴对，这些新的电子-空穴对，又被强电场加速再去碰撞出更多的电子-空穴对，载流子数量雪崩式地倍增，致使电流急剧增加，这种击穿称为雪崩击穿，显然雪崩击穿的物理本质是碰撞电离。齐纳击穿通常发生在掺杂浓度很高的 PN 结内，由于掺杂浓度很高，PN 结很窄，这样即使施加较小的反向电压，结层中的电场却很强，在强电场作用下，共价键遭到破坏，使价电子挣脱共价键的束缚，形成电子-空穴对，从而产生大量的载流子，它们在反向电压的作用下，形成很大的反向电流，出现了击穿，齐纳击穿的物理本质是场致电离。无论哪种击穿，如不对其电流加以限制，都可能对 PN 结造成永久性损坏。

4. PN 结的电容效应

PN 结具有一定的电容效应，它由两方面的因素决定，一是势垒电容 C_b，二是扩散电容 C_d。

(1) **势垒电容 C_b**。势垒电容是由耗尽层形成的。耗尽层中不能移动的正、负离子具有一定的电量，当外加电压变化时，耗尽层的宽度将随之变化，电荷量也将发生改变，即耗尽层的电荷量随外加电压的变化而改变，这种现象与电容器的充放电过程相似，这种电容效应称为势垒电容，用 C_b 表示。势垒电容 C_b 不是一个常量，它不但与 PN 结的结面积、耗尽层宽度和半导体材料的介电常数有关，而且还取决于外加电压的大小。当 PN 结反偏时，反向电压越大，耗尽层越宽，C_b 越小。C_b 随 u 的变化而变化，示意图见图 2.1-8。C_b 为非线性电容，一般在几皮法以下。可以利用这一特性制成各种变容二极管。

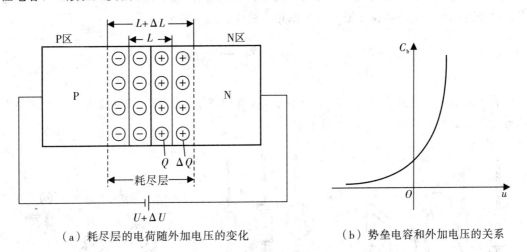

(a) 耗尽层的电荷随外加电压的变化　　　　(b) 势垒电容和外加电压的关系

图 2.1-8　PN 结的势垒电容

(2) **扩散电容 C_d**。PN 结的正向电流为多子的扩散电流。在扩散过程中，载流子必须有一定的浓度梯度即浓度差，在 PN 结的边缘处浓度大，离 PN 结远的地方浓度小。当 PN 结的正向电压增大时，扩散运动加强，载流子的浓度增大且浓度梯度也增大，从外部看正向电流增大。当外加正向电压减小时，与上述变化过程相反。扩散过程中载流子的这种变化是电荷的积累和释放过程，与电容器的充放电过程相似，这种电容效应称为扩散电容，用 C_d 表示。扩散电容的示意图如图 2.1-9 所示。PN 结正偏时 C_d 较大，且正向电流越大，C_d 越大，而反偏时 C_d 可以忽略。通常 C_d 为几十皮法以下。

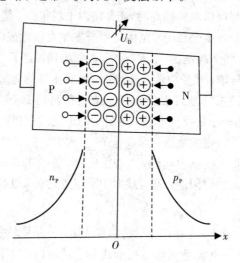

图 2.1-9　PN 结的扩散电容

　　势垒电容和扩散电容均是非线性电容。由此可见，PN 结的结电容 C_j 是 C_b 与 C_d 之和，即

$$C_j = C_b + C_d \tag{2.1-3}$$

　　正偏时，C_j 以扩散电容为主；反偏时，C_j 主要由势垒电容决定。由于 C_b 与 C_d 一般都很小，对于低频信号呈现很大的阻抗，其作用可忽略不计。但当信号频率较高时，高频电流将主要从结电容通过，这就破坏了二极管的单向导电性。因此，当工作频率很高时，就要考虑结电容的作用，或者说二极管的工作频率受到一定的限制。

2.2　半导体二极管

　　将 PN 结用外壳封装起来，并加上电极引线就构成了二极管。常见的普通二极管器件的外形图及封装形式如图 2.2-1 所示。

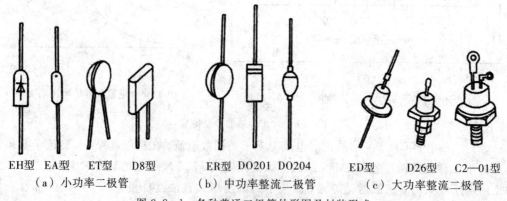

EH型　EA型　　ET型　　D8型　　　　ER型　DO201　DO204　　　ED型　　D26型　C2—01型
（a）小功率二极管　　　　　　（b）中功率整流二极管　　　　（c）大功率整流二极管

图 2.2-1　各种普通二极管外形图及封装形式

2.2.1　二极管的结构

二极管的基本结构如图 2.2－2 所示。图(a)所示的点接触型二极管由一根金属丝经过特殊工艺与半导体表面相接触形成 PN 结，具有结面积小、结电容小且不能承受较大正向电流和较高反向电压的特点，因此适用于高频电路和小功率整流电路。图(b)所示的面接触型二极管是采用合金法工艺制成的，具有结面积大、结电容大且能流过较大电流的特点，因而只能在较低频率下工作，一般仅作为整流管使用。图(c)所示的平面型二极管是采用扩散法制成的，是集成电路中常见的一种形式，结面积大的可用于大功率整流电路，结面积小的可作为开关管。图(d)所示为二极管的电路符号，将 PN 结用外壳封装起来，并在两端加上电极引线就构成了半导体二极管。P 区引出的电极称为阳极，N 区引出的电极称为阴极，其箭头方向表示正向电流的方向，即由阳极指向阴极的方向。

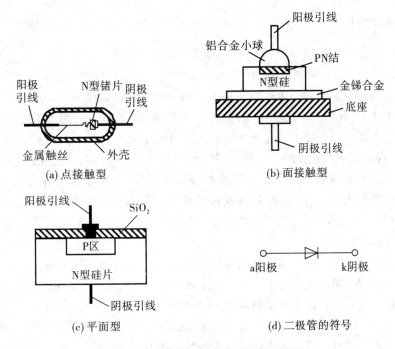

图 2.2－2　几种常见二极管的结构和符号

二极管种类很多，分类方法也不相同。按所用的半导体材料可分为硅管和锗管；按功能可分为开关管、整流管、稳压管、变容管、发光管和光敏管等，其中开关管和整流管统称为普通二极管，其他则统称为特殊二极管；按工作电流大小可分为小电流管和大电流管；按耐压高低可分为低压管和高压管；按工作频率高低可分为低频管和高频管等。具体型号及选择可查阅相关器件手册。

2.2.2　二极管的基本特性

二极管是由 PN 结封装得到的，其最基本的特性就是单向导电性，如图 2.2－3 所示为二极管的伏安特性曲线。由于二极管存在半导体体电阻和引线电阻，所以当外加正向电压时，在电流相同的情况，二极管的端电压大于 PN 结上的压降。在近似分析时，仍然用 PN 结的电流方程式（2.1-1）来描述二极管的伏安特性。

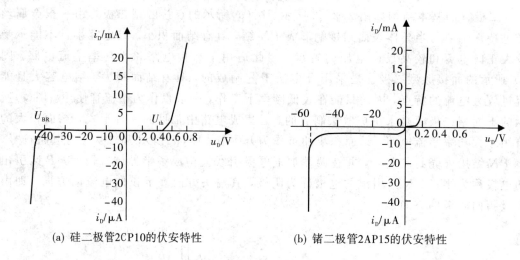

(a) 硅二极管2CP10的伏安特性　　　　　(b) 锗二极管2AP15的伏安特性

图 2.2-3　二极管的伏安特性曲线

（1）正向特性。二极管两端不加电压时，其电流为零，故特性曲线从原点开始。正向特性曲线开始部分变化很平缓，表明当正向电压较小时，正向电流很小，此时二极管实际上没有导通，工作于"死区"。死区以后的正向特性曲线上升较快，表明只有在正向电压超过某一数值后，电流才显著增大，这个电压称为导通电压或开启电压、死区电压、门坎电压，用 U_{th} 表示。在室温下，硅管的 $U_{th} \approx 0.5\ V$，锗管的 $U_{th} \approx 0.1\ V$。当二极管两端正向电压 $U > U_{th}$ 时，正向电流从零开始随端电压按指数规律增大，二极管处于导通状态，呈现很小的电阻。当正向电流较大时，正向特性曲线几乎与横轴垂直，表明当二极管导通时，二极管两端电压（称为管压降）变化很小。通常，硅管的管压降约为 $0.6 \sim 0.8\ V$，锗管的管压降约为 $0.1 \sim 0.3\ V$。

（2）反向特性。反向特性曲线靠近横轴，表明当二极管外加反向电压时，反向电流很小，呈现出很大的电阻，处于截止状态，而且当反向电压稍大后，反向电流基本不变，即达到饱和。因此二极管的反向电流又称为反向饱和电流，用 I 表示。小功率硅管的反向电流一般小于 $0.1\ A$，而锗管通常为几微安。反向电流越小，二极管的单向导电性越好。

（3）反向击穿特性。当二极管两端所加的反向电压增大到某一数值后，反向电流急剧增加，这种现象称为二极管的反向击穿。图 2.2-3 中反向电流随电压急剧变化的区域称为反向击穿区，反向电流开始明显增大时所对应的反向电压 U_{BR} 称为反向击穿电压。二极管的反向击穿属于电击穿，它是由于外加电场的作用，导致 PN 结中载流子的数量大大增加，反向电流急剧增大。

二极管反向击穿后，一方面失去了单向导电作用，另一方面因 PN 结中流过很大的电流致使 PN 结发热。若电流过大将导致 PN 结过热而烧毁，这种现象就是热击穿。显然，热击穿必须避免，因为它会造成二极管的永久损坏；电击穿一般也应避免，因为它使二极管失去了单向导电性。但是，如果采取限流措施，使二极管只出现电击穿，则当反向电压下降到 $U < U_{BR}$ 时，二极管又可以恢复到击穿前的情况，即电击穿具有可逆性。同时需要特别指出的是，普通二极管的反向击穿电压较高，一般在几十伏到几百伏以上（高反压管

可达几千伏），因此普通二极管在实际应用中不允许工作在反向击穿区。

（4）二极管的温度特性。由于半导体材料具有热敏特性，因此二极管也有温敏特性。在环境温度升高时，二极管的正向特性曲线左移，反向特性曲线下移，如图 2.2-4 所示。在温室附近，温度每升高 $1℃$，正向压降减小 $2\sim2.5\ mV$；温度每升高 $10℃$，反向电流约增大一倍。显然，二极管的反向特性受温度的影响较大。这一点对二极管的实际应用是不利的，因为不管是普通二极管还是特殊二极管均有可能工作在反向区。需要指出的是，温度对二极管的影响是不可避免的，因为温度总是存在且经常变化。

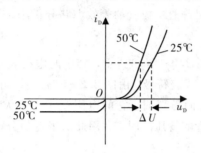

图 2.2-4　温度对二极管的伏安特性曲线的影响

2.2.3　二极管的主要参数

电子器件的参数是用来定量描述其性能的指标，它表明了器件的应用范围。因此，参数是正确使用和合理选择元器件的依据。很多参数可以直接测量，也可以从半导体器件手册中查出。

二极管的主要参数如下：

1. 最大整流电流 I_F

I_F 是指二极管正常工作时允许通过的最大正向平均电流，它与 PN 结的材料、结面积和散热条件有关。因为电流流过 PN 结要引起管子发热，如果在实际应用中流过二极管的平均电流超过 I_F，则管子将过热而烧坏。因此，二极管的平均电流不能超过 I_F，并要满足散热条件。

2. 最高反向工作电压 U_R

U_R 是指二极管在使用时所允许加的最大反向电压。为了确保二极管安全工作，通常取反向击穿电压 U_{BR} 的一半，即 U_R。在实际使用时二极管所承受的最大反向电压不应超过 U_R，否则二极管就有发生反向击穿的危险。

3. 反向电流 I_R

I_R 是指二极管未击穿时的反向电流。I_R 越小，管子的单向导电性越好。由于温度升高时 I_R 将增大，所以使用时要注意温度的影响。

4. 最高工作频率 f_M

f_M 是由 PN 结的结电容大小所决定的。当工作频率超过 f_M 时，结电容的容抗减小到可以与反向交流电阻相比拟，二极管将逐渐失去它的单向导电性。

上述参数中的 I_F、U_R 和 f_M 为二极管的极限参数，在实际使用中不能超过。应当指出，由于制造工艺的限制，即使是同一型号的管子，参数的分散性也很大，一般手册上给出的往往是参数的范围。另外，手册上的参数是在一定的测试条件下测得的，使用时要注意这些条件，若条件改变，则相应的参数值也会发生变化。

2.2.4　二极管的等效电路

二极管是一种非线性器件，对二极管电路的精确分析一般要采用非线性电路的分析方法，这具有一定的困难。为了便于分析，在一定条件下常用线性元件所构成的电路来近似二极管的特性，本节主要介绍普通二极管的等效电路分析法。

1. 理想模型

二极管的 U-I 特性如图 2.2-5(a) 所示，其中的虚线表示实际二极管的 U-I 特性，图 2.2-5(b) 为理想二极管的代表符号。由图 2.2-5(a) 实线可见，在正向偏置时，其管压降为 0 V，而当二极管处于反向偏置时，它的电阻视为无穷大，电流为零。在实际的电路中，当电源电压远大于二极管的管压降时，利用此法来近似分析是可行的。

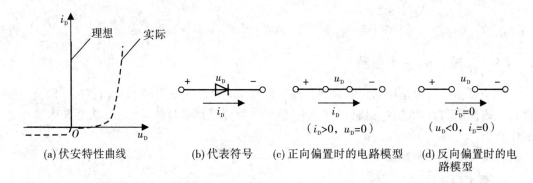

(a) 伏安特性曲线　　(b) 代表符号　　(c) 正向偏置时的电路模型　　(d) 反向偏置时的电路模型

图 2.2-5　理想模型

2. 恒压降模型

恒压降模型如图 2.2-6 所示，其基本思想是二极管导通后，其正向电压降为一常量 U_{on}，不随电流而变化，典型值为 0.7 V(硅管)，截止时反向电流为零。该模型提供了合理的近似，因此应用也较广。

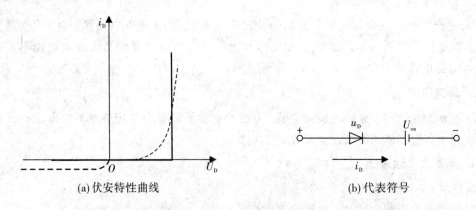

(a) 伏安特性曲线　　　　　　　　　　(b) 代表符号

图 2.2-6　恒压降模型

3. 折线模型

折线模型如图 2.2-7 所示，为了较真实地描述二极管的 $U\text{-}I$ 特性，在恒压降模型的基础上作一定的修正，即认为二极管的管压降不是恒定的，而是随着二极管电流的增大而增加。折线模型通常用一个直流电源 U_{on} 和一个电阻 r_D 来作进一步的近似。

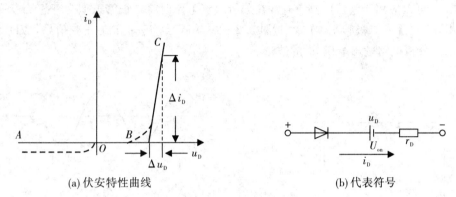

(a) 伏安特性曲线	(b) 代表符号

图 2.2-7 折线模型

4. 小信号模型

二极管外加直流正向偏置电压时，将有一直流电流在二极管的 $U\text{-}I$ 特性曲线上可以得到相应的点，称为直流工作点或静态工作点，简称 Q 点。若在 Q 点基础上外加微小的变化量，则可以用以 Q 点为切点的直线来近似微小变化时的曲线，如图 2.2-8(a) 所示：即将二极管等效成一个动态电阻 r_d，如图 2.2-8(b) 所示，称之为二极管的微变等效电路，由图可知 $r_d = \Delta u_D / \Delta i_D$。

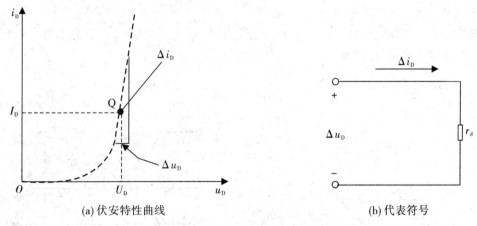

(a) 伏安特性曲线	(b) 代表符号

图 2.2-8 小信号模型

需要注意的是，微变等效电路只适用于工作点附近小信号的情况，且 Q 点不同，r_d 也不同。在微变等效电路中，作为非线性器件的二极管已近似当做线性电阻来处理，即在小信号时把其非线性特性"线性化"了。

2.2.5 二极管基本电路

在各种电子电路中，二极管是应用最频繁的器件之一。应用二极管主要是利用它的单向导电性。理想情况下，二极管导通时可以等效为短路，截止时可以等效为断路。

1. 整流电路

　　整流电路是电源设备的组成电路，电源设备广泛用于各种电子系统中。将正负变化的交流电变为单向脉动电的过程称为整流。整流电路分为半波整流电路和全波整流电路。普通二极管也可以应用于整流电路，通常在分析整流电路时将二极管近似为理想二极管。

　　【例 2.2－1】　　二极管基本电路如图 2.2－9(a) 所示，已知 u_i 为正弦信号，VD 为理想二极管，试分析电路输出电压 u_o 的波形。

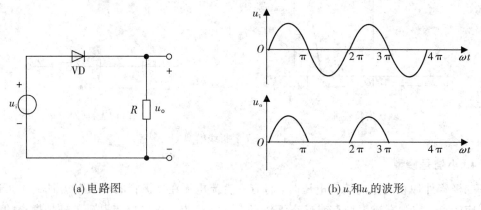

(a) 电路图　　　　　　　　　　　　(b) u_i 和 u_o 的波形

图 2.2－9　单相半波整流电路

　　解　　由于 VD 为理想二极管，可视为开关特性，二极管外加正向电压导通、反向电压截止。当输入电压 $u_i > 0$ 时，$U_{D+} > U_{D-}$，二极管导通，$u_o = u_i$；当 $u_i < 0$ 时，$U_{D+} < U_{D-}$，二极管截止，$u_o = 0$，从而可以得到该电路的输入、输出电压波形，如图 2.2－9(b) 所示。

　　该电路称为半波整流电路。

　　思考题： 二极管电路如图 2.2－10(a) 所示，已知 u_1 为正弦信号，VD 为理想二极管，试分析电路输出电压 u_o 的波形。

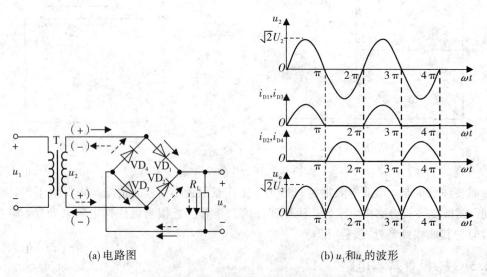

(a) 电路图　　　　　　　　　　　　(b) u_1 和 u_o 的波形

图 2.2－10　单相桥式整流电路

解　当 $u_2 > 0$ 时，电路中的 VD_1 和 VD_3 正向导通，VD_2 和 VD_4 反偏截止。故输出电流由上向下，信号为实线箭头方向。

当 $u_2 < 0$ 时，电路中的 VD_1 和 VD_3 反偏截止，VD_2 和 VD_4 正向导通。仍是输出电流由上向下，信号为虚线箭头方向。

该电路称为桥式全波整流电路，桥式整流电路巧妙地使用了四个二极管并分成两组，分别在 u_2 的正、负半周内正确引导流向负载的电流。

2. 限幅电路

限幅电路，又称为削波电路，能把输出信号幅度限定在一定的范围内，即当输入电压超过或低于某一参考值时，输出电压将被限制在某一电平(称作门限电平)，且不再随输入电压变化。限幅电路可分为上门限、下门限以及双向限幅电路。

【例 2.2 - 2】　二极管电路如图 2.2-11(a) 所示。已知 u_1 为正弦信号，VD 为理想二极管，电压关系为 $0 < U_B < U_m$，试分析电路输出电压 u_O 的波形。

解　VD 为理想二极管，可视为开关特性。当 $u_I < U_B$ 时，$U_{D+} < U_{D-}$，二极管截止，$u_O = u_I$；当 $u_I > U_B$ 时，$U_{D+} > U_{D-}$，二极管导通，$u_O = U_B$。其输入输出波形如图 2.2-11(d) 所示。

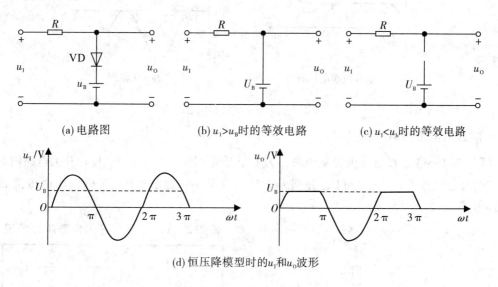

(a) 电路图　　　　　(b) $u_1 > u_b$ 时的等效电路　　　　　(c) $u_1 < u_b$ 时的等效电路

(d) 恒压降模型时的 u_1 和 u_o 波形

图 2.2 - 11　二极管限幅电路

可见，该电路将输出电压的上限电平限定在某一固定值，所以称为上限幅电路。如将图 2.2-11(a) 中二极管的极性对调，则可得到将输出信号下限电平限定在某一数值上的下门限电路。能同时实现上、下电平限制的电路称为双向限幅电路。

3. 钳位电路

钳位电路常用来将周期性信号波形的位置整体上移或下移，把正峰值或负峰值固定在某个直流电平上，相应的电路为正钳位器和负钳位器。钳位电路通常由电阻、电容和二极管构成。

【例 2.2-3】　二极管电路如图 2.2-12 所示。已知 u_1 为正弦信号，VD 为理想二极管，试分析电路输出电压 u_O 的波形。

解　当 u_1 在 $0 \sim T/4$ 周期内，二极管导通，输出电压 $u_O = 0$，此时 u_1 向电容 C 充电，使 u_C 由初始值 0 上升至峰值 U_m。当 u_1 在 $T/4 \sim T/2$ 周期内，u_1 逐渐减小，此时二极管承受反偏电压而截止，电容由于没有放电回路，u_C 保持 U_m 不变，此后二极管一直处于反偏截止状态，因此 $T/4$ 之后，输出电压 $u_O = -u_C + u_1 = -U_m + u_1$，输出波形如图 2.2-12(d) 所示。

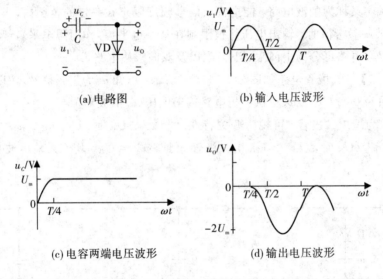

(a) 电路图　　　　　　　　　　(b) 输入电压波形

(c) 电容两端电压波形　　　　　(d) 输出电压波形

图 2.2-12　二极管钳位电路

4. 应用电路举例

【例 2.2-4】　普通二极管常用来作为电子开关，图 2.2-13 为二极管开关电路图，二极管为理想二极管，当 U_A 和 U_B 分别为 0 V 或 3 V 时，输出电压 U_O 的输出电压值如表 2.2-1 所示。

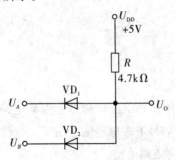

图 2.2-13　二极管开关电路

表 2.2-1　二极管开关电路工作情况

U_A	U_B	二极管工作状态		U_O
		VD_1	VD_2	
0 V	0 V	导通	导通	0 V
0 V	3 V	导通	截止	0 V
3 V	0 V	截止	导通	0 V
3 V	3 V	导通	导通	3 V

【例 2.2-5】　二极管电路如图 2.2-14 所示，试判断各图中的二极管是导通还是截止，并求出 A、B 两端电压 U_{AB}，设二极管是理想的。

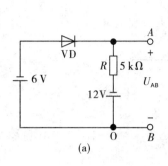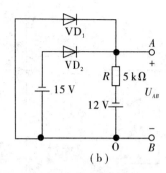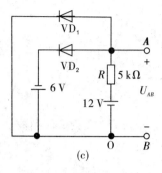

图 2.2 - 14　二极管电路

解　图（a）：将 VD 视为断开，以 O 点为参考点 0 电位，VD 的阳极开路电位为 −6 V，阴极开路电位为 −12 V，在视 VD 为断开状态下，$U_{D+} > U_{D-}$，故 VD 处于正向导通，$U_{AB} = -6$ V。

图（b）：将 VD_1 和 VD_2 视为断开，以 O 点为参考点 0 电位，VD_1 阳极电位为 0 V，阴极电位为 −12 V，$U_{D1+} > U_{D1-}$，故 VD_1 导通；此时 VD_2 的阴极电位为 −12 V，阳极为 −15 V，$U_{D2+} < U_{D2-}$，故 VD_2 反偏截止，$U_{AB} = 0$ V。

图（c）：将 VD_1 和 VD_2 视为断开，以 O 点为参考点 0 电位，VD_1 阳极电位为 12 V，阴极电位为 0 V，$U_{D1\text{开}} = 12$ V；VD_2 阳极电位为 12 V，阴极电位为 −6 V，$U_{D2\text{开}} = 18$ V，故 VD_2 更易导通，使得 $U_A = -6$ V；故 VD_1 反偏截止，因此 $U_{AB} = -6$ V。

2.2.6　特殊二极管

1. 稳压二极管

稳压二极管是一种特殊的硅材料的面接触性二极管，由于在一定的条件下能起到稳定电压的作用，故称为稳压管，常用于基准电压、保护、限幅和电平转换电路中。

（1）稳压二极管的符号。稳压二极管的外形图及电路符号如图 2.2 - 15 所示。

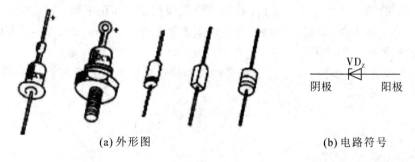

（a）外形图　　　　　　　（b）电路符号

图 2.2 - 15　稳压二极管的外形图及电路符号

（2）稳压二极管的伏安特性。稳压二极管是利用二极管的反向击穿特性制成的，具有稳定电压的特点（其稳定电压 U_Z 略大于反向击穿电压 U_{BR}）。稳压二极管的反向击穿电压较低，一般在几伏到几十伏之间。稳压二极管的伏安特性与普通二极管相似，区别在于反向击穿区的曲线很陡，几乎平行于纵轴，电流虽然在很大范围内变化，但端电压几乎不变，具有稳压特性，如图 2.2 - 16 所示。

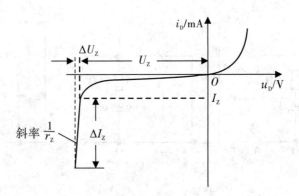

图 2.2 - 16　　稳压管的伏安特性曲线

（3）稳压二极管的主要参数。

稳定电压 U_Z：指在规定电流下稳压管的反向击穿电压。由于半导体器件参数的分散性，同一型号稳压管的 U_Z 存在一定的差别，因此一般都给出其范围。如型号为 2CW14 的稳压管的稳定电压为 6 ~ 7.5 V，但就某一只管子而言，U_Z 为一定值。

稳定电流 I_Z：稳压管工作在稳压状态时的参考电流，电流低于此值时稳压效果变坏，甚至根本不稳压，故也称最小工作电流 I_{Zmin}，一般为 mA 数量级。只要不超过稳压管的额定功率，电流愈大，稳压效果愈好。

额定功率 P_{ZM}：等于稳压管的稳定电压 U_Z 与最大稳定电流（I_{ZM} 或 I_{Zmax}）的乘积，一般为几十至几百毫瓦。稳压管的功率若超过此值，会因 PN 结温度过高而损坏。对于一只具体的稳压管，可以通过其 P_{ZM} 的值求出 I_{ZM} 值。

动态电阻 r_Z：稳压管工作在稳压区时，端电压的变化量与对应的电流变化量之比，即 $r_Z = \Delta U_Z / \Delta I_Z$。$r_Z$ 愈小，表明在电流变化时 U_Z 的变化愈小，即稳压管的稳压特性愈好。r_Z 一般为几欧至几十欧。对于同一只管子，工作电流愈大，r_Z 愈小。

温度系数 α：表示温度每变化 1℃ 时稳压管稳压值的变化量，即 $\alpha = \Delta U_Z / \Delta T$。稳定电压小于 4 V 的管子具有负温度系数，即温度升高时稳定电压值下降；稳定电压大于 7 V 的管子具有正温度系数，即温度升高时稳定电压值上升；而稳定电压在 4 ~ 7 V 之间的管子温度系数非常小，近似为零。

（4）稳压管稳压电路。由稳压二极管构成的简单稳压电路如图 2.2 - 17 所示。

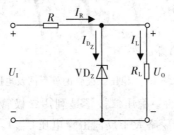

图 2.2 - 17　　稳压管稳压电路

稳压管稳压是利用其在反向击穿时电流可在较大范围内变动而击穿电压却基本不变的特点实现的。当输入电压变化时，输入电流将随之变化，稳压管中的电流也将随之同步变化，但输出电压基本不变；当负载电阻变化时，输出电流将随之变化，稳压管中的电流将随之反向变化，但输出电压仍基本不变。

需要注意的是，由于稳压管的反向电流小于 I_{Zmin} 时不稳压，大于 I_{Zmax} 则会因超过额定功耗而损坏，所以在稳压管电路中必须串联一个电阻来限制电流，从而保证稳压管正常工作（$I_{Zmin} < I < I_{Zmax}$），故称这个电阻为限流电阻，如图 2.2－17 中的 R。只有在限流电阻取值合适时，稳压管才能安全地工作在稳压状态。

2. 变容二极管

变容二极管是利用 PN 结的结电容效应设计出来的一种特殊二极管，可作为可变电容使用，常用于高频电路中的电调谐、调频、自动频率控制、稳频等场合。在很多无线电设备的选频或其他电路中，经常要用到调谐电路。与机械调谐电路相比，电调谐电路具有体积小、成本低、可靠性高和易与 CPU 接口等优点而得到广泛应用。

变容二极管的外形图及电路符号如图 2.2－18 所示。

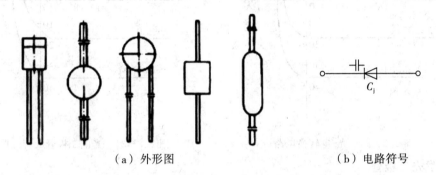

（a）外形图　　　　　　　　　　（b）电路符号

图 2.2－18　变容二极管的外形图及电路符号

变容二极管主要用作可变电容（受电压控制），其单向导电性已无多大实际意义。需要注意的是，变容二极管必须工作在反偏状态下，因为在正偏状态下，二极管有较大的导通电流，相当于电容两端并接了一个阻值很小的电阻，从而失去电容应有的作用。

3. 光电二极管

光电二极管又称光敏二极管，是一种能将光信号转换为电信号的器件，常用于光电转换及光控、测光等自动控制电路中。

（1）光电二极管的符号。各种光电二极管的外形图及电路符号如图 2.2－19 所示。

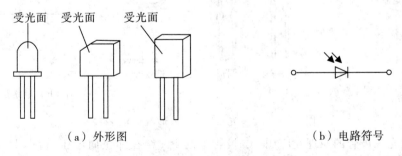

（a）外形图　　　　　　　　　　（b）电路符号

图 2.2－19　光电二极管的外形图及电路符号

（2）光电二极管的原理及应用。半导体材料具有光敏特性，即半导体在受到光照射时，会产生电子-空穴对，且光照越强，受激发产生的电子-空穴对的数量越多。这对半导体中少子的浓度有很大影响，因此，普通二极管为避免光照对其反向截止特性的影响，其外壳都是不透光的。

利用二极管的光敏特性，可制成光电二极管。光电二极管也属于光电子器件，能把光信号转化为电信号，为了便于接受光照，光电二极管的管壳上有一个玻璃窗口，让光线透过窗口照射到 PN 结的光敏区。

光电二极管工作于反偏状态的电路如图 2.2-20 所示。在无光照时，与普通二极管一样，反向电流很小，称为暗电流。当有光照时，其反向电流随光照强度的增大而增加，称为光电流。图 2.2-21 为光电二极管的特性曲线。

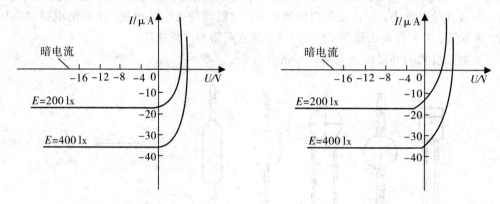

图 2.2-20 光-电转换电路　　　　　图 2.2-21 光电二极管的特性曲线

4. 发光二极管

（1）发光二极管的符号。发光二极管简称 LED，是一种能将电能转换成光能的半导体器件，当它通过一定的电流时就会发光。它具有体积小、工作电压低、工作电流小、发光均匀稳定、响应速度快和寿命长等特点，常用作显示器件，如指示灯、七段显示器、矩阵显示器等。

各种发光二极管的外形图及电路符号如图 2.2-22 所示。

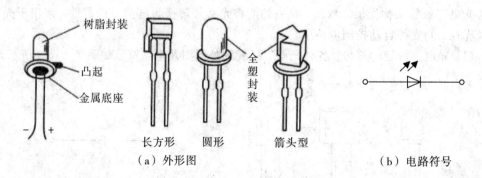

图 2.2-22 发光二极管的外形图及电路符号

（2）发光二极管的原理及应用。二极管中的 PN 结在加正向偏压时，N 区的电子和 P 区的空穴都穿过 PN 结进行扩散运动，若在运动中复合，就会有能量释放出来。由硅、锗半导体材料制成的 PN 结主要以热的形式释放出载流子复合时的能量，而由磷、砷、镓等化合物半导体材料制成的 PN 结则是以光的形式释放出这部分能量。

利用二极管的这一特性，可制成发光二极管，正常工作时处于正偏状态，能把电能转化为光能。发光二极管的发光颜色取决于所用材料，例如，磷砷化镓(GaAsP)发红光或黄光，磷化镓(GaP)发红光或绿光，氮化镓(GaN)发蓝光，砷化镓(GaAs)发不可见的红外光等。发光二极管也具有单向导电性，只有在外加正向电压及正向电流达到一定值时才能发光，如图 2.2-23 所示。它的正向导通压降比普通二极管大，一般在 1.5～2.3 V 之间；工作电流一般为几至几十毫安，典型值为 10 mA。正向电流愈大，发光愈强。

图 2.2-23 电-光转换电路

本 章 小 结

半导体是导电能力介于导体和绝缘体之间的一种材料，其晶体结构和导电机理与金属有很大不同，并具有光敏、热敏和掺杂特性。

二极管的基本结构就是 PN 结，PN 结是由杂质半导体即 P 型半导体和 N 型半导体有机结合而形成的。

二极管的单向导电性，即二极管正向导通、反向截止的特性。伏安特性(曲线)，即电流随电压变化而变化的特性(曲线)。

二极管的温度特性即二极管温度改变时其导电能力，特别是反向导电能力会发生明显变化的一种特性。温度特性在一定程度上破坏了二极管的单向导电性，限制了二极管的功率应用。由于温度的影响总是不可避免的，因此，在实际应用中，必须考虑电路的温度稳定性问题。

二极管的等效电路模型主要有理想模型、恒压降模型、折线模型、小信号(微变信号)模型和指数模型等。各模型适合于不同的外部条件，分析时需特别注意。

二极管的反向击穿特性，即当二极管加较大的反向电压时，将会发生反向击穿(电击穿)。击穿后，二极管失去单向导电性。除稳压二极管外，其他二极管反向耐压一般都很高，不允许工作在击穿状态。稳压二极管，即利用二极管反向击穿后其反向电压基本不变的特性而制成的一种特殊二极管，主要用于稳压电路。根据制造工艺和实际需要，稳压二极管的击穿电压一般较低，约为几伏至几十伏。

二极管 PN 结具有类似于普通电容的充放电效应，称为结电容。结电容是非线性电容，其容量随电压变化而变化，这是结电容与普通电容最根本的不同。结电容在一定程度上破坏了二极管的单向导电性，限制了二极管的高频应用。因此，除变容二极管外，其他二极管的结电容越小越好。变容二极管，即利用二极管的结电容而制成的一种特殊二极管，主要用于电调谐等电路。变容二极管的电容量一般较小，约为几皮法至几十皮法。

二极管的光电效应分为两个方面，一是当二极管 PN 结受光激发时，其导电能力特别是反向导电能力会发生明显变化，称为光敏特性；二是当 PN 结导通后，能够将电能转化为光能而发光，称为发光特性。除光电二极管和发光二极管外，其他二极管总是密封不受光和不发光的。光电二极管和发光二极管是分别利用二极管的光敏特性和发光特性而制成的两种特殊二极管，主要用于光电转换与电光转换电路。

二极管的基本应用电路。开关与整流电路由普通二极管构成，二极管工作在正偏和反偏两种状态。稳压电路由稳压二极管构成，稳压二极管工作在反偏状态。光电转换与电光转换电路分别由光电二极管和发光二极管构成，两种二极管分别工作在反偏和正偏状态。电调谐电路由变容二极管构成，变容二极管工作在反偏状态。

思 考 与 练 习

2-1 判断题：

(1) 半导体中的空穴是带正电的离子。（   ）

(2) 温度升高后，本征半导体内自由电子和空穴数目都增多，且增量相等。（   ）

(3) 因为 P 型半导体的多子是空穴，所以它带正电。（   ）

(4) PN 结的单向导电性只有在外加电压时才能体现出来。（   ）

(5) 二极管外加反向电压超过一定数值后，反向电流猛增，产生反向击穿。（   ）

(6) 当环境温度升高时，二极管正向特性曲线将右移。（   ）

(7) 稳压二极管的接法为正端接被稳压器件的负极，负端接正极。（   ）

2-2 填空题：

(1) 本征半导体是_____、_____的半导体晶体。

(2) 半导体中有两种载流子参与导电，即_____和_____。

(3) PN 结最重要的特性是_____，即正向_____、反向_____，也是二极管最基本的特性。

(4) 稳压二极管主要工作在_____区。在稳压时一定要在电路中加入_____限流。

(5) 光电二极管能将_____信号转换为_____信号，它工作时需加_____偏置电压。

(6) 光电二极管的_____随光照强度的增加而上升。

(7) 图 2-2(7)所示电路中二极管为理想器件，则 VD_1 工作在_____状态，VD_2 工作在_____状态，U_A 为_____V。

题 2-2(7)图

2-3 选择题：

(1) 在本征半导体中，加入_____元素可形成 N 型半导体，加入_____元素可形成 P 型半导体。

A. 5 价   B. 4 价   C. 3 价

(2) PN 结外加正向电压时，空间电荷区_____。

A. 变宽   B. 变窄   C. 不变

(3) 二极管正向电压从 0.7 V 增大 10% 时，流过的电流增大_____。

A. 10%   B. 大于 10%   C. 小于 10%

（4）温度升高时，二极管的反向伏安特性曲线_____。

A. 上移　　　　　　　　B. 下移　　　　　　　　C. 不变

（5）当温度升高时，二极管的正向电压_____，反向电流_____。

A. 增大　　　　　　　　B. 减小　　　　　　　　C. 基本不变

（6）稳压二极管的稳压区是工作在_____。

A. 正向导通　　　　　　B. 反向截止　　　　　　C. 反向击穿

（7）发光二极管正常工作时处于_____状态，能把电能转化为光能。

A. 正向导通　　　　　　B. 反向截止　　　　　　C. 反向击穿

2-4　二极管的电流方程为 $i_D = I_s(e^{u_D/U_T} - 1)$，其中 $U_T = 26$ mV。在室温（300 K）情况下，若二极管的反向饱和电流为 1 nA，问：它的正向电流为 0.5 mA 时，应加多大的电压？

2-5　二极管电路如题 2-5 图所示，试判断各图中的二极管是导通还是截止，并求输出电压 U_O。

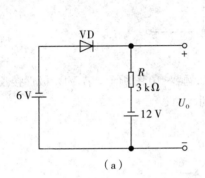 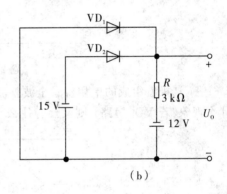

题 2-5 图

2-6　题 2-6 图所示电路中二极管正向导通时的压降为 0.7 V，反向电流为零。试判断该电路中二极管是导通还是截止，并确定流过二极管的电流 I_D。

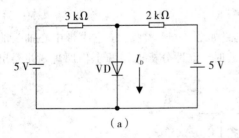 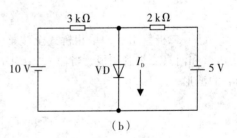

题 2-6 图

2-7　电路如题 2-7 图所示，试用二极管理想模型、恒压降模型（$U_D = 0.7$ V）、折线模型（$U_{th} = 0.5$ V，$r_D = 200$ Ω），计算 $U_{DD} = 1$ V 和 $U_{DD} = 10$ V 时，I_D 和 U_D 分别为多大？

2-8　电路如题 2-8 图所示，已知 $u_i = 56\sin\omega t$ V，试画出 u_I 和 u_O 的波形。设二极管是理想的。

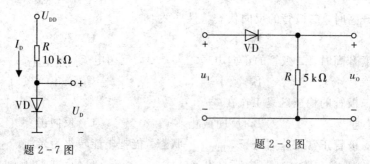

题 2-7 图   题 2-8 图

2-9 电路如题 2-9 图所示，已知 $u_1 = 5\sin\omega t$ V，二极管正向导通时的压降为 0.7 V。试画出输出电压的波形，并标出幅值。

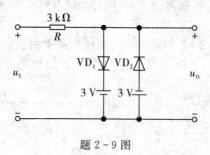

题 2-9 图

2-10 二极管组成的单相桥式全波整流电路如题 2-10 图所示，若 VD_1 极性接反，会出现什么现象？若 VD_1 短路，则又会有什么现象发生？

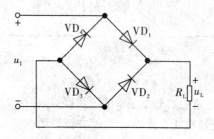

题 2-10 图

2-11 二极管组成的单相桥式全波整流电路如题 2-11 图所示，它由带中心抽头的电源变压器和两只二极管构成。当输入 u_1 为正弦波时，定性分析电路的工作原理，并绘出输出 u_L 的波形。

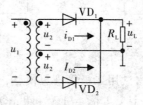

题 2-11 图

2-12 二极管电路如题 2-12 图(a)所示，设输入电压 $u_1(t)$ 波形如图(b)所示，在 $0 < t < 5$ ms 的时间间隔内，试画出输出电压 $u_0(t)$ 的波形。设二极管是理想的。

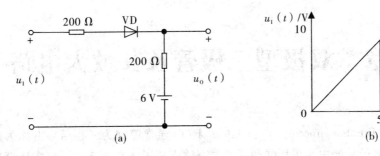

题 2 - 12 图

2-13   现有两只稳压管,它们的稳定电压分别为 6 V 和 8 V,正向导通电压为 0.7 V。试问:(1) 若将它们串联连接,可得到几种稳压值?各为多少?(2) 若将它们并联连接,又可得到几种稳压值?各为多少?

2-14   在题 2-14 图所示稳压管稳压电路中,已知稳压管的稳定电压 $U_Z = 6$ V,最小稳定电流 $I_{Zmin} = 5$ mA,最大稳定电流 $I_{Zmax} = 25$ mA,负载电阻 $R_L = 600$ Ω。求限流电阻 R 的取值范围。

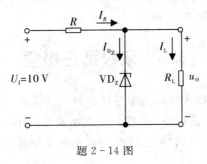

题 2-14 图

2-15   电路如题 2-15 图所示,设 $u_I = 10\sin\omega t$ V,稳压管的稳定电压 $U_Z = 8$ V,正向压降为 0.7 V,R 为限流电阻,试近似画出 u_O 的波形。

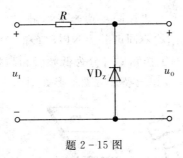

题 2-15 图

2-16   设计一稳压电路,要求输出电压 $U_O = 6$ V,输出电流 $I_O = 20$ mA,若输入直流电压 $U_I = 9$ V,试选用稳压管型号和合适的限流电阻值,并检验它们的功率额定。

第3章 双极型三极管及其放大电路

双极型三极管(Bipolar Junction Transistor，BJT)通常简称为三极管，也称为晶体管和半导体三极管。电子系统中为了增强微弱信号，就需要引入放大电路，放大电路的功能是将微弱的电信号不失真地放大到需要的数值。根据能量守恒定律，三极管不能将信号的能量加以放大，而三极管放大电路确实将小的输入信号，转化为大的信号输出了，这是为什么呢？实际上，三极管在这里是将直流电源的能量转换为交流信号的能量输出了，也就是说三极管在这里只起到能量的控制和转换的作用，它是一种电流控制电流型器件。

本章首先介绍三极管的结构、工作原理及特性曲线，再在此基础上以共射极放大电路为例，介绍放大电路的两种分析方法、静态工作点的稳定问题、多级放大电路的分析和计算等；重点讨论基本放大电路的静态和动态分析，即静态工作点和交流性能参数(电压放大倍数、输入电阻、输出电阻)的计算。

3.1 双极型三极管

双极型三极管是一种有放大作用的半导体器件，内部有两种载流子参与导电，由两个PN结组成。由于其内部结构的特点，三极管表现出放大作用和开关作用，这就促使电子技术有了质的飞跃。本节围绕三极管的放大作用这个核心问题来讨论它的基本结构、工作原理、特性曲线及主要参数。

3.1.1 三极管的结构及其类型

三极管是采用光刻、扩散等工艺在同一块半导体硅(锗)片上掺杂形成三个区、两个PN结，并引出三个电极。按其结构不同可分为NPN管和PNP管；按其制造材料不同可分为锗管和硅管；按其在电路中的工作频率可分为低频管和高频管；按照允许耗散的功率大小可分为小、中、大功率管。双极型三极管常见外形如图3.1-1所示。

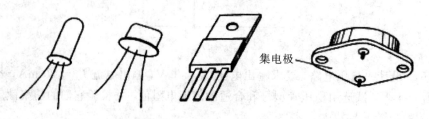

图3.1-1 几种BJT的外形

图3.1-2(a)为NPN型三极管结构示意图，它是由2个N型半导体和1个P型半导体构成的，在N型和P型半导体的交界处形成两个PN结；图3.1-2(c)为PNP型三极管结构示意图，它是由2个P型半导体和1个N型半导体构成的，在N型和P型半导体的交

界处形成两个 PN 结。三极管无论是 NPN 型还是 PNP 型都分为三个区，分别称为发射区、基区和集电区，由三个区各引出一个电极，分别称为发射极 e、基极 b 和集电极 c，发射区和基区之间的 PN 结称为发射结，集电区和基区之间的 PN 结称为集电结。NPN 型和 PNP 型三极管的符号如图 3.1 - 2(d)所示，其中箭头方向表示发射结正偏时发射极电流的实际方向。在电路中，晶体管用字符 VT 表示。具有电流放大作用的三极管的制造工艺特点为：发射区掺杂浓度大于集电区掺杂浓度，集电区掺杂浓度远大于基区掺杂浓度；基区很薄，一般只有几微米；在几何尺寸上，集电区的面积最大。这些结构上的特点是三极管具有电流放大作用的内在依据。

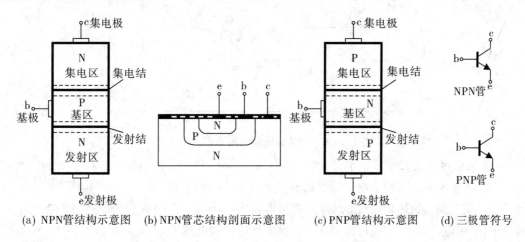

(a) NPN管结构示意图　(b) NPN管芯结构剖面示意图　(c) PNP管结构示意图　(d) 三极管符号

图 3.1 - 2　三极管结构示意图及其符号

尽管 NPN 型和 PNP 型三极管的结构不同，使用时外加电源也不同，但接成放大电路时的工作原理是相似的，因此本章将以 NPN 管为例，讨论三极管放大电路的基本原理、分析和计算方法。

3.1.2　三极管的工作原理

本小节将通过对晶体三极管中载流子传输过程的分析来说明三极管的工作原理，并由此给出各极电流之间的关系，即电流传输方程。

1. 工作原理

构成三极管的两个 PN 结不是彼此独立的，而是由基区使它们之间产生耦合作用。要使三极管能正常放大信号，除了需要满足内部条件外，还需要满足外部条件：发射结外加正向电压(正偏)，集电结外加反向电压(反偏)，对于 NPN 管，$U_{BE} > 0$，$U_{BC} < 0$；对于 PNP 管，$U_{BE} < 0$，$U_{BC} > 0$。为此，可用两个电源 U_{BB}、U_{CC} 来实现正确偏置，如图 3.1 - 3 所示。

(1) 发射区的电子向基区运动。如图 3.1 - 3 所示，发射结外加正向电压，多子的扩散运动增强，因此自由电子从发射区不断越过发射结扩散到基区，形成了发射区电流 I_{EN}(电流的方向与电子运动方向相反)。与此同时，基区的空穴也会向发射区扩散，形成空穴电流 I_{EP}。但由于基区掺杂浓度低，空穴浓度小，I_{EP} 很小，可忽略不计，故 I_{EN} 基本上等于发射极电流 I_E。

(2) 发射区注入到基区的电子在基区的扩散与复合。当发射区的电子到达基区后，由于浓度的差异，且基区很薄，电子很快运动到集电区。在扩散过程中有一部分电子与基区的空穴相遇而复合，因此，在电源 U_{BB} 的作用下，电子与空穴的复合运动将源源不断地进行，形成基区复合电流 I_{BN}。由于基区掺杂浓度低且薄，故复合的电子很少，亦即 I_{BN} 很小。

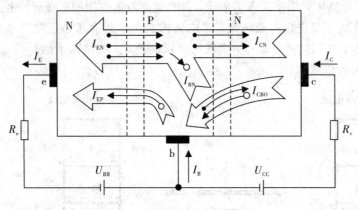

图 3.1-3　三极管内部载流子运动示意图

（3）集电区收集发射区扩散过来的电子。由于集电结加反向电压，有利于少子的漂移运动，所以基区中扩散到集电结边缘的非平衡少子（自由电子），在 U_{CC} 的作用下，几乎全部漂移过集电结，到达集电区，形成集电极电流 I_{CN}。同时，集电区少子（空穴）和基区本身的少子（自由电子），也在进行漂移运动，形成反向饱和电流 I_{CBO}。I_{CBO} 的数值很小，一般可忽略。但由于 I_{CBO} 是由少子形成的电流，称为集电结反向饱和电流，方向与 I_{CN} 一致，该电流与外加电压关系不大，但受温度影响很大，易使三极管工作不稳定，所以在制造管子时应设法减小 I_{CBO}。

图 3.1-3 是将三极管连接成共发射极组态时内部载流子运动的示意图，由图可得

$$I_E \approx I_{EN} = I_{BN} + I_{CN} \tag{3.1-1}$$

$$I_C = I_{CN} + I_{CBO} \tag{3.1-2}$$

$$I_B = I_{BN} - I_{CBO} \tag{3.1-3}$$

将式（3.1-2）、式（3.1-3）代入式（3.1-1）中，可得

$$I_E = I_B + I_{CBO} + I_C - I_{CBO} = I_B + I_C \tag{3.1-4}$$

即发射极的电流等于基极电流与集电极电流之和。

综上所述，三极管在发射结正偏电压、集电结反偏电压的作用下，形成 I_B、I_C 和 I_E，其中 I_C 和 I_E 主要由发射区的多数载流子从发射区运动到集电区而形成，I_B 主要是电子和空穴在基区复合形成的电流。可见三极管内部电流由两种载流子共同参与导电而形成，因此称之为"双极型三极管"。

2. 三极管的电流分配关系

三极管有三个电极，可视为一个二端口网络，其中两个电极构成输入端口、两个电极构成输出端口，输入、输出端口共用某一个电极，即分别把基极、发射极、集电极作为输入和输出端口的公共端，如图 3.1-4 所示。三极管组成的放大电路有三种连接方式，通常称为放大电路的三种组态，即共基极、共发射极和共集电极电路组态。无论是哪种连接方式，

要使三极管有放大作用，都必须保证发射结正偏、集电结反偏，则三极管内部载流子的运动和分配过程，以及各电极的电流将不随连接方式的变化而变化。

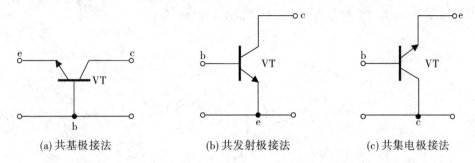

(a) 共基极接法　　　　　　(b) 共发射极接法　　　　　　(c) 共集电极接法

图 3.1-4　晶体三极管的三种组态

根据图 3.1-4 中三极管的三种组态，可分别用三个电流放大系数来表示它们之间的关系。

(1) 共基极直流电流放大系数 $\bar{\alpha}$。将集电极电流 I_C 与发射极电流 I_E 之比称为共基极直流电流放大系数，即

$$\bar{\alpha} = \frac{I_C}{I_E} \tag{3.1-5}$$

$\bar{\alpha}$ 的值小于 1 但接近 1，一般为 $0.95 \sim 0.99$，即意味着 $I_C \approx I_E$。晶体三极管的基区越薄，掺杂浓度越低，发射区发射到基区的电子复合的机会就越少，$\bar{\alpha}$ 的值就越接近 1。

(2) 共发射极直流电流放大系数 $\bar{\beta}$。将集电极电流 I_C 与基极电流 I_B 之比称为共发射极直流电流放大系数，即

$$\bar{\beta} = \frac{I_C}{I_B} \tag{3.1-6}$$

$\bar{\beta}$ 的值远大于 1，说明 $I_C > I_B$。此值表征了三极管对直流电流的放大能力。它也表示了基极电流对集电极电流的控制能力，就是以小的 $I_B(\mu A)$ 控制大的 $I_C(mA)$。所以三极管是一个电流控制的电流型器件，利用这一性质可以实现放大作用。

由式(3.1-4)和式(3.1-6)可得

$$I_C = \bar{\beta} I_B \tag{3.1-7}$$

$$I_E = I_B + I_C = I_B + \bar{\beta} I_B = (1 + \bar{\beta}) I_B \tag{3.1-8}$$

需要指出的是，放大电路实质上是放大器件对能量控制和转换的作用，三极管就是一个电流控制电流器件，由微弱的基极电流控制大的集电极电流，放大的能量是由直流电源 U_{CC} 供给的。

3.1.3　三极管的特性曲线

三极管的特性曲线是指其各电极间电压和电流之间的关系曲线，包括输入特性曲线和输出特性曲线，它们是三极管内部特性的外部表现，是分析放大电路的重要依据。这两组特性曲线可通过晶体管特性图示仪测得，也可通过实验的方法得到。由于三极管在不同组态时具有不同的端电压和电流，因此，它们的伏安特性曲线也各不相同。共集电极和共发射极组态的特性曲线类似，这里主要讨论共发射极的特性曲线。

1. 输入特性曲线

如图 3.1-5 所示共发射极放大电路，输入特性曲线是指在集射极电压 u_{CE} 为一定值时，输入基极电流 i_B 与输入基射极电压 u_{BE} 之间的关系曲线，即

$$i_B = f(u_{BE})|_{u_{CE}=常数} \qquad (3.1-9)$$

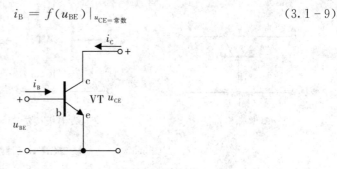

图 3.1-5　三极管特性测试电路示意图

图 3.1-6(a) 是 NPN 型硅三极管的输入特性曲线。实际上输入特性曲线和二极管的正向伏安特性曲线很相似，也是存在死区电压。当 u_{BE} 小于死区电压时，三极管截止，$i_B = 0$。一般硅三极管的死区电压典型值为 0.5 V，锗三极管的死区电压典型值为 0.1 V。当 u_{BE} 大于死区电压时，基极电流随着 u_{BE} 的增加迅速增大，此时三极管导通。在图 3.1-6(a) 中给出两条曲线：$u_{CE} = 0$ V 和 $u_{CE} = 1$ V，并且 $u_{CE} = 1$ V 的输入特性曲线右移了一段距离。这是由于在 $u_{CE} = 0$ V 时，集电结处于正向偏置，集电区没有收集电子的能力或很弱，此时发射区发射的电子在基区复合的多，$u_{CE} = 1$ V 后，集电结处于反向偏置，集电区收集电子的能力增强，更多的发射区电子被"收集"到集电区，因此在相同的 u_{BE} 情况下，基极电流较 $u_{CE} = 0$ V 小。

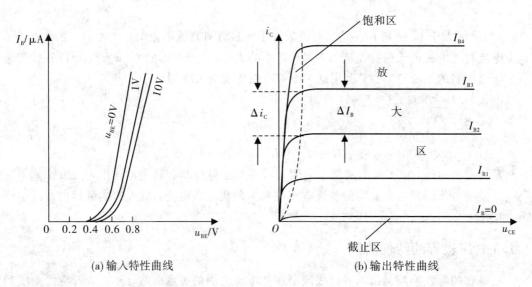

(a) 输入特性曲线　　　　　　　　　　(b) 输出特性曲线

图 3.1-6　NPN 型硅三极管的特性曲线

此外 $u_{CE} = 1$ V 以后，只要 u_{BE} 一定，发射区发射到基区的电子数目就一定，这时 u_{CE} 已足以把这些电子的大部分收集到集电区，再增大 u_{CE}，基极电流 i_B 也不再随之明显变化，$u_{CE} = 1$ V 以后的输入特性曲线是几乎重合的。

实际放大电路中大都满足 $u_{CE} = 1$ V，因此，三极管的输入特性曲线都是指这条曲线。三极管导通后，发射结的导通电压和二极管基本一致，工程计算典型值一般硅管取 $|U_{BE}| = 0.7$ V，锗管取 $|U_{BE}| = 0.3$ V。

2. 输出特性曲线

如图 3.1-5 所示共发射极放大电路，三极管输出特性是指当 i_B 为定值时，集电极电流 i_C 与集射极之间电压 u_{CE} 的关系曲线，即

$$i_C = f(u_{CE}) \big|_{i_{B=常数}} \tag{3.1-10}$$

不同的基极电流 i_B 对应的曲线不同，因此，三极管的输出特性实际上是一族曲线，图 3.1-6(b) 即典型的 NPN 硅三极管的输出特性曲线。一般将输出特性分成三个区：放大区、饱和区和截止区。

（1）放大区。在放大区时，三极管输出特性曲线的特点是各条曲线几乎与横坐标轴平行，三极管发射结正向偏置，集电结处于反向偏置，集电极电流基本不随 u_{CE} 而变，故 i_C 具有恒流特性，利用这个特点，三极管在集成电路中被广泛用作恒流源和有源负载。在放大区中 I_B 按等差变化时，输出特性是一族与横轴平行的等距离直线。

（2）饱和区。在饱和区时，三极管输出特性曲线的特点是 i_C 随 u_{CE} 而变化。三极管发射结和集电结均正偏，一般有 $u_{BE} > U_{th}$，$u_{CE} < u_{BE}$。三极管进入饱和区后，i_C 不仅与 i_B 有关，还随 u_{CE} 而变化。图中虚线是饱和区与放大区的分界线，称为临界饱和线。对于小功率管，可以认为 $u_{CE} = u_{BE}$，即 $i_{CB} = 0$ 时晶体管处于临界状态，也称为临界饱和或临界放大状态。

（3）截止区。一般将 $I_B \leqslant 0$ 的区域称为截止区，此区域内发射结电压小于开启电压，且集电结反偏，即 $u_{BE} < U_{th}$ 且 $u_{CE} > u_{BE}$。为了使三极管可靠截止，常设置发射结处于反向偏置状态。此时发射结和集电结均反偏，$I_B = 0$，$I_C = I_{CEO}$。穿透电流 I_{CEO} 通常很小，小功率硅管一般在 1 μA 以下，锗管一般小于几十微安。因此在近似分析时，截止区时可以认为晶体管的 $I_B = 0$，$i_C \approx 0$。

【例 3.1-1】　某人在检修一台电子设备时，由于三极管标号不清，于是利用测量三极管各电极电位的方法判断管子的电极、类型及材料，测得三个电极对地的电位分别为 $U_A = -6$ V，$U_B = -2.3$ V，$U_C = -2.0$ V，试判断出三个引脚的电极、管子的类型和材料。

解　第一步，根据所给数据可知 $U_C > U_B > U_A$，可初步判定管子工作在放大区。

第二步，根据 $|U_{BE}|$ 的值判断基极和发射极，因为三极管处于放大状态时，发射结正偏，硅管 $|U_{BE}| = 0.7$ V 或锗管 $|U_{BE}| = 0.3$ V，由题意得

$$|U_{BE}| = |U_B - U_C| = |-2.3 - (-2.0)| = 0.3 \text{ V}$$

故 A 为集电极，且电压最低，所以三极管为 PNP 管。

第三步，因为 $|U_{BE}| = 0.3$ V，所以三极管应为锗管。PNP 管在放大电路中 $U_C < U_B < U_E$，故 B 为基极，C 为发射极。

【例 3.1-2】　图 3.1-7 中的三极管均为硅管，开启电压为 0.7 V，试判断其工作状态。

解　图(a) 三极管为 NPN 管，$U_{BE} = 3.7 \text{ V} - 3 \text{ V} = 0.7$ V，发射结正偏；$U_{BC} = 3.7 \text{ V} - 2.3 \text{ V} = 1.4$ V，集电结正偏，三极管工作在饱和状态。

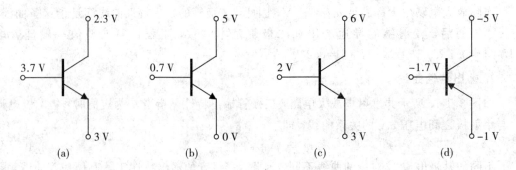

图 3.1-7 例 3.1-2 电路图

图(b)三极管为 NPN 管，$U_{BE} = 0.7\,V - 0\,V = 0.7\,V$，发射结正偏；$U_{BC} = 0.7\,V - 5\,V = -4.3\,V$，集电结反偏，三极管工作在放大状态。

图(c)三极管为 NPN 管，$U_{BE} = 2\,V - 3\,V = -1\,V$，发射结反偏；$U_{BC} = 2\,V - 6\,V = -4\,V$，集电结反偏，三极管工作在截止状态。

图(d)三极管为 PNP 管，$U_{BE} = -1.7\,V - (-1\,V) = -0.7\,V$，发射结正偏；$U_{BC} = -1.7\,V - (-5\,V) = 3.3\,V$，集电结反偏，三极管工作在放大状态。

3.1.4 三极管的主要参数

三极管的参数是表示其性能和使用依据的数据，主要有：

1. 电流放大系数

(1)直流电流放大系数 $\bar{\beta}$。对于图 3.1-5 所示的共发射极放大电路，在 $u_i = 0$ 时，把输入电压集电极直流电流 I_C 和基极直流电流 I_B 的比值，称为共发射极直流电流放大系数 $\bar{\beta}$，即

$$\bar{\beta} = \frac{I_C}{I_B}$$

(2)交流电流放大系数 β。在图 3.1-5 所示的共发射极放大电路中，当 u_{CE} 为定值时，集电极电流的变化量与基极电流变化量的比值，即 $\beta = \dfrac{\Delta i_C}{\Delta i_B}$，称为共发射极交流电流放大系数 β。

尽管 β 和 $\bar{\beta}$ 的意义不同，但由于管子的集射极穿透电流 I_{CEO} 很小，可以忽略不计，故两者的数值比较接近，在一般工程估算中，可用 β 来替代 $\bar{\beta}$，其数值在几十到几百之间。

2. 极间反向电流

(1)集电极 — 基极之间的反向饱和电流 I_{CBO}。集电极 — 基极之间的反向饱和电流 I_{CBO} 是在发射极开路情况下，集电极 — 基极之间的反向电流，I_{CBO} 是由集电结反偏时，集电区和基区中的少数载流子漂移运动所形成的。在一定温度下，其数值和集电结的反偏电压无关，基本上是常数，故称为反向饱和电流。I_{CBO} 的数值很小，但受温度的影响大。一般小功率硅管的 I_{CBO} 小于 1 μA，锗管的约为几微安至几十微安。由于 I_{CBO} 是集电极电流的一部分，会影响三极管的放大性能，故它是衡量晶体管温度稳定性的参数，其数值越小越好。

（2）集电极 — 发射极之间的穿透电流 I_{CEO}。集电极 — 发射极之间的穿透电流 I_{CEO} 是在基极开路情况下，集电极到发射极的电流。穿透电流 $I_{CEO} = (1 + \beta)I_{CBO}$，故对晶体三极管的温度稳定性影响更大。小功率硅管的 I_{CEO} 一般在几微安以下，而小功率锗管的 I_{CEO} 约为几十微安以下。

3. 集电极最大允许电流 I_{CM}

当三极管的集电极电流增大到一定程度时，电流放大系数值明显下降，说明三极管的输出特性曲线随着集电极电流的增加而增密。下降到一定值时的 i_C 即 I_{CM}，i_C 超过此值时管子不一定会损坏，但特性会变差。一般小功率管的 I_{CM} 约为几十毫安，大功率管可达几安。

4. 集电极最大允许功率损耗 P_{CM}

集电极的功率损耗等于集电极电流 i_C 与集电极 — 发射极之间电压 u_{CE} 的乘积，即 $P_{CM} = i_C \cdot u_{CE}$。由于集电极电流流过集电结会产生热量，使结温升高，而管子的结温是有一定限制的，所以 P_{CM} 就是集电结的结温达到极限时的功耗。在输出特性曲线中画出允许的最大功率损耗线，如图 3.1 - 8 所示。一般来说，锗管的允许结温约为 $70℃ \sim 90℃$，硅管约为 $150℃$。

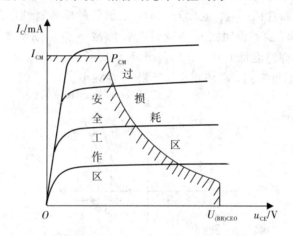

图 3.1 - 8　晶体管的功率极限损耗线

值得注意的是，环境的不同对集电极最大允许功率损耗的要求也不同，如果环境温度增高，则 P_{CM} 会下降。如果管子加散热片，则 P_{CM} 可得到很大的提高。一般在环境温度为 $25℃$ 以下时，把 $P_{CM} < 1$ W 的管子称为小功率管，把 $P_{CM} > 10$ W 的管子称为大功率管，功率介于两者之间的管子称为中功率管。

5. 极间反向击穿电压

（1）发射极 — 基极之间反向击穿电压 $U_{(BR)EBO}$：集电极开路时，加在发射极与基极之间的反向击穿电压。小功率管的 $U_{(BR)EBO}$ 一般为几伏。

（2）集电极 — 基极之间反向击穿电压 $U_{(BR)CBO}$：发射极开路时，加在集电极与基极之间的反向击穿电压。$U_{(BR)CBO}$ 的数值较高，通常为几十伏到上千伏。

（3）集电极 — 发射极之间反向击穿电压 $U_{(BR)CEO}$：指基极开路时，加在集电极与发射极之间的反向击穿电压。

在实际电路中，晶体管的发射极 — 基极间常接有电阻 R_b，这时集电极 — 发射极之间的反向击穿电压用 $U_{(BR)CER}$ 表示。$R_b = 0$ 时的反向击穿电压用 $U_{(BR)CES}$ 表示。上述几种反向击穿电压的大小有如下关系：

$$U_{(BR)CBO} > U_{(BR)CES} > U_{(BR)CER} > U_{(BR)CEO}$$

3.1.5　温度对三极管特性及其参数的影响

1. 温度对三极管参数的影响

三极管和二极管一样也是由半导体材料构成的，温度对晶体管的特性有着不容忽视的影响。

（1）温度对 β 的影响：晶体管的 β 随温度的升高将增大，温度每上升 $1℃$，值约增大 $0.5\% \sim 1\%$，使得在 i_B 不变时，集电极电流 i_C 随温度的升高而增大。

（2）温度对 I_{CBO} 的影响：I_{CBO} 是集电结反偏时，基区和集电区的少数载流子漂移运动形成的，因此对温度非常敏感。温度每升高 $10℃$，I_{CBO} 约增加一倍。反之，当温度下降时 I_{CBO} 将减小。穿透电流 I_{CEO} 也会随温度的变化而变化。

2. 温度对三极管特性曲线的影响

（1）温度对输入特性的影响。温度升高时，三极管的输入特性曲线将左移，反之将右移，如图 3.1-9 所示。这就说明在 i_B 不变时，u_{BE} 将减小。u_{BE} 随温度变化的规律与二极管正向导通规律类似，即温度每上升 $1℃$，u_{BE} 将下降 $2 \sim 2.5 \text{mV}$。从图 3.1-9 中也可以得出，若视 u_{BE} 不变，温度升高，i_B 将增大，反之 i_B 将减小。

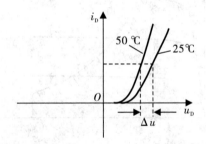

图 3.1-9　温度对三极管输入特性的影响

（2）温度对输出特性的影响。温度升高时，三极管的 I_{CBO}、I_{CEO}、β 都将增大，将使输出特性曲线上移，曲线间的距离随温度升高而增大，集电极电流 i_C 将增大。温度对输出特性的影响如图 3.1-10 所示，图中虚线为温度升高后的特性曲线。

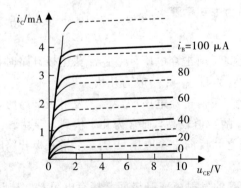

图 3.1-10　温度对三极管输出特性的影响

3.2　共发射极放大电路

三极管放大电路是利用三极管的电流控制作用，把微弱的电信号不失真地放大，实现将直流电源的能量转换为按输入信号规律变换的较大能量的输出信号。所以说放大的本质是实现了能量的控制和转换。本节将以共发射极放大电路为例，阐明放大电路的组成原则以及电路中各元件的作用。

3.2.1　共发射极放大电路的组成

在图 3.2 – 1(a) 所示的单管共发射极放大电路中，静态时的 I_{BQ}、I_{CQ}、U_{CEQ} 如图 3.2 – 1(b) 中直线所标注。当有输入电压时，基极电流是在原来直流分量 I_{BQ} 的基础上叠加一个正弦交流电流 i_b，因而基极总电流 $i_B = I_{BQ} + i_b$，见图 3.2 – 1(b) 中实线所画波形。根据晶体管基极电流对集电极电流的控制作用，集电极电流也会在直流分量 I_{CQ} 的基础上产生一个正弦交流电流 i_c，而且 $i_c = \beta i_b$，集电结总电流 $i_C = I_{CQ} + \beta i_b$。不难理解，集电结动态电流 i_c 必将在集电极电阻 R_c 上产生一个与 i_c 波形相同的交变电压。而由于 R_c 上的电压增大时，管压降 u_{CE} 必然减小；R_c 上的电压减小时，u_{CE} 必然增大，所以管压降是在直流分量 U_{CEQ} 的基础上叠加上一个与 i_c 变化方向相反的交变电压 u_{ce}。管压降总量 $u_{CE} = U_{CEQ} + u_{ce}$，见图 3.2 – 1(b) 中实线所画波形。将管压降中的直流分量 U_{CEQ} 去掉，就得到一个与输入电压 u_i 相位相反且放大了的交流电压 u_o，如图 3.2 – 1(b) 所示。

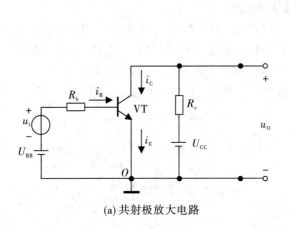
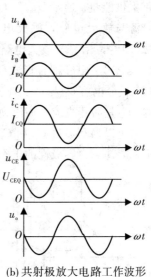

(a) 共射极放大电路　　　　　　　　(b) 共射极放大电路工作波形

图 3.2 – 1　共射极基本放大电路

从以上分析可知，对于共射极基本放大电路，只有设置合适的静态工作点，使交流信号驮载在直流分量之上，以保证晶体管在输入信号的整个周期内始终工作在放大状态，输出电压波形才不会产生非线性失真。共射极基本放大电路的电压放大作用是利用晶体管的电流放大作用，并依靠 R_c 将电流的变化转化成电压的变化来实现的。

1. 放大电路组成原则

为了使放大电路正常工作，其组成要满足下面的条件：

（1）三极管工作在放大区，要求管子的发射结处于正向偏置，集电结处于反向偏置。

（2）由于三极管的各极电压和电流均有直流分量（$u_i = 0$ 时），也称为静态值或静态工作点，而被放大的交流信号叠加在直流分量上，要使电路能不失真地放大交流信号，必须选择合适的静态值，可以通过选用合适的电阻 R_b、R_c 和三极管参数来实现。

（3）要使放大电路能不失真地放大交流信号，放大器必须有合适的交流信号通路，以保证输入、输出信号能有效、顺利地传输。

（4）放大电路必须满足一定的性能指标要求。

2. 各元器件的作用

（1）三极管 VT：放大电路的核心器件，其作用是利用输入信号产生微弱的电流 i_b，控制集电极 i_c 变化，i_c 由直流电源 U_{CC} 提供并通过电阻 R_c（或带负载 R_L 时的 $R'_L = R_c /\!/ R_L$）转换成交流输出电压。

（2）基极直流电源 U_{BB}：通过 R_b 为晶体三极管发射结提供正偏置电压。

（3）基极偏置电阻 R_b：U_{BB} 通过它给三极管发射结提供正向偏置电压以及合适的基极直流偏置电流，使放大电路能正常工作在放大区。R_b 也称为偏置电阻。

（4）集电极负载电阻 R_c：其作用是将放大的集电极电流转换成电压信号。

（5）集电极直流电源 U_{CC}：通过 R_c 为晶体三极管的集电结提供反偏电压，也为整个放大电路提供能量。通常 U_{BB} 和 U_{CC} 为同一个电源，习惯性画成图 3.2-2(a) 所示电路。电路中信号源与放大电路，放大电路与负载均为导线直接相连，故称为"直接耦合"。在图 3.2-2(b) 中，信号与放大电路间由电容 C_1 连接，放大电路与负载间由电容 C_2 连接，故称为"阻容耦合"。阻容耦合形式是单管放大电路常采取的耦合方式。

（6）耦合电容 C_1 和 C_2：对于直流信号起到隔直作用，视为开路。C_1 是防止直流电流进入信号源，C_2 是防止直流电流流到负载中。而对于交流信号，起到耦合作用，电容视为短路，即交流信号可以顺利通过 C_1 和 C_2，耦合电容一般取电容量较大的电解电容。对于 NPN 管和 PNP 管，要注意电容极性的正确连接，应该将电容的正极连在直流电位较高的一端。

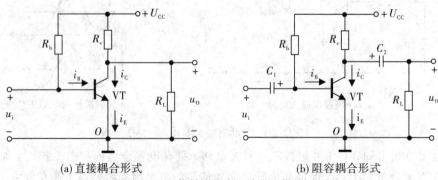

(a) 直接耦合形式　　　　　　　　　　　　(b) 阻容耦合形式

图 3.2-2　共射极放大电路的习惯性画法

3.2.2　放大电路的两种工作状态

放大电路中的交流信号叠加在直流量上，交、直流共存。分析计算时，常将直流和交流分开进行，分为静态分析和动态分析。

1. 静态

当输入交流信号 $u_i = 0$ 时，此时放大电路只在直流电源的作用下，称为静态。静态时，电路中只有直流电源作用，三极管的直流量（I_{BQ}，U_{BEQ}）和（I_{CQ}，U_{CEQ}）分别对应于输入、输出特性曲线上的一个点，称为静态工作点 Q。

静态分析时直流电流流经的通路称为放大电路的直流通路。通过直流通路为放大电路提供直流偏置，建立合适的静态工作点。画直流通路时：交流信号源为零（交流电压源短路，交流电流源开路），保留其内阻；相关电容器视为开路；电感线圈视为短路。根据以上原则可将图 3.2-3（a）所示的共射极放大电路的直流通路画出，如图 3.2-3（b）所示。

2. 动态

当输入信号 $u_i \neq 0$ 时，放大电路输入信号不为零时的工作状态称为动态。动态时，电路中的直流电源和交流信号源同时存在，晶体管的 u_{BE}、u_{CE}、i_B 和 i_C 都是直流和交流分量叠加后的总量。放大电路的目的是放大交流信号，静态工作点是电路能正常工作的基础。

动态分析时交流电流流经的通路称为放大器的交流通路。画交流通路时：直流电源视为零（直流电压源短路，直流电流源开路），保留其内阻；容量大的电容（如耦合电容）视为短路；小电感视为短路。根据以上原则可将图 3.2-3（a）所示的共射极放大电路的交流通路画出，如图 3.2-3（c）所示。

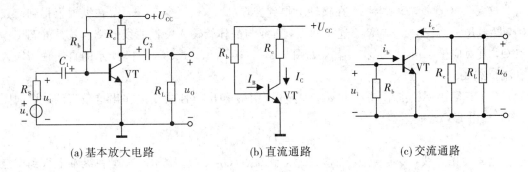

(a) 基本放大电路　　　　　(b) 直流通路　　　　　(c) 交流通路

图 3.2-3　共射极基本放大电路及其直流通路和交流通路

如前所述，三极管的各极电压和电流中都是直流分量与交流分量共存，因此，三极管放大电路中的电流通路也分为直流通路和交流通路。

3.3　放大电路的分析方法

三极管放大电路的分析包括静态分析和动态分析，其分析方法有图解法和微变等效电路分析法。图解法主要用于大信号放大电路的分析，微变等效电路分析法用于低频小信号放大器的动态分析。

3.3.1　图解法

当放大器在大信号条件下工作时，难以用电路分析的方法对放大器进行分析，通常采用图解法分析。

1. 静态分析

将图 3.2-1(a) 所示电路改画成图 3.3-1 的形式，并用虚线把电路分成三部分：三极管、输入回路、输出回路。

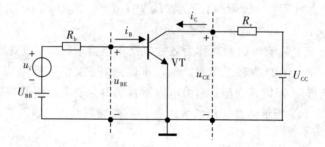

图 3.3-1 基本共射极放大电路

静态时 $u_i = 0$，放大电路只有直流电源作用，对直流通路的分析称为静态分析。静态工作点既应在三极管的特性曲线上，又应该满足外电路的回路方程，因此可用作图的方法求得 Q 点的值。分析步骤如下：

（1）给定三极管的输入特性和输出特性，在放大电路的输入回路中求得 i_B 和 u_{BE} 的方程，并在输入特性曲线上作出这条直线。根据图 3.3-1，由 KVL 得

$$u_{BE} = U_{BB} - i_B R_b \tag{3.3-1}$$

这是一条直线，令 $i_B = 0$，在横轴上得到交点 $(U_{BB}, 0)$；令 $u_{BE} = 0$，在纵轴上得到交点 $(0, U_{BB}/R_b)$，斜率为 $-1/R_b$。连接两点，直线与晶体管输入特性曲线的交点就是静态工作点 Q，其对应坐标值为 I_{BQ} 和 U_{BEQ}，如图 3.3-2(a) 所示，式(3.3-1) 所示的直线称为输入直流负载线。

（2）在输出回路中求得 i_C 和 u_{CE} 的方程，并在输出特性曲线上作出这条直线。根据图 3.3-1，由 KVL 得

$$u_{CE} = U_{CC} - i_C R_C \tag{3.3-2}$$

这是一条直线，令 $i_C = 0$，在横轴上得到交点 $(U_{CC}, 0)$；令 $u_{CE} = 0$，在纵轴上得到交点 $(0, U_{CC}/R_c)$，斜率为 $-1/R_c$。连接两点，直线与晶体管输出特性曲线的交点就是静态工作点 Q，其对应坐标值为 I_{CQ} 和 U_{CEQ}，如图 3.3-2(b) 所示，式(3.3-2) 所示的直线称为直流负载线。

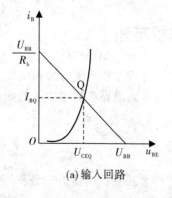

(a) 输入回路

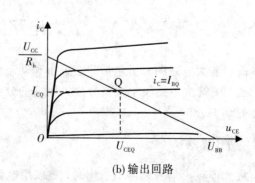

(b) 输出回路

图 3.3-2 图解法分析三极管静态工作点

2. 动态分析

在 $u_i \neq 0$ 的情况下对放大电路进行分析，称为放大电路的动态分析。动态图解分析法能够直观地显示出在输入信号作用下，放大电路中各电压及电流波形的幅值大小和相位关系，可对动态工作情况有较全面的了解。分析步骤如下：

(1) 由输入电压 u_i 求得基极电流 i_b。设 $u_i = U_m\sin\omega t$，当它加到输入端时，三极管发射结电压是在直流电压 U_{BE} 的基础上叠加了一个交流量 u_{be}。根据放大电路的交流通路可知 $u_{BE} = U_{BB} + u_i - i_B R_b$，此时发射结的电压 u_{BE} 的波形如图 3.3−3(a) 所示。由 u_{BE} 的波形和三极管的输入特性可以作出基极电流 i_B 的波形，如图 3.3−3(a) 所示。输入电压 u_i 的变化将产生基极电流的交流分量 i_b，由于输入电压 u_i 幅度很小，其动态变化范围小，在 $Q' \sim Q''$ 段可以看成是线性的，基极电流的交流分量 i_b 也是按正弦规律变化的，即 $i_b = I_m\sin\omega t$。

(2) 由 i_b 求得 i_c 和 u_{ce}。当三极管工作在放大区时，基极电流的交流分量 i_b 在直流分量 I_B 基础上按正弦规律变化时，集电极的交流分量 i_c 也是在直流分量 I_{CQ} 的基础上按正弦规律变化。由于集射极的交流分量为 $u_{ce} = -i_c R_c$，u_{ce} 也会在直流分量 U_{CE} 的基础上按正弦规律变化。显然，动态工作点将在交流负载线上的 Q' 和 Q'' 之间移动，根据动态工作点移动的轨迹可画出 i_c 和 u_{ce} 的波形，如图 3.3−3(b) 所示。由图中可以看到集电极电流和集电极与集射极间电压的交流分量为 $i_c = I_{cm}\sin\omega t$，$u_{ce} = u_o = -i_c R_c$。晶体三极管各极间的电压和电流均为直流和交流的分量；交流信号的传递过程为 $u_i \to i_b \to i_c \to u_{ce}$；输入电压 u_i 和输出电压 u_o 是反相位的，即 $\varphi_a = 180°$；放大电路的电压放大倍数等于输出电压相量与输入电压相量的比值。

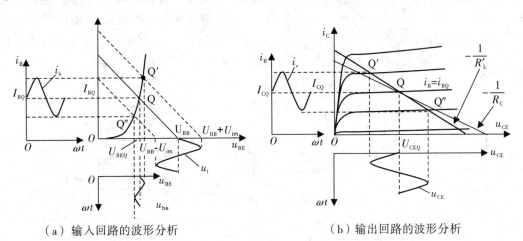

（a）输入回路的波形分析　　　　　（b）输出回路的波形分析

图 3.3−3　共射极放大电路动态工作情况的图解分析

(3) 交流负载线。由图 3.2−3(a) 所示阻容耦合放大电路的交流通路可以看出，当电路带上负载电阻 R_L 时，输出电压由集电极电流 i_c 与电阻 R'_L（$R'_L = R_c \; / \! / \; R_L$）决定。此时交流负载线斜率为 $-1/R'_L$，而不是 $-1/R_c$，交流负载线和直流负载线不再重合。交流负载线有两个特点：第一，$u_i = 0$ 时，三极管的集电极电流应为 I_{CQ}，管压降应为 U_{CEQ}，所以它必过 Q 点；第二，其斜率为 $-1/R'_L$。

3. 非线性失真

若放大电路的输出电压波形和输入波形形状不同，则放大电路产生了失真。如果放大电路的静态工作点设置得不合适(偏低或偏高),出现了在正弦输入信号 u_i 作用下,静态三极管进入截止区或饱和区,使得输出电压不是正弦波,这种失真称为非线性失真。它包括饱和失真和截止失真两种。

(1)饱和失真。当放大器输入信号幅度足够大时,若静态工作点 Q 偏高到 Q′ 处,i_b 不失真,但 i_c 和 u_{ce}(或 u_o)失真,i_c 的正半周削顶,而 u_{ce} 的负半周削顶,如图 3.3-4(b)中波形所示,这种失真为饱和失真。为了消除饱和失真,对于图 3.3-1 所示共发射极放大电路,应该增大电阻 R_b,使 I_{BQ} 减小,从而使静态工作点下移放大区域中心。

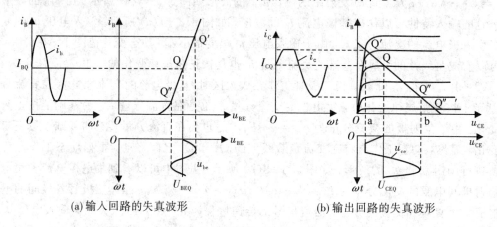

| (a)输入回路的失真波形 | (b)输出回路的失真波形 |

图 3.3-4　饱和失真的波形

(2)截止失真。当放大器输入信号幅度足够大时,若静态工作点 Q 偏低到 Q′ 处,i_b、i_c 和 u_{ce}(或 u_o)都失真,i_b、i_c 的负半周削顶,而 u_{ce} 的正半周削顶,如图 3.3-5(b)中波形所示,这种失真为截止失真。为了消除截止失真,对于图 3.3-1 所示共发射极放大电路,应该减小电阻 R_b,使 I_{BQ} 增大,从而使静态工作点上移到放大区域中心。

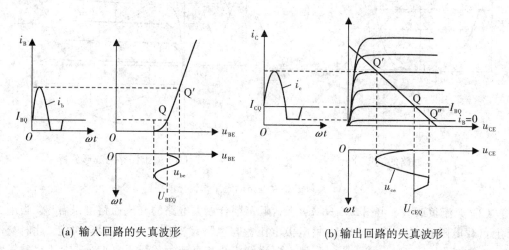

| (a) 输入回路的失真波形 | (b)输出回路的失真波形 |

图 3.3-5　共射极放大电路的截止失真

(3)双向失真。当静态工作点合适但输入信号幅度过大时,在输入信号的正半周三极管会进入饱和区;而在负半周,三极管进入截止区,于是在输入信号的一个周期内,输出波形正、负半周都被切削,输出电压波形近似梯形波,这种情况为双向失真。为了消除双向失真，应减小输入信号的幅度。

（4）输出电压不失真的最大幅度。为了减小和避免非线性失真，必须合理设置静态工作点 Q 的位置，当输入信号较大时，应把 Q 点设在输出交流负载线的中点，这时可得到输出电压的最大动态范围。当输入信号较小时，为了降低电路的功率损耗，在不产生截止失真的前提下，可以把 Q 点选择得偏低一些。

4. 图解分析法的适用范围

图解法是分析放大电路的最基本的方法之一，特别适用于分析信号幅度较大而工作频率不太高的情况。它直观形象，有助于一些重要概念的建立和理解。能全面地分析放大电路的静态工作情况，有助于理解正确选择电路参数、合理设置静态工作点的重要性，以及直观地观察放大电路的饱和失真和截止失真的现象。但图解法不能分析信号幅值太小或工作频率较高时的电流工作状态，也不能分析放大电路的输入电阻和输出电阻等动态参数。

【例 3.3 - 1】　在图 3.3 - 6(a) 所示的共发射极放大电路中，已知 $U_{CC} = 12$ V，$R_b = 240$ kΩ，$R_c = 3$ kΩ，$\beta = 40$，$u_{BE} = 0.7$ V，其三极管的输出特性曲线如图 3.3 - 6(c) 所示。

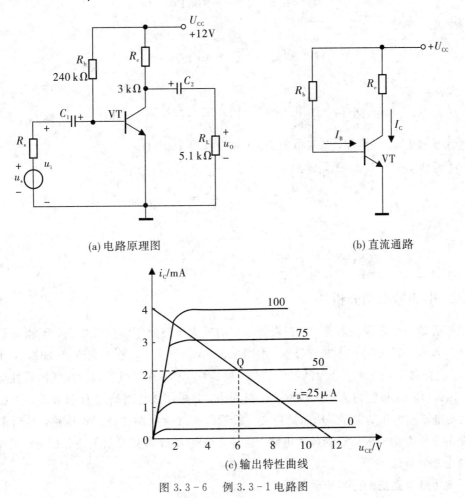

(a) 电路原理图　　　　　　　　　(b) 直流通路

(c) 输出特性曲线

图 3.3 - 6　例 3.3 - 1 电路图

（1）用图解法确定静态工作点，并求 I_{BQ}、I_{CQ} 和 U_{CEQ} 的值；

（2）若使 $U_{CEQ} = 3$ V，试计算 R_b 的大小；

（3）若使 $I_{CQ} = 1.5$ mA，R_b 又应该为多大？

解 （1）由图 3.3-6(b) 的直流通路可得直流负载线为

$$u_{CE} = U_{CC} - i_C R_C = 12 - 3i_C$$

可在输出特性曲线上作出这条直线。

再由直流通路得

$$I_{BQ} = \frac{U_{CC} - U_{BEQ}}{R_b} = \frac{12 \text{ V} - 0.7 \text{ V}}{240 \times 10^3 \text{ }\Omega}$$

$$\approx \frac{12 \text{ V}}{240 \times 10^3 \text{ }\Omega} \approx 50 \text{ }\mu\text{A}$$

故直流负载线与 $I_{BQ} = 50$ μA 对应的那条输出特性的交点即静态工作点 Q，由图得 $I_{CQ} = 2$ mA，$U_{CEQ} = 6$ V。

（2）当 $U_{CEQ} = 3$ V 时，则由直流通路可得集电极电流为

$$I_{CQ} = \frac{U_{CC} - U_{CEQ}}{R_C} = \frac{12 \text{ V} - 3 \text{ V}}{3 \text{ k}\Omega} = 3 \text{ mA}$$

那么基极电流为

$$I_{BQ} = \frac{I_{CQ}}{\beta} = 75 \text{ }\mu\text{A}$$

故

$$R_b = \frac{U_{CC} - U_{BEQ}}{I_{BQ}} = \frac{12 \text{ V} - 0.7 \text{ V}}{75 \text{ }\mu\text{A}} \approx 150 \text{ k}\Omega$$

为了实现 $U_{CEQ} = 3$ V，基极电阻 R_b 应该设置为 150 kΩ。

（3）若使 $I_{CQ} = 1.5$ mA，则

$$I_{BQ} = \frac{I_{CQ}}{\beta} = \frac{1.5 \text{ mA}}{40} = 37.5 \text{ }\mu\text{A}$$

故

$$R_b = \frac{U_{CC} - U_{BEQ}}{I_{BQ}} = \frac{12 \text{ V} - 0.7 \text{ V}}{37.5 \text{ }\mu\text{A}} \approx 301 \text{ k}\Omega$$

3.3.2 小信号模型分析法

三极管是一个非线性器件，由三极管组成的放大电路属于非线性电路，不能简单地直接采用线性电路的分析方法进行分析。在图 3.3-3(a) 可见，当输入交流信号时，工作点在 $Q' \sim Q''$ 之间移动，若该信号为低频小信号，则 $Q' \sim Q''$ 将在三极管特性曲线的线性范围内移动，因此可将三极管视为一个线性二端口网络，并采用线性网络的 H 参数表示三极管输入、输出电流和电压的关系，从而把包含三极管的非线性电路变成线性电路，然后采用线性电路的分析方法分析三极管放大电路。这种方法称为 H 参数等效电路分析法，又称为微变等效电路分析法。

微变等效电路法的分析步骤如下：

（1）认识电路，包括电路中各元器件的作用、放大器的组态和直流偏置电路等，这是电子线路读图的基础。

（2）正确画出放大器的交流、直流通路图。

（3）在直流通路的基础上，求静态工作点。

（4）在交流通路图的基础上，画出小信号等效（如 H 参数）电路图。

（5）根据定义计算电路的动态性能参数，其中关键在于用电路中的已知量表示待求量。

1. 估算法计算静态值

如前所述，在 $u_i = 0$ 时，放大电路只有直流电源作用，电容相当于开路，放大电路的这种状态称为静态，对应的电路称为直流通路，对直流通路的分析称为静态分析。

静态工作点的 I_{BQ}、I_{CQ} 及 U_{CEQ} 值可以用上述图解法求得，但图解法画图比较麻烦，误差较大，而且需要测量出三极管的输出和输入特性，在此，介绍常用的估算法。由图 3.2－3(b) 的直流通路可得：

（1）由基极 － 发射极回路得

$$U_{CC} = I_{BQ}R_b + U_{BEQ} \tag{3.3-3}$$

化简后为

$$I_{BQ} = \frac{U_{CC} - U_{BEQ}}{R_b} \tag{3.3-4}$$

（2）由三极管电路分配关系可得

$$I_{CQ} = \beta I_{BQ} \tag{3.3-5}$$

（3）由集电极-发射极回路得

$$U_{CEQ} = U_{CC} - I_{CQ}R_C \tag{3.3-6}$$

由上式可见，当 U_{CC} 和 R_b 选定后，I_B 的值就近似为一定值，由于 I_B 被称为直流偏置电流，故图 3.2－3(a) 的放大电路也称为固定偏置放大电路。

【例 3.3－2】 在图 3.3－7(a) 所示电路中，已知 $U_{CC} = 12$ V，$R_b = 510$ kΩ，$R_C = 3$ kΩ，$R_L = 3$ kΩ，三极管的 $\beta = 60$，$U_{BEQ} = 0.7$ V。试计算电路的静态工作点 Q，并说明三极管的工作状态。

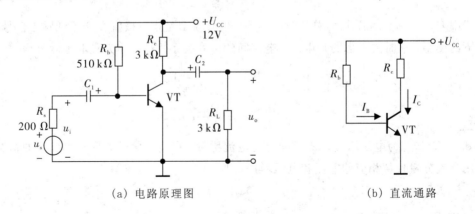

(a) 电路原理图　　　　　　　(b) 直流通路

图 3.3－7　例 3.3－2 的电路图

解　画出直流通路，如图 3.3－7(b) 所示，根据直流通路求解静态工作点 Q：

$$I_{BQ} = \frac{U_{CC} - U_{BEQ}}{R_b} = \frac{12 \text{ V} - 0.7 \text{ V}}{510 \text{ kΩ}} \approx 22.16 \text{ μA}$$

$$I_{CQ} = \beta I_{BQ} \approx 1.33 \text{ mA}$$

$$U_{CEQ} = U_{CC} - I_{CQ}R_C = 12 \text{ V} - 1.33 \times 3 \text{ V} \approx 8 \text{ V}$$

可得 $U_{CEQ} > U_{BEQ}$，因此有 $U_C > U_B > U_E$，发射结正偏、集电结反偏，说明三极管工作在放大状态。

2. 动态分析

三极管的 H 参数及等效模型如图 3.3-8(a) 所示，将三极管视为二端口网络，当输入为低频小信号时，对于输入端 u_{be} 和 i_b 的关系，描述了三极管的输入特性；而对于输出端 i_c 和 u_{ce}，则描述了三极管的输出特性，用函数表示为

$$\begin{cases} u_{BE} = f_1(i_B, u_{CE}) \\ i_C = f_2(i_B, u_{CE}) \end{cases} \tag{3.3-7}$$

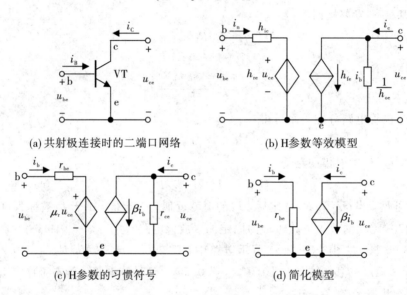

(a) 共射极连接时的二端口网络   (b) H参数等效模型

(c) H参数的习惯符号   (d) 简化模型

图 3.3-8   三极管 H 参数及等效模型

式中 i_B、i_C、u_{BE}、u_{CE} 均为总瞬时值，而小信号模型是指三极管在交流低频小信号工作状态下的模型，这时要考虑的是电压、电流间的微变关系。对上述方程取全微分得

$$\begin{cases} du_{BE} = \dfrac{\partial u_{BE}}{\partial i_B}di_B + \dfrac{\partial u_{BE}}{\partial u_{CE}}du_{CE} \\ di_C = \dfrac{\partial i_C}{\partial i_B}di_B + \dfrac{\partial i_C}{\partial u_{CE}}du_{CE} \end{cases} \tag{3.3-8}$$

其中 du_{BE} 和 du_{CE} 为电压增量，di_B 和 di_C 为电流增量。在输入信号为低频小信号的情况下，可以用交流分量代替相应的电流和电压增量，则式(3.3-8)可改写为

$$\begin{cases} u_{be} = h_{ie}i_b + h_{re}u_{ce} \\ i_c = h_{fe}i_b + h_{oe}u_{ce} \end{cases} \tag{3.3-9}$$

根据式(3.3-9)可画出图 3.3-8(b) 的等效电路，称为三极管的 H 参数等效电路，又叫微变等效电路。其中

$$h_{ie} = \frac{\partial u_{BE}}{\partial i_B}\bigg|_{u_{CE}}$$ 为晶体管输出端交流短路时晶体管的输入电阻，单位为欧姆(Ω)；

$$h_{re} = \frac{\partial u_{BE}}{\partial u_{CE}}\bigg|_{I_B}$$ 为晶体管输入端交流开路时的反向电压传输比，无量纲，它表示晶体管输出的集射极电压 u_{ce} 对输入发射结电压 u_{be} 的控制作用；

$$h_{fe} = \frac{\partial i_C}{\partial i_B}\bigg|_{u_{CE}}$$ 为晶体管输出端交流短路时的电流放大系数，无量纲，它也表示晶体管输入的基极电流 i_b 对集电极电流 i_c 的控制作用；

$$h_{oe} = \frac{\partial i_C}{\partial u_{CE}}\bigg|_{I_B}$$ 为晶体管输入端交流开路时的输出导纳，其单位为西门子(S)。

由于 H 参数是三极管在低频小信号条件下的交流等效参数，放大电路分析过程中，常用 r_{be} 代替 h_{ie}，其数量级为 $10^3\ \Omega$；用 r_μ 代替 h_{re}，其数量级为 $10^{-3}\sim 10^{-4}$，数值很小，可忽略；用 β 代替 h_{fe}，其数量级为 10^2；用 $1/r_{ce}$ 代替 h_{oe}，其数量级为 10^{-5}S，可忽略其影响，则图3.3-8(a)所示三极管的微变等效电路可简化成图 3.3-8(c) 所示。

通常在 H 参数中，μ_r 的数值很小，在 $10^{-3}\sim 10^{-5}\ \Omega$ 之间，而 r_{ce} 的数值在 $10^5\ \Omega$ 以上，$\mu_r u_{ce}$ 比 u_{be} 小很多，r_{ce} 比输出回路中的电阻 R_c（或 R_L）大得多。因此，在三极管微变等效模型中常认为 $\mu_r\approx 0$，$r_{ce}\approx\infty$，可得到三极管的简化等效模型，如图 3.3-8(d) 所示。

三极管的参数可利用晶体管特性图示仪测得，r_{be} 也可利用下面公式进行估算：

$$r_{be} = r_{bb'} + (1+\beta)\frac{U_T}{I_{EQ}} = r_{bb'} + (1+\beta)\frac{26(\text{mV})}{I_{EQ}(\text{mA})} \qquad (3.3-10)$$

式中，$r_{bb'}$ 为基区体电阻，如图 3.3-9 所示，r_e' 为发射区体电阻，$r_{bb'}$ 和 r_e' 仅与掺杂浓度和制造工艺有关，基区掺杂浓度比发射区低很多，所以 $r_e'\gg r_{bb'}$，$r_{bb'}$ 通常为几十到几百欧。U_T 为绝对温度下的电压当量，一般取 26 mV。I_E 为放大电路静态时的发射极电流。值得注意的是，r_{be} 是三极管的交流参数，但它的值与静态工作点和温度等参数有关。

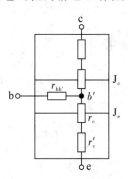

图 3.3-9　三极管内部交流电阻示意图

3. 放大电路的微变等效电路

在画放大电路的微变等效电路时，首先令图 3.3-10(a) 所示放大电路中的耦合电容、交流旁路电容交流短路，令其直流电压源短路，得到交流通路，然后将三极管用图 3.3-8(d) 所示的 H 参数等效电路来代替三极管符号，即可得到如图 3.3-10(b) 所示放大电路的微变等效电路。

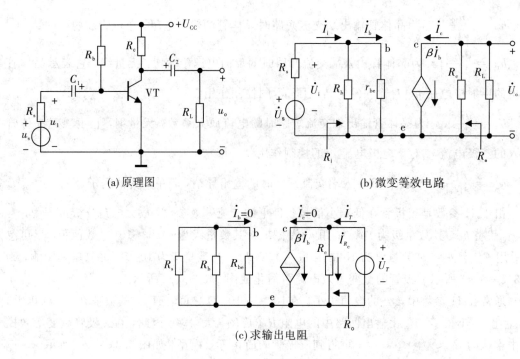

(a) 原理图 (b) 微变等效电路

(c) 求输出电阻

图 3.3 - 10 共射极放大电路

由于被放大的交流输入信号 u_i 为正弦量，若已选择了合适的静态工作点，则三极管工作在线性区域，各电极交流电压和电流均为同频率的正弦信号，且用相量表示。

4. 放大电路动态性能参数的计算

(1) 电压增益 $\dot{A}_u$。放大电路的电压放大倍数 $\dot{A}_u$ 为输出电压 $\dot{U}_o$ 和输入电压 $\dot{U}_i$ 的比值，即

$$\dot{A}_u = \frac{\dot{U}_o}{\dot{U}_i} \qquad (3.3-11)$$

由图 3.3 - 10(b) 可得输出电压为

$$\dot{U}_o = -\dot{I}_c(R_c /\!/ R_L) = -\beta \dot{I}_b R'_L$$

输入电压为

$$\dot{U}_i = \dot{I}_b r_{be}$$

故电压放大倍数为

$$\dot{A}_u = \frac{\dot{U}_o}{\dot{U}_i} = \frac{-\beta \dot{I}_b R'_L}{\dot{I}_b r_{be}} = -\frac{\beta R'_L}{r_{be}} \qquad (3.3-12)$$

上式中的负号表明共发射极放大电路的输出电压和输入电压相位相反。当负载开路，即 $R_L = \infty$ 时，放大倍数为 $\dot{A}_u \approx -\dfrac{\beta R_c}{r_{be}}$。接入负载 R_L 后，电压放大倍数也随 R_L 变化。

此外，电压放大倍数的大小也与三极管的电流放大系数 β 值、输入电阻 r_{be} 有关。β 越大，r_{be} 越小，则电压放大倍数越高。由式(3.3-10)可知，若使 r_{be} 减小，则要增加静态发射

极电流 I_{EQ}。β 和 I_{EQ} 的增大，会使管子进入到饱和区，反而使电压放大倍数降低，所以在提高放大电路的电压放大倍数时，要综合考虑上面的因素。

(2) 输入电阻 R_i 和输出电阻 R_o。在图 3.3-10(a) 所示的电路中，放大电路相对于信号源而言相当于负载，可用电阻 R_i 代替，即放大电路的输入电阻。放大电路相对于负载而言相当于信号源，可用戴维南(或诺顿)定理等效为电压源和内阻串联(或电流源和内阻并联)的形式，其内阻即放大电路的输出电阻。

放大电路的输入电阻为

$$R_i = \frac{\dot{U}_i}{\dot{I}_i} = R_b \mathbin{/\mkern-5mu/} r_{be} \qquad\qquad (3.3-13)$$

由于微变等效电路中存在受控电源，输出电阻的求法应采用外加电压法。即图 3.3-10(c) 所示电路，视负载开路和信号源为零($\dot{U}_s = 0$，保留内阻)，在输出端外加一电压 $\dot{U}_T$，将产生电流 $\dot{I}_T$，则可得输出电阻为

$$R_o = \left.\frac{\dot{U}_T}{\dot{I}_T}\right| \approx R_c \qquad\qquad (3.3-14)$$

对于输入、输出电阻的要求，应由放大电路的类型决定。对于图 3.3-10(a) 所示的共射极放大电路而言，R_i 越高越好，R_o 越低越好。因为输入电阻越高，则将减少信号源内阻对放大电路的影响，使得信号源电压在内阻上的损耗减少。而输出电阻低意味着负载变动时，输出电压变化较小，即带负载能力较强。

【例3.3-3】　电路如图 3.3-10(a) 所示，已知 $U_{CC} = 12$ V，$R_s = 300\ \Omega$，$R_b = 510$ kΩ，$R_c = 3$ kΩ，$R_L = 3$ kΩ，三极管的 $\beta = 80$，$r_{bb'} = 200$，$U_{BEQ} = 0.7$ V。试计算：

(1) 电路的静态工作点 Q，并说明三极管的工作状态。

(2) 电压增益 $\dot{A}_u$、对信号源的电压增益 $\dot{A}_{us}$、输入电阻 R_i 和输出电阻 R_o。

解　(1) 画出直流通路，如图 3.3-7(b) 所示，根据直流通路求解静态工作点 Q：

$$I_{BQ} = \frac{U_{CC} - U_{BEQ}}{R_b} = \frac{12\ \text{V} - 0.7\ \text{V}}{510\ \text{kΩ}} \approx 22.16\ \mu\text{A}$$

$$I_{CQ} = \beta I_{BQ} \approx 1.77\ \text{mA}$$

$$U_{CEQ} = U_{CC} - I_{CQ} R_c = 12\ \text{V} - 1.77 \times 3\ \text{V} \approx 6.69\ \text{V}$$

可得 $U_{CEQ} > U_{BEQ}$，因此有 $U_C > U_B > U_E$，发射结正偏、集电结反偏，说明三极管工作在放大状态。

(2) 画出小信号等效电路，如图 3.3-10(b) 所示，先计算 r_{be}，再计算其余各参数。

$$r_{be} = r_{bb'} + (1+\beta)\frac{26(\text{mV})}{I_{EQ}(\text{mA})} = 200 + (1+80)\frac{26(\text{mV})}{1.77(\text{mA})} \approx 1.39\ \text{kΩ}$$

因为 $R_i \gg r_{be}$，所以有

$$R_i = R_b \mathbin{/\mkern-5mu/} r_{be} \approx r_{be} = 1.39\ \text{kΩ}$$

$$R_o = R_c = 3\ \text{kΩ}$$

$$\dot{A}_u = \frac{\dot{U}_o}{\dot{U}_i} = \frac{-\beta \dot{I}_b R'_L}{\dot{I}_b r_{be}} = -\frac{\beta R'_L}{r_{be}} = -\frac{80 \times (3 /\!/ 3)}{1.39 \text{ k}\Omega} \approx -86$$

$$\dot{A}_{us} = \frac{\dot{U}_o}{\dot{U}_s} = \frac{\dot{U}_o}{\dot{U}_i} \cdot \frac{\dot{U}_i}{\dot{U}_s} = \dot{A}_u \frac{R_i}{R_i + R_s} = -86 \frac{1.39 \text{ k}\Omega}{1.39 \text{ k}\Omega + 0.3 \text{ k}\Omega} \approx -70.7$$

通常 $|\dot{A}_{us}| < |\dot{A}_u|$，当 R_i 越大，$|\dot{U}_i|$ 越接近 $|\dot{U}_s|$，$|\dot{A}_{us}|$ 也就越接近 $|\dot{A}_u|$。信号内阻的存在将使源电压放大倍数下降，输入电阻越小，源电压放大倍数下降得越多。因此，当信号源为电压源时，要求电压源内阻尽量小。

3.4　放大电路静态工作点的稳定问题

3.4.1　温度对静态工作点的影响

对于图 3.2-4(a) 所示的共发射极放大电路，电路的优点是电路组件少，电路简单，易于调整。但由于 $I_{BQ} = \dfrac{U_{CC} - U_{BEQ}}{R_b}$，当电源电压 U_{CC} 和偏置电阻 R_b 确定后，基极电流 I_{BQ} 就为某一常数。因此，当环境温度变化、电源电压波动或组件参数变化时，静态工作点将不稳定，尤其是温度变化引起 Q 点漂移。这是由于晶体三极管的一些参数，如反向穿透电流 I_{CEO}、电流放大系数 β 和发射结电压 U_{BEQ} 都会随着环境稳定变化而变化，使静态工作点随之移动，放大电路的波形就可能进入非线性区，产生非线性失真。

温度对晶体管参数的影响最终表现为使集电极电流增大。温度升高时，反向穿透电流 I_{CEO} 增大，晶体管的输出特性曲线上移，如图 3.4-1 所示。常温下，静态工作点为 Q 点，负载开路情况下，交、直流负载线重合。若环境温度升高，使得 I_{CEO} 增大，电流从 I_{CQ} 增加到 I'_{CQ}，电压从 U_{CE} 减小到 U'_{CE}，晶体管输出特性曲线为虚线部分，则静态工作点从 Q 点移到 Q′。

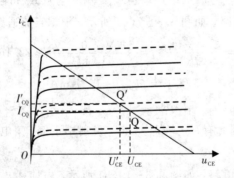

图 3.4-1　三极管在不同温度环境下的输出特性曲线

因此，稳定静态工作点的关键是稳定集电极电流 I_{CQ}，使 I_{CQ} 尽可能不受温度的影响而保持稳定。由此可见，稳定 Q 点，是指在环境温度发生变化时静态集电极电流 I_{CQ} 和管压降 U_{CEQ} 基本不变。为此，通常将图 3.2-4(a) 所示的共发射极放大电路改成基极分压式射极偏置电路，如图 3.4-2(a) 所示。

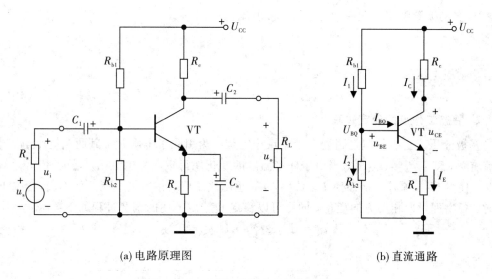

(a) 电路原理图　　　　　　　　　　　　　(b) 直流通路

图 3.4-2　基极分压式射极偏置电路

3.4.2　射极偏置电路

图 3.4-2(a) 所示电路是在图 3.2-3(a) 所示的固定偏置共射极放大电路基础上，引入发射极电阻 R_e 和基极偏置电阻 R_{b2}，构成基极分压式射极偏置电路。电容 C_e 为交流旁路电容，其容量应选得足够大，它对直流量相当于开路，而对于交流信号相当于短路。

1. 静态工作点的估算

图 3.4-2(a) 所示基极分压式射极偏置电路的直流通路如图 3.4-2(b) 所示。根据 KCL 可得 $I_1 = I_2 + I_{BQ}$，若合理选择电路参数，使得 $I_1 \approx I_2 \gg I_{BQ}$，则有

$$I_1 \approx I_2 = \frac{U_{CC}}{R_{b1} + R_{b2}} \tag{3.4-1}$$

基极电位为

$$U_{BQ} \approx I_2 \cdot R_{b2} = \frac{R_{b2}}{R_{b1} + R_{b2}} U_{CC} \tag{3.4-2}$$

上式表明，只要选择 $I_1 \approx I_2 \gg I_B$，则基极电位 U_{BQ} 近似由电源电压 U_{CC}、分压电阻 R_{b1} 和 R_{b2} 决定，而与晶体管的参数无关，基本不随温度变化而变化。

由直流通路可知

$$I_{CQ} = I_{EQ} = \frac{U_{BQ} - U_{BEQ}}{R_e} \tag{3.4-3}$$

上式中 U_{BQ} 和 R_e 为固定值，当 $U_{BQ} \gg U_{BEQ}$ 时，则又不随温度而变，可以近似认为集电极电流 I_{CQ} 与温度无关，放大电路的静态工作点得以稳定。若使 I_{CQ} 固定不变，要满足 $U_{BQ} \gg U_{BEQ}$。但 U_{BQ} 太高，会使发射极电位 U_{EQ} 也随之增大，这样使得 U_{CEQ} 下降，从而减少输出电压的线性动态范围，一般对于硅管取 $U_{BQ} = (3 \sim 5)U_{BEQ}$，锗管取 $U_{BQ} = (1 \sim 3)U_{BEQ}$。图 3.4-2(a) 所示放大电路的静态工作点稳定的效果较好，通常需要满足 $(1 + \beta)R_e \gg 10(R_{b1} \,/\!/\, R_{b2})$。

根据三极管电流分配原理，可得基极电流为

$$I_{BQ} = \frac{I_{CQ}}{\beta} \tag{3.4-4}$$

集射极电压为

$$U_{CEQ} = U_{CC} - I_{CQ}(R_c + R_e) \tag{3.4-5}$$

2. 静态工作点的稳定过程

基极分压式射极偏置电路静态工作点稳定是因为引入了电阻 R_e，其两端电压与集电极电流有关，即 $U_{EQ} = I_{CQ}R_e$，当由于环境温度的变化使得集电极电流 I_{CQ} 增大时，U_{EQ} 随之提高，使得 U_{BEQ} 减小，从而使 I_{BQ} 减小，I_{CQ} 也随之下降，集电极电流近似不变。当温度降低时，各物理量向相反方向变化，同样可以稳定 Q 点。上述的调节过程如下：

$$T\uparrow \rightarrow I_{CQ}\uparrow \rightarrow U_{EQ} = I_{CQ}R_e\uparrow \rightarrow U_{BEQ} = U_{BQ} - U_{EQ}\downarrow \rightarrow I_{BQ}\downarrow$$

$$I_{CQ}\downarrow \longleftarrow$$

在稳定的过程中，电阻 R_e 起着关键作用，当 I_{CQ} 变化时，通过电阻 R_e 上产生电压的变化来影响 b - e 间电压，从而使 I_{BQ} 向相反方向变化，达到稳定 Q 点的目的。这种将输出量（I_{CQ}）通过一定的形式（电压或电流）引回到输入回路来影响输入量的过程称为反馈。反馈使输入量减小，最终使得输出量减小，故称为负反馈。由于反馈是存在于直流通路中，稳定静态工作点的，故称为直流负反馈。

3. 动态参数的计算

图 3.4 - 2(a) 所示基极分压式射极偏置电路的微变等效电路如图 3.4 - 3(a) 所示。

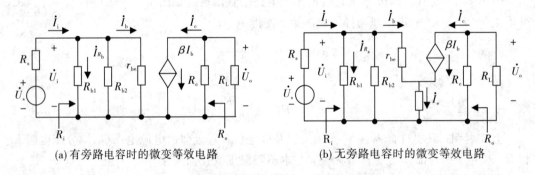

(a) 有旁路电容时的微变等效电路　　　　(b) 无旁路电容时的微变等效电路

图 3.4 - 3　基极分压式射极偏置电路的微变等效电路

（1）电压放大倍数

由图可得

$$\dot{U}_o = -\dot{I}_c(R_c /\!/ R_L) = -\beta\dot{I}_b R'_L$$

$$\dot{U}_i = \dot{I}_b r_{be}$$

$$\dot{A}_u = \frac{\dot{U}_o}{\dot{U}_i} = \frac{-\beta\dot{I}_b R'_L}{\dot{I}_b r_{be}} = -\frac{\beta R'_L}{r_{be}} \tag{3.4-6}$$

（2）输入电阻：

$$R_i = \frac{\dot{U}_i}{\dot{I}_i} = \frac{\dot{U}_i}{\dot{I}_1 + \dot{I}_2 + \dot{I}_b} = R_{b1} \mathbin{/\mkern-5mu/} R_{b2} \mathbin{/\mkern-5mu/} r_{be} \qquad (3.4-7)$$

（3）输出电阻：

$$R_o = \left. \frac{\dot{U}}{\dot{I}} \right|_{\substack{\dot{U}_s = 0 \\ R_L = \infty}} \approx R_c \qquad (3.4-8)$$

（4）旁路电容 C_e 的影响。如果将图 3.4-2(a) 的旁路电容 C_e 断开，其直流通路没有变化，微变等效电路如图 3.4-3(b) 所示。此时电路的电压放大倍数为

$$\dot{A}_u = \frac{\dot{U}_o}{\dot{U}_i} = \frac{-\beta \dot{I}_b R'_L}{\dot{I}_b r_{be} + (1+\beta)\dot{I}_b R_e} = -\frac{\beta R'_L}{r_{be} + (1+\beta)R_e} \qquad (3.4-9)$$

由上式可见，发射极电阻 R_e 的存在使得电压放大倍数下降，可通过旁路电容 C_e 将 R_e 交流短路，同时对直流信号 C_e 视为开路，R_e 仍然能起到稳定静态工作点的作用。

由图 3.4-3(b) 可得无旁路电容时的输入电阻和输出电阻分别为

$$R_i = \frac{\dot{U}_i}{\dot{I}_i} = R_{b1} \mathbin{/\mkern-5mu/} R_{b2} \mathbin{/\mkern-5mu/} [r_{be} + (1+\beta)R_e] \qquad (3.4-10)$$

$$R_o = R_c \qquad (3.4-11)$$

【例 3.4-1】　放大电路如图 3.4-4(a) 所示，已知 $U_{CC} = 12\ \text{V}$，$R_c = 6\ \text{k}\Omega$，$R_{e1} = 300\ \Omega$，$R_{e2} = 2.7\ \text{k}\Omega$，$R_{b1} = 60\ \text{k}\Omega$，$R_{b2} = 20\ \text{k}\Omega$，$R_L = 6\ \text{k}\Omega$，晶体管 $\beta = 50$，$U_{BE} = 0.7\ \text{V}$，$r_{bb'} = 300\ \Omega$，试求：

（1）静态工作点 I_{BQ}、I_{CQ} 及 U_{CEQ}。

（2）画出微变等效电路。

（3）输入电阻 R_i、R_o 及 $\dot{A}_u$。

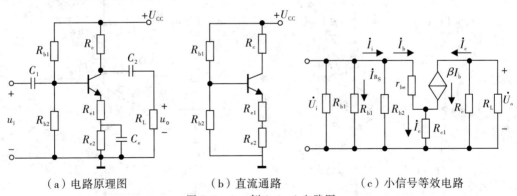

（a）电路原理图　　　　（b）直流通路　　　　（c）小信号等效电路

图 3.4-4　例 3.4-1 电路图

解　（1）直流通路如图 3.4-4(b) 所示，先估算基极电位为

$$U_{BQ} \approx \frac{R_{b2}}{R_{b1} + R_{b2}} U_{CC} = \frac{20\ \text{k}\Omega}{60\ \text{k}\Omega + 20\ \text{k}\Omega} \times 12\ \text{V} = 3\ \text{V}$$

写出基极-射极回路方程，得

$$I_{CQ} \approx I_{EQ} = \frac{U_{BQ} - U_{BEQ}}{R_e} = \frac{3\ \text{V} - 0.7\ \text{V}}{3\ \text{k}\Omega} = 0.8\ \text{mA}$$

$$I_{BQ} \approx \frac{I_{CQ}}{\beta} = \frac{0.8}{50} = 16 \ \mu A$$

写出集电极-射极回路方程,得

$$U_{CEQ} = U_{CC} - I_{CQ}R_c - I_{EQ}(R_{e1} + R_{e2})$$

$$\approx 12 \ V - 0.8 \ mA \times 6 \ k\Omega - 0.8 \ mA \times 3 \ k\Omega = 4.8 \ V$$

(2) 该电路的小信号等效电路如图 3.4-4(c) 所示。

(3) 计算 H 参数 r_{be} 为

$$r_{be} = 300 + (1 + \beta)\frac{26 \ mV}{I_{EQ} \ mA} = 300 \ \Omega + 51 \times \frac{26 \ mV}{0.8 \ mA} \approx 1.96 \ k\Omega$$

输入电阻 R_i 为

$$R_i = R_{b1} /\!/ R_{b2} /\!/ [r_{be} + (1 + \beta)R_{e1}] = 15 /\!/ (1.96 + 51 \times 0.3) \approx 8.03 \ k\Omega$$

输出电阻 R_o 为

$$R_o = R_c \approx 6 \ k\Omega$$

电压增益 $\dot{A}_u$ 为

$$\dot{A}_u = -\frac{\beta(R_c /\!/ R_L)}{r_{be} + (1 + \beta)R_{e1}} = -\frac{50 \times 6 /\!/ 6}{1.96 + 51 \times 0.3} \approx -8.69$$

思考题:试采用光敏电阻 GL5626D 设计一个简易光控开关电路。已知直流供电电压为 +6 V,GL5626D 无光照时的电阻值约为 2 MΩ,受到约 10 流明光照时的电阻值约为 12 kΩ。

解 (1) 选择电路方案。由于本例需要设计一个简易光控开关,因此选用共发射极放大电路。其中图 3.4-5(a) 为驱动一只 LED 灯(或其他小灯泡)的电路;图 3.4-5(b) 为驱动一个继电器(开关)的电路,由继电器触点的接通与否去控制其他负载,图中二极管 VD 的作用是当三极管 VT 从饱和到截止状态时,吸收继电器线圈的反峰压,从而保护三极管不被击穿。

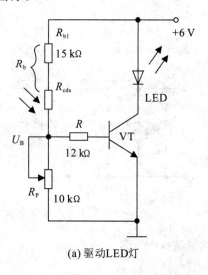 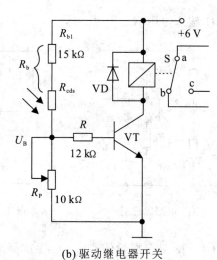

(a) 驱动LED灯　　　　　　　　　　(b) 驱动继电器开关

图 3.4-5　简易光控开关电路

(2) 选择电路参数。已知 GL5626D 无光照时的电阻值约为 2 MΩ,受到约 10 流明光照时的电阻值约为 12 kΩ。通常要使发光二极管点亮,需要几毫安电流流过 LED,假设 $I_C =$

8 mA(具体数值可由相应器件参数表或实际测试得到)，三极管选用 S9013，$\beta = 100$，使三极管 VT 工作在放大区的基极电流为 $I_B = \dfrac{I_C}{\beta} = \dfrac{8}{100} = 80\ \mu A$，为保证三极管能正常工作，在其基极串联接入限流电阻 R，由式(3.4-2)取 $U_B = \dfrac{1}{4}U_{CC} = 1.5\ V$，则有

$$U_B = U_{CC} \cdot \frac{R_P}{R_P + R_{cds} + R_{b1}} = 6 \times \frac{10}{10 + 12 + R_{b1}} = 1.5\ V$$

可得 $R_{b1} = 16\ k\Omega$，取标称值电阻 $R_{b1} = 15\ k\Omega$，此时求得 $U_B \approx 1.6\ V$。

由

$$U_B = I_B R + U_{BE} = 0.08R + 0.7 \approx 1.6\ V$$

可以求得 $R = 11.25\ k\Omega$，取标称值电阻 $R = 12\ k\Omega$。

当光敏电阻 GL5626D 没有受到光照时，$U_B \approx 0.03\ V$，所以三极管 VT 截止，LED 不发光，图 3.4-5(b) 中的继电器也不工作。

此外，如果需要驱动更大功率的负载，则应选用相应的功率驱动器件。

3.4.3　稳定静态工作点的措施

基极分压式射极偏置放大电路是一个典型稳定静态工作点的电路，其利用射极电阻 R_e 引入直流负反馈来稳定温度对静态参数的影响。

图 3.4-6 是在 c-b 之间跨接偏置电阻 R_b。静态工作点稳定的过程如下：

$$T \uparrow \to I_{BQ} \uparrow \to I_{CQ} \uparrow \to U_{CEQ} \downarrow = U_{CC} - R_C(I_{CQ} + I_{BQ}) \to I_{BQ} \downarrow$$

$$I_{CQ} \downarrow \longleftarrow$$

图 3.4-7 中则采用温度补偿的办法来稳定 Q 点。使用温度补偿方法稳定静态工作点时，必须在电路中采用对温度敏感的元件，如二极管、热敏电阻等。

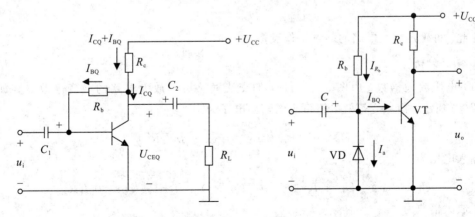

图 3.4-6　集电极-基极偏置电路　　　　　图 3.4-7　二极管稳定补偿电路

图中电源电压 $U_{CC} \gg U_{BEQ}$，因此 $I_{R_b} = \dfrac{U_{CC} - U_{BEQ}}{R_b} \approx \dfrac{U_{CC}}{R_b}$，$I_{R_b}$ 对温度可视为稳定的。

$I_{R_b} = I_R + I_{BQ}$，I_R 为二极管的反向电流，当温度升高时，一方面会导致 I_{CQ} 增大；另一方面也会使 I_R 增大导致 I_{BQ} 减小，从而使 I_{CQ} 随之减小。当参数配合得当时，I_{CQ} 可基本不变。

3.5 共集电极和共基极放大电路

3.5.1 共集电极放大器的结构与特性

共集电极放大电路如图 3.5-1 所示，由于输出取自集电极，故也称射极输出器。由其交流通路来看，从基极输入、发射极输出，输入输出共用集电极，故称为共集电极放大电路。

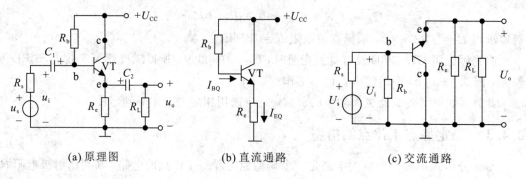

(a) 原理图　　　　　(b) 直流通路　　　　　(c) 交流通路

图 3.5-1　共集电极放大电路

1. 静态分析

由图 3.5-1(b) 所示直流通路，求解静态工作点 Q：

$$U_{CC} = I_{BQ}R_b + U_{BEQ} + I_{EQ}R_e$$

$$I_{BQ} = \frac{U_{CC} - U_{BEQ}}{R_b + (1+\beta)R_e} \tag{3.5-1}$$

$$I_{EQ} = (1+\beta)I_{BQ} \tag{3.5-2}$$

$$U_{CEQ} = U_{CC} - I_{EQ}R_e \tag{3.5-3}$$

至此，可确定放大电路的静态工作点。

2. 动态分析

(1) 电压放大倍数。由图 3.5-1(c) 的交流通路可得放大电路的微变等效电路如图 3.5-2(a) 所示。由微变等效电路可求的输出电压为

$$\dot{U}_o = \dot{I}_e(R_e /\!/ R_L) = (1+\beta)\dot{I}_b R_L'$$

输入电压为

$$\dot{U}_i = \dot{I}_b r_{be} + \dot{U}_o = \dot{I}_b r_{be} + \dot{I}_e(R_e /\!/ R_L) = \dot{I}_b r_{be} + (1+\beta)\dot{I}_b R_L'$$

则电压放大倍数为

$$\dot{A}_u = \frac{\dot{U}_o}{\dot{U}_i} = \frac{(1+\beta)\dot{I}_b R_L'}{\dot{I}_b r_{be} + (1+\beta)\dot{I}_b R_e} = \frac{(1+\beta)R_L'}{r_{be} + (1+\beta)R_e} \tag{3.5-4}$$

由上式可以看出，共集电极放大电路的输出电压和输入电压的相位相同，并且由于 $(1+\beta)R_L' \gg r_{be}$，则 $\dot{A}_u \approx 1$，又称为电压跟随器。虽然共集电极放大电路的电压放大倍数小

于 1，不具有电压放大能力，但是输出电流 $i_{\mathrm{e}}=(1+\beta)i_{\mathrm{b}}$，可见该放大电路仍具有电流放大能力和功率放大能力。

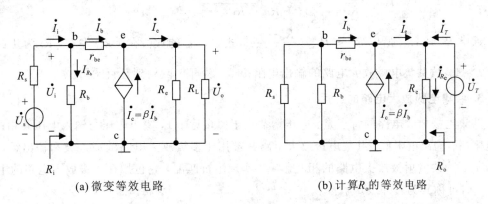

(a) 微变等效电路　　　　　　　　　(b) 计算 R_{o} 的等效电路

图 3.5 - 2　共集电极放大电路

（2）输入电阻。根据定义有 $R_{\mathrm{i}}=\dfrac{\dot{U}_{\mathrm{i}}}{\dot{I}_{\mathrm{i}}}$，其中由图 3.5 - 2(a) 可得

$$\dot{I}_{\mathrm{i}}=\dot{I}_{R_{\mathrm{b}}}+\dot{I}_{\mathrm{b}}=\frac{\dot{U}_{\mathrm{i}}}{R_{\mathrm{b}}}=\frac{\dot{U}_{\mathrm{i}}}{r_{\mathrm{be}}+(1+\beta)R'_{\mathrm{L}}}=\left[\frac{1}{R_{\mathrm{b}}}+\frac{1}{r_{\mathrm{be}}+(1+\beta)R'_{\mathrm{L}}}\right]\dot{U}_{\mathrm{i}}$$

于是

$$R_{\mathrm{i}}=\frac{\dot{U}_{\mathrm{i}}}{\dot{I}_{\mathrm{i}}}=\frac{1}{\dfrac{1}{R_{\mathrm{b}}}+\dfrac{1}{r_{\mathrm{be}}+(1+\beta)R'_{\mathrm{L}}}}=R_{\mathrm{b}}\mathbin{/\!/}\left[r_{\mathrm{be}}+(1+\beta)R'_{\mathrm{L}}\right] \qquad (3.5-5)$$

一般 R_{b} 为几十千欧到几百千欧的电阻，$R'_{\mathrm{L}}=R_{\mathrm{c}}\mathbin{/\!/}R_{\mathrm{L}}$ 为几千欧的电阻，故共集电极放大电路的输入电阻为几十千欧甚至上百千欧，要比共发射极放大电路的输入电阻（$R_{\mathrm{i}}\approx r_{\mathrm{be}}$）大得多。

（3）输出电阻。为了计算输出电阻，令图 3.5 - 2(a) 中的 $\dot{U}_{\mathrm{s}}=0$，并保留其内阻，同时将负载 R_{L} 开路，然后在输出的两端加一电压 $\dot{U}_{T}$，则会产生电流 $\dot{I}_{T}$，如图 3.5 - 2(b) 所示，由 KCL 得

$$\dot{I}_{T}+\dot{I}_{\mathrm{b}}+\dot{I}_{\mathrm{c}}=\dot{I}_{R_{\mathrm{e}}}$$

其中

$$\dot{I}_{R_{\mathrm{e}}}=\frac{\dot{U}_{T}}{R_{\mathrm{e}}},\qquad \dot{I}_{\mathrm{b}}=-\frac{\dot{U}_{T}}{R_{\mathrm{s}}\mathbin{/\!/}R_{\mathrm{b}}+r_{\mathrm{be}}}$$

于是有

$$\dot{I}_{T}=\dot{I}_{R_{\mathrm{e}}}-(\dot{I}_{\mathrm{b}}+\dot{I}_{\mathrm{c}})=\dot{I}_{R_{\mathrm{e}}}-(1+\beta)\,\dot{I}_{\mathrm{b}}=\frac{\dot{U}_{T}}{R_{\mathrm{e}}}-(1+\beta)\left(-\frac{\dot{U}_{T}}{R_{\mathrm{s}}\mathbin{/\!/}R_{\mathrm{b}}+r_{\mathrm{be}}}\right)$$

$$=\left[\frac{1}{R_{\mathrm{e}}}-(1+\beta)\left(-\frac{1}{R_{\mathrm{s}}\mathbin{/\!/}R_{\mathrm{b}}+r_{\mathrm{be}}}\right)\right]\dot{U}_{T}$$

共集电极放大电路的输出电阻为

$$R_o = \frac{\dot{U}_T}{\dot{I}_T} = \frac{1}{\dfrac{1}{R_e} + (1+\beta)\dfrac{1}{R_s \mathbin{/\!/} R_b + r_{be}}} = R_e \mathbin{/\!/} \frac{R_s \mathbin{/\!/} R_b + r_{be}}{1+\beta} \qquad (3.5-6)$$

通常 $R_b \gg R_s$，所以 $R_o \approx R_e \mathbin{/\!/} \dfrac{R_s + r_{be}}{1+\beta}$，式中，$r_{be}$ 的数值在 $1\ \text{k}\Omega$ 左右，R_s 为几百欧姆，$\beta \gg 1$，故共集电极放大电路的输出电阻很低，为几十欧姆到几百欧姆。

3. 共集电极放大电路的应用

共集电极放大电路的特点是：电压增益小于但接近于1，输出电压与输入电压同相；输入电阻高、输出电阻低。共集电极放大电路常被用于多级放大电路的输入级和输出级，以及为了消除共发射极放大电路的相互影响，实现阻抗匹配，它也用在多级放大电路的中间级，这时可称其为缓冲级。

【例 3.5 - 1】 放大电路如图 3.5 - 1(a) 所示，已知 $U_{CC} = 12\ \text{V}$，$R_b = 120\ \text{k}\Omega$，$R_e = 4\ \text{k}\Omega$，$R_L = 6\ \text{k}\Omega$，$R_s = 100\ \Omega$，晶体管 $\beta = 40$，$u_{BE} = 0.7\ \text{V}$，试求：

(1) 静态工作点 I_{BQ}、I_{CQ} 及 U_{CEQ}；

(2) 画出微变等效电路；

(3) 输入电阻 R_i、R_o 及 $\dot{A}_u$。

解 (1) 交流输入信号为 0，并保留其内阻；电容视为开路。画出该电路的直流通路，如图 3.5 - 1(b) 所示。计算静态工作点的各参数如下：

$$I_{BQ} = \frac{U_{CC} - U_{BEQ}}{R_b + (1+\beta)R_e} = \frac{12\ \text{V} - 0.7\ \text{V}}{120\ \text{k}\Omega + (1+40) \times 4\ \text{k}\Omega} \approx 39.8\ \mu\text{A}$$

$$I_{EQ} \approx I_{CQ} = \beta I_{BQ} = 40 \times 39.8\ \mu\text{A} \approx 1.6\ \text{mA}$$

$$U_{CEQ} = U_{CC} - I_{EQ}R_e = 12\ \text{V} - 1.6\ \text{mA} \times 4\ \text{k}\Omega = 5.6\ \text{V}$$

(2) 直流电压源视为短路，电容视为短路，画出该电路的小信号等效电路，如图 3.5 - 2(a) 所示。计算 H 参数 r_{be} 为

$$r_{be} = 300 + (1+\beta)\frac{26\ \text{mV}}{I_{EQ}\,\text{mA}} = 300\ \Omega + 51 \times \frac{26\ \text{mV}}{1.64\ \text{mA}} \approx 0.95\ \text{k}\Omega$$

(3) 根据小信号等效电路，求解动态参数如下：

$$\dot{A}_u = \frac{\dot{U}_o}{\dot{U}_i} = \frac{(1+\beta)\,\dot{I}_b(R_L \mathbin{/\!/} R_e)}{\dot{I}_b r_{be} + (1+\beta)\,\dot{I}_b R_e} = \frac{(1+\beta)(R_L \mathbin{/\!/} R_e)}{r_{be} + (1+\beta)R_e}$$

$$= \frac{(1+40) \times (4 \mathbin{/\!/} 4)}{0.95 + (1+40) \times (4 \mathbin{/\!/} 4)} \approx 0.99$$

$$R_i = \frac{\dot{U}_i}{\dot{I}_i} = \frac{1}{\dfrac{1}{R_b} + \dfrac{1}{r_{be} + (1+\beta)R'_L}} = R_b \mathbin{/\!/} [r_{be} + (1+\beta)(R_L \mathbin{/\!/} R_e)]$$

$$= 120 \mathbin{/\!/} [0.95 + 41 \times (4 \mathbin{/\!/} 4)] \approx 49\ \text{k}\Omega$$

$$R_o = \frac{\dot{U}_T}{\dot{I}_T} = R_e \mathbin{/\!/} \frac{r_{be} + R_s \mathbin{/\!/} R_b}{1+\beta} = 4 \mathbin{/\!/} \frac{0.95 + (0.1 \mathbin{/\!/} 120)}{1+40} \approx 25.3\ \Omega$$

3.5.2　共基极放大器的结构与特性

共基极放大电路如图 3.5 - 3(a) 所示，其输入信号由发射极输入，输出电压取自集电极。由图 3.5 - 4(a) 所示交流流通路可见，输入回路和输出回路共用基极，故称为共基极放大电路。

1. 静态分析

共基极放大电路的直流通路如图 3.5 - 3(b) 所示，与基极分压式射极偏置放大电路的直流通路的电路形式相同，可按照相同方法求解静态工作点。

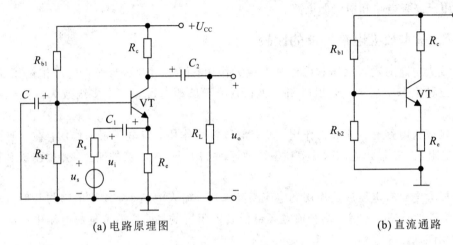

(a) 电路原理图　　　　　　　　　　　　　　　(b) 直流通路

图 3.5 - 3　共基极放大电路

2. 动态分析

共基极放大电路的微变等效电路如图 3.5 - 4(b) 所示。

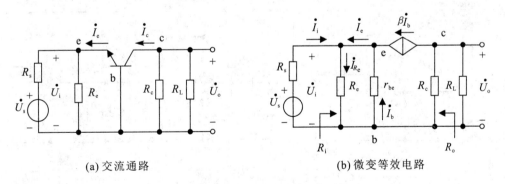

(a) 交流通路　　　　　　　　　　　　(b) 微变等效电路

图 3.5 - 4　共基极放大电路

（1）电压放大倍数：

$$\dot{A}_{u} = \frac{\dot{U}_{o}}{\dot{U}_{i}} = \frac{-\dot{I}_{c}R_{c}}{-\dot{I}_{b}r_{be}} = \frac{\beta\dot{I}_{b}R_{c}}{\dot{I}_{b}r_{be}} = \frac{\beta R_{c}}{r_{be}} \tag{3.5 - 7}$$

由上式可以看出，输出和输入同相位，大小和共射极放大电路的放大倍数相当。

（2）输入电阻：

$$R_i = \frac{\dot{U}_i}{\dot{I}_i} = \frac{\dot{U}_i}{\dot{I}_e - \dot{I}_b - \beta \dot{I}_b} = \frac{\dot{U}_i}{\dfrac{\dot{U}_i}{R_e} - (1+\beta)\dfrac{\dot{U}_i}{r_{be}}} = \frac{1}{\dfrac{1}{R_e} - \dfrac{1}{r_{be}/1+\beta}} = R_e \; /\!/ \; \frac{r_{be}}{1+\beta}$$

$$(3.5-8)$$

由上式可见，共基极放大电路的输入电阻很小。

（3）输出电阻：

$$R_o = R_c \qquad\qquad\qquad (3.5-9)$$

综上分析说明，共基极放大电路的特点是：电压放大倍数较高，输入电阻低，输出电阻高，主要用于高频电路和恒流源电路。

3.5.3　三种基本放大电路性能的比较

共射极放大电路对输入电压和电流都有放大作用，但输出电压与输入电压相位相反；输入电阻在三种组态中居中，输出电阻较大；适用于低频情况下，作多级放大电路的中间级。

共集电极放大电路有电流放大作用，没有电压放大作用，有电压跟随作用；在三种组态中，输入电阻最大，输出电阻最小，频率特性好；常用于放大电路的输入级、输出级和缓冲器。

共基极放大电路有电压放大作用和电流跟随作用，输入电阻小，输出电阻与共射极电路相当；高频特性较好，常用于高频或宽频带低输入阻抗的场合，模拟集成电路中亦兼有电位移动的功能。

放大电路三种组态的主要性能如表 3.5-1 所示。

表 3.5-1　放大电路三种组态的主要性能

	共射极放大电路	共集电极放大电路	共基极放大电路
电路图			
电压增益 $\dot{A}_u$	$\dot{A}_u = -\dfrac{\beta R'_L}{r_{be}}$ $(R'_L = R_c\pi \;/\!/\; R_L)$	$\dot{A}_u = \dfrac{(1+\beta)R'_L}{r_{be} + (1+\beta)R'_L}$ $(R'_L = R_e \;/\!/\; R_L)$	$\dot{A}_u = \dfrac{\beta R'_L}{r_{be}}$ $(R'_L = R_c \;/\!/\; R_L)$
u_i 与 u_o 的相位关系	反相	同相	同相

续表

	共射极放大电路	共集电极放大电路	共基极放大电路
最大电流增益 $\dot{A}_i$	$\dot{A}_i \approx 1 + \beta$	$\dot{A}_i \approx 1 + \beta$	$\dot{A}_i \approx \alpha$
输入电阻 R_i	$R_i = R_{b1} /\!/ R_{b2} /\!/ r_{be}$	$R_i = R_b /\!/ [r_{be} + (1+\beta)R'_L]$	$R_i = R_e /\!/ \dfrac{r_{be}}{1+\beta}$
输出电阻 R_o	$R_o = R_c$	$R_o = R_e /\!/ \dfrac{R_s /\!/ R_b + r_{be}}{1+\beta}$	$R_o = R_c$
用途	多级放大电路的中间级	输入级、中间级、输出级	高频或宽频带电路

3.6　多级放大电路

单管基本放大电路的电压放大倍数通常只能达到几十到几百。然而在实际工作中，加到放大电路输入端的信号往往都非常微弱，要将其放大到能推动负载工作的程度，仅通过单级放大电路难以满足实际要求，这时就必须通过多个单级放大电路级联，才可满足实际要求。

3.6.1　多级放大电路的耦合方式

多级放大电路是由两级或两级以上的单级放大电路级联而成的。在多级放大电路中，将级与级之间的连接方式称为耦合方式，而级与级之间耦合时，必须满足以下三点：

第一，耦合后各级电路仍具有合适的静态工作点。

第二，保证信号在级与级之间能够顺利传输。

第三，耦合后多级放大电路的性能指标必须满足实际的要求。

为了满足上述要求，一般常用的耦合方式有直接耦合、阻容耦合、变压器耦合、光电耦合。

1. 直接耦合

为了避免在信号传输过程中，耦合电容对缓慢变化的信号带来不良影响，也可以把级与级之间直接用导线连接起来，这种连接方式称为直接耦合。从图 3.6-1(a) 中可以看出，静态时 VT_1 管的管压降 U_{CEQ1} 等于 VT_2 的 U_{BEQ2}。若 VT_1、VT_2 为硅管，$U_{BEQ2} = 0.7$ V，则 VT_1 管的静态工作点靠近饱和区，容易引起饱和失真。因此，为了使第一级有合适的静态工作点，就要抬高 VT_2 管的基极电位。图 3.6-1(b) 和图 3.6-1(c) 所示电路是提高 VT_2 管的基极电位的两种方式。为了解决各级有合适静态工作点的问题，直接耦合多级放大电路常采用 NPN 型和 PNP 型管混合使用的方法解决上述问题，如图 3.6-1(d) 所示。

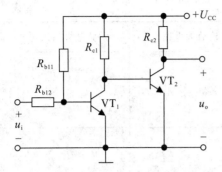

(a) 两级共射极放大电路直接耦合

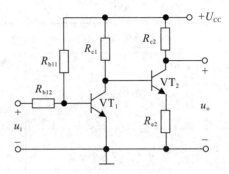

(b) 采用提高后级射极电位实现级间电位匹配

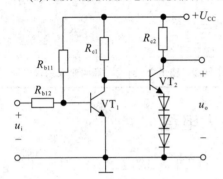

(c) 采用提高后级射极电位实现级间电位匹配

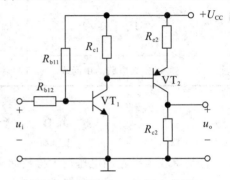

(d) NPN管和PNP管混合使用

图 3.6-1　直接耦合放大电路静态工作点的设置

（1）零点漂移现象产生的原因。

多级放大电路的直接耦合是指前一级放大电路的输出直接和下一级放大电路的输入端相连接，如图 3.6-1(a) 所示为两级直接耦合放大电路。显然，直接耦合放大电路的各级静态工作点相互影响，即当输入电压 $u_i = 0$ 时，受环境温度等因素的影响，输出电压 u_o 将在静态工作点的基础上漂移。这种输入电压（u_i）为零而输出电压（u_o）不为零且缓慢变化的现象，称为零点漂移现象。

在放大电路中，任何参数的变化，如电源电压的波动、元件的老化、半导体元件参数随温度变化而产生的变化，都将产生输出电压的漂移。在阻容耦合放大电路中，这种缓慢变化的漂移电压都将降落在耦合电容之上，而不会传递到下一级电路进一步放大。但是，在直接耦合放大电路中，由于前后级直接相连，前一级的漂移电压会和有用信号一起被送到下一级，而且逐级放大，以至于有时在输出端很难区分什么是有用信号、什么是漂移电压，放大电路不能正常工作。

采用高质量的稳压电源和使用经过老化实验的元件就可以大大减小由此而产生的漂移。所以由温度变化所引起的半导体器件参数的变化是产生零点漂移现象的主要原因，因而也称零点漂移为温度漂移，简称温漂。

（2）抑制零点漂移的办法。

对于直接耦合放大电路，如果不采取措施抑制温度漂移，那么其他方面的性能再优良，也不能成为实用电路。

抑制温度漂移的方法归纳如下：

① 在电路中引入直流负反馈,例如典型的静态工作点稳定电路中 R_e 所起的作用。

② 采用温度补偿的方法,利用热敏元件来抵消放大管的变化。

③ 采用特性相同的管子,使它们的温漂相互抵消,构成"差分放大电路"。

直接耦合的优点:既可以放大交流信号,也可以放大直流和变化非常缓慢的信号,低频特性好;电路简单,便于集成,所以集成电路中多采用这种耦合方式。

直接耦合的缺点:各级放大电路之间直接耦合相连,各级静态工作点彼此不独立,相互影响,给计算、测试带来不便;前级放大电路工作点的温度漂移逐级放大,造成零点漂移问题。

2. 阻容耦合

将放大器级与级之间通过电容连接的方式称为阻容耦合方式,电路如图 3.6 - 2 所示。第一级为共集电极放大电路,第二级为共射极放大电路,VT_1 的发射极通过电容 C_2 连接到 VT_2 的基极,构成两级放大电路。

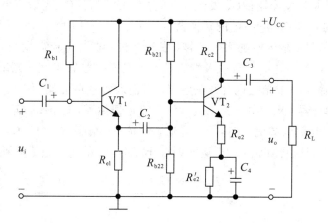

图 3.6 - 2 两级阻容耦合放大电路

阻容耦合放大电路的特点:电容对直流量的电抗无穷大,因而各级之间的直流通路各不相通,耦合电容就具有"隔直"作用,所以各级电路的静态工作点相互独立、互不影响。这给放大电路的分析、设计和调试带来了很大的方便。此外,它还具有体积小、重量轻等优点。

电容对交流信号具有一定的容抗,若电容量不是足够大,则在信号传输过程中会受到一定的衰减。阻容耦合放大电路低频特性差,不能放大变化缓慢的信号。此外,在集成电路中制造大容量的电容很困难,所以这种耦合方式下的多级放大电路不便于集成。

3. 变压器耦合

放大器的级与级之间通过变压器相连接的方式称为变压器耦合。其电路如图 3.6 - 3 所示。变压器耦合电路多用于低频放大电路中,变压器可以通过电磁感应进行交流信号的传输,并且可以进行阻抗匹配,以使负载得到最大功率。由于变压器不能传输直流信号,故各级静态工作点互不影响,可分别计算和调整。另外,由于可以根据负载选择变压器的匝比,以实现阻抗匹配,故变压器耦合放大电路在大功率放大电路中得到广泛的应用。然而,变压器的重量太大、成本高,且存在电磁干扰,不便于集成。

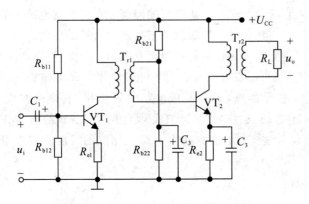

图 3.6-3 变压器耦合两级放大电路

4. 光电耦合

光电耦合器件是把发光器件(如发光二极管)和光敏器件(如光敏三极管)组装在一起，通过光实现耦合构成电-光和光-电的转换器件。图 3.6-4(a) 所示为常用的三极管型光电耦合器(4N25)原理图。输入端加入电信号，发光二极管通过电流而发光，光敏三极管受到光照后饱和导通，产生电流 i_C；当输入端无信号，发光二极管不亮，光敏三极管截止。图 3.6-4(b) 所示电路是一个光电耦合开关电路。当输入信号 u_i 为低电平时，三极管 VT 处于截止状态，光电耦合器 4N25 中发光二极管的电流近似为零，输出端 Q_1、Q_2 呈高阻性，相当于开关"断开"；当 u_i 为高电平时，VT 导通，发光二极管发光，Q_1、Q_2 间的电阻值变小，相当于开关"接通"。该电路因 u_i 为低电平时，开关不通，故为高电平导通状态。

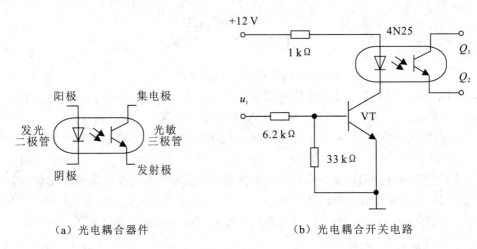

(a) 光电耦合器件　　　　　　　　　(b) 光电耦合开关电路

图 3.6-4 光电耦合器件

光电耦合器的主要特点：

(1) 输入阻抗很小，只有几百欧姆，具有较强的抗干扰能力。

(2) 具有较好的电隔离。光电耦合器输入回路与输出回路之间没有电气联系，也没有共地；之间的分布电容极小，而绝缘电阻又很大，因此避免了共阻抗耦合的干扰信号的产生。

(3) 响应速度极快，其响应延迟时间只有 10 μs 左右，适于对响应速度要求很高的场合。

（4）体积小、使用寿命长、工作温度范围宽、输入与输出在电气上完全隔离等，在各种电子设备上得到广泛的应用。

图 3.6 - 5 所示是由 A_1 和 VT_1 等组成的红外光耦合话筒电路。语音信号通过麦克风转换成电信号，由 A_1 放大后送到三极管 VT_1 基极，VT_1 放大后使发光二极管 VD 随声音的强度变化而发光，通过光电耦合从光敏三极管集电极输出信号，再由前置放大器 A_2 放大，然后送给功率放大器。

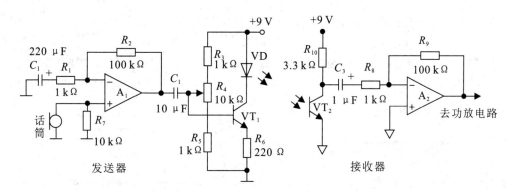

图 3.6 - 5　红外光耦合话筒

3.6.2　多级放大电路的分析方法

1. 静态分析

直接耦合多级放大电路，由于各级静态工作点不独立，各级直流通路相互联系，所以计算时应综合考虑前后级电压、电流间的影响。直接耦合形式多用在集成电路里，在这里不作讨论。而阻容耦合多级放大电路中，由于各级的静态工作点相互独立，所以其计算可以按照单级放大电路的方法进行。单级放大电路静态工作点的计算方法在前面已介绍。

2. 动态分析

一个 n 级级联的放大器的交流等效电路可用图 3.6 - 6 所示框图表示。多级放大电路的分析和计算与单级放大器的分析方法基本相同。从交流参数上看，前级的输出信号 $\dot U_{o1}$，即后一级的输入信号 $\dot U_{i2}$；而后一级的输入电阻 R_{i2} 即前一级的交流负载 R_{L1}，即 $\dot U_{o1} = \dot U_{i2}$，$R_{L1} = R_{i2}$。

图 3.6 - 6　三级放大电路框图

（1）电压增益。对一个 n 级级联的放大器，假设各级的电压放大系数分别为 $\dot A_{u1} \cdot \dot A_{u2} \cdot \dot A_{u3} \cdots \dot A_{un}$，则总的电压放大系数为

$$\dot{A}_{un} = \frac{\dot{U}_o}{\dot{U}_i} = \frac{\dot{U}_{o1}}{\dot{U}_i} \cdot \frac{\dot{U}_{o2}}{\dot{U}_{i2}} \cdot \frac{\dot{U}_{o3}}{\dot{U}_{i3}} \cdots \frac{\dot{U}_{on}}{\dot{U}_{in}} = \dot{A}_{u1} \cdot \dot{A}_{u2} \cdot \dot{A}_{u3} \cdots \dot{A}_{un} \qquad (3.6-1)$$

在计算每级电压增益时，必须考虑前后级之间的影响，即前级放大器作为后级放大器的信号源，后级放大器是前级放大器的负载，例如 $R_{L1} = R_{i2}$，$R'_{L1} = R_{c1} \mathbin{/\mkern-5mu/} R_{i2}$。

（2）输入电阻和输出电阻。多级放大电路的输入电阻 R_i 就是第一级放大电路的输入电阻，即

$$R_i = R_{i1} \qquad (3.6-2)$$

多级放大电路的输出电阻 R_o 就是末级放大电路的输出电阻，即

$$R_o = R_{on} \qquad (3.6-3)$$

【例 3.6-1】 共射-共集两级阻容耦合放大电路如图 3.6-7(a) 所示，已知三极管 $\beta_1 = \beta_2 = 50$，$U_{BE1} = U_{BE2} = 0.7 \text{ V}$，$r_{be1} = 2 \text{ k}\Omega$，$r_{be2} = 1 \text{ k}\Omega$。求电路的输入电阻 R_i、输出电阻 R_o 及电压放大倍数 $\dot{A}_u$。

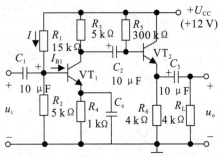 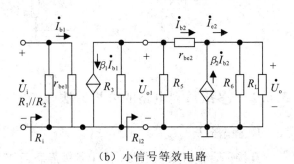

（a）共射-共集两级阻容耦合放大电路　　　　（b）小信号等效电路

图 3.6-7　例 3.6-1 电路图

解　画出图 3.6-7 (a) 所示电路的小信号等效电路，如图 3.6-7(b) 所示。电路的输入电阻 R_i 为

$$R_i = R_1 \mathbin{/\mkern-5mu/} R_2 \mathbin{/\mkern-5mu/} r_{be1} \approx 1.3 \text{ k}\Omega$$

电路的输出电阻 R_o 为

$$R_o = R_6 \mathbin{/\mkern-5mu/} \frac{r_{be2} + R_3 \mathbin{/\mkern-5mu/} R_5}{1 + \beta_2} \approx 0.113 \text{ k}\Omega = 113 \ \Omega$$

电路的电压放大倍数 $\dot{A}_u = \dot{A}_{u1} \cdot \dot{A}_{u2}$，为了求出第一级的电压放大倍数 $\dot{A}_{u1}$，首先应求出第二级的输入电阻 R_{i2}：

$$R_{i2} = R_5 \mathbin{/\mkern-5mu/} \left[r_{be2} + (1 + \beta_2)(R_6 \mathbin{/\mkern-5mu/} R_L) \right] \approx 77 \text{ k}\Omega$$

$$\dot{A}_{u1} = -\frac{\beta_1 (R_3 \mathbin{/\mkern-5mu/} R_{i2})}{r_{be1}} = -\frac{50 \times (5 \mathbin{/\mkern-5mu/} 77)}{2} \approx -117$$

第二级的电压放大倍数应接近 1，根据电路可得

$$\dot{A}_{u2} = \frac{(1 + \beta_2)(R_6 \mathbin{/\mkern-5mu/} R_L)}{r_{be2} + (1 + \beta_2)(R_6 \mathbin{/\mkern-5mu/} R_L)} \approx 1$$

可得总电压放大倍数为

$$\dot{A}_u = \dot{A}_{u1} \cdot \dot{A}_{u2} \approx \dot{A}_{u1} = -117$$

本 章 小 结

半导体三极管是由两个 PN 结组成的三端有源器件。有 NPN 型和 PNP 型两大类，两者电压、电流的实际方向相反，但具有相同的结构特点，即基区宽度薄且掺杂浓度低，发射区掺杂浓度高，集电结面积大，这一结构上的特点是三极管具有电流放大作用的内部条件。

三极管是一种电流控制型器件，即用基极电流或发射极电流来控制集电极电流，放大的本质是一种能量的控制和转换。放大作用的实现，依赖于三极管发射结必须正向偏置、集电结必须反向偏置这一条件的满足，以及静态工作点的合理设置。

三极管的特性曲线是指各极间电压与电流的关系曲线，最常用的是输出特性曲线和输入特性曲线。它们是三极管内部载流子运动的外部表现，因而也称外部特性。

三极管的参数直观地表明了器件性能的好坏和适应的工作范围，是人们选择和正确使用器件的依据。在三极管的众多参数中，电流放大系数、极间反向饱和电流和几个极限参数是三极管的主要参数，使用中应予以重视。

图解法和小信号等效模型分析方法是分析放大电路的两种基本方法。

图解法的要领：先根据放大电路直流通路的直流负载线方程作出直流负载线，并确定静态工作点 Q，再根据交流负载线的斜率为 $-\dfrac{1}{R_\mathrm{L}'}$ 及过 Q 点的特点，作出交流负载线，并对应画出输入信号、输出信号(电压、电流)的波形。

小信号模型分析方法的要领：在小信号工作条件下，用 H 参数小信号模型等效电路(一般只考虑三极管的输入电阻和电流放大系数)代替放大电路交流通路中的三极管，再用线性电路原理分析、计算放大电路的动态性能指标，即电压增益、输入电阻 R_i 和输出电阻 R_o 等。小信号模型等效电路模型只能用于电路的动态分析，不能用来求 Q 点，但其 H 参数值却与电路的 Q 点直接相关。

温度变化将引起三极管的极间反向电流、发射结电压 u_BE、电流放大系数 β 随之变化，从而导致静态电流 I_C 不稳定。因此，温度变化是引起放大电路静态工作点不稳定的主要原因，解决这一问题的办法之一是采用基极分压式射极偏置电路。

多级放大电路的级间耦合方式有变压器耦合式、直接耦合式和阻容耦合式。各有优、缺点，应依据具体条件和要求选择之。多级放大电路的级数越多，其总的放大倍数越大，而总的通频带越窄。在一般情况下，多级放大电路的输入电阻等于其第一级的输入电阻，输出电阻等于末级的输出电阻。在计算多级放大电路中各级的电压放大倍数时，应特别注意后级是前级的负载。

思 考 与 练 习

3-1　填空题：

(1) 三极管的输出特性曲线可分为三个区域，即＿＿＿＿＿＿区、＿＿＿＿＿＿区和＿＿＿＿＿＿区。当三极管工作在＿＿＿＿＿＿区时，关系式 $I_\mathrm{C} = \beta I_\mathrm{B}$ 才成立；当三极管工作在＿＿＿＿＿＿区时，$I_C = 0$；当三极管工作在_____区时，$U_{CE} \approx 0$。

（2）NPN 型三极管处于放大状态时，三个电极中电位最高的是_____，_____极电位最低。

（3）晶体三极管有两个 PN 结，即_____和_____，在放大电路中_____必须正偏，_____反偏。

（4）为了保证不失真放大，放大电路必须设置静态工作点。对 NPN 管组成的基本共射极放大电路，如果静态工作点太低，将会产生_____失真，应调节 R_B，使其_____，则 I_B _____，这样可克服失真。

（5）三极管的电流放大原理是_____电流的微小变化控制_____电流的较大变化。

（6）某三极管三个电极电位分别为 $U_E = 1\,V$，$U_B = 1.7\,V$，$U_C = 1.2\,V$。可判定该三极管是工作于_____区的_____型的三极管。

（7）已知一放大电路中某三极管的三个引脚电位分别为 ① 3.5 V，② 2.8 V，③ 5 V，试判断：

（a）① 脚是_____，② 脚是_____，③ 脚是_____（e，b，c）；

（b）管型是_____（NPN，PNP）；

（c）材料是_____（硅，锗）。

（8）温度升高对三极管各种参数的影响，最终将导致 I_C _____，静态工作点_____。

3-2　选择题：

（1）三极管本质上是一个_____器件。

A. 电流控制的电压源　　　　　　　B. 电压控制的电压源

C. 电流控制的电流源　　　　　　　D. 电压控制的电流源

（2）当三极管工作在放大区时，发射结电压和集电极电压应为_____。

A. 前者反偏、后者也反偏　　　　　B. 前者正偏、后者反偏

C. 前者正偏、后者也正偏

（3）在放大电路的共射、共基、共集三种组态中，_____。

A. 都有电压放大作用　　　　　　　B. 都有功率放大作用

C. 都有电流放大作用　　　　　　　D. 只有共射电路有功率放大作用

（4）三极管 H 参数 r_{be}_____。

A. 是一个固定值　　　　　　　　　B. 随静态 I_E 电流增大而减小

C. 随静态 I_E 电流增大而减小　　　D. 与静态工作点 Q 无关

（5）在某放大电路中，测得三极管处于放大状态时三个电极的电位分别为 0 V、−10 V、−9.3 V，则这只三极管是_____。

A. NPN 型硅管　　　　　　　　　　B. NPN 型锗管

C. PNP 型硅管　　　　　　　　　　D. PNP 型锗管

（6）工作在放大区的某三极管，如果当 I_B 从 12 μA 增大到 22 μA 时，I_C 从 1 mA 变为 2 mA，那么它的 β 约为_____。

A. 83　　　　　　　　　　B. 91　　　　　　　　　　C. 100

（7）某放大电路在负载开路时的输出电压为 4 V，接入 3 kΩ 的负载电阻后输出电压降为 3 V。这说明放大电路的输出电阻为_____。

A. 10 kΩ
B. 2 kΩ
C. 1 kΩ
D. 0.5 kΩ

（8）复合管如题 3-2(8)图所示，已知 VT_1 的 $\beta_1 = 30$，VT_2 的 $\beta_2 = 50$，则复合后的 β 约为_____。

A. 1500
B. 80
C. 50
D. 30

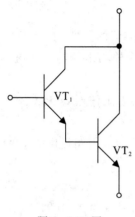

题 3-2(8)图

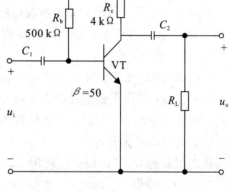

题 3-2(9)图

（9）放大电路如题 3-2(9)图所示，其中三极管工作在_____。

A. 放大区
B. 饱和区
C. 截止区

（10）已知题 3-2(10)图所示电路中 $U_{CC} = 12$ V，$R_C = 3$ kΩ，静态管压降 $U_{CEQ} = 6$ V，在输出端加负载电阻 R_L，其阻值为 3 kΩ。选择一个合适的答案填入空内。

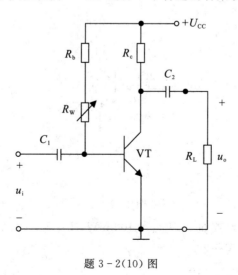

题 3-2(10) 图

① 该电路的最大不失真输出电压有效值 $U_{om} \approx$ _____。

A. 2 V   B. 3 V   C. 6 V

② 当 $u_i = 1$ mV 时,若在不失真的条件下,减小 R_w,则输出电压的幅值将_____。

A. 减小   B. 不变   C. 增大

③ 当 $u_i = 1$ mV 时,将 R_w 调节到使输出电压最大且刚好不失真。若此时增大输出电压,则输出电压波形将_____。

    A. 顶部失真   B. 底部失真   C. 为正弦波

④ 若发现电路出现饱和失真,则为消除失真,可将_____。

A. R_w 减小   B. R_c 减小   C. U_{CC} 减小

3-3 判断题:

(1) 三极管实质上是由微弱的基极电流控制大的集电极电流的器件。( )

(2) 单个 NPN 型三极管组成的共发射极放大电路是一个输出电压与输入电压反相的放大器。( )

(3) 三极管 H 参数 r_{be} 是三极管的交流参数,与三极管静态工作点 Q 无关。( )

(4) 温度升高时,三极管集电极电流 i_C 将减小。( )

(5) 集电极直流电源 U_{CC} 主要是提供反偏电压,也为整个放大电路提供能量。( )

(6) 三极管是电压放大元件。( )

(7) 晶体三极管的 C、E 可以交换使用。( )

3-4 有两只三极管,一只的 $\beta = 200$,$I_{CEO} = 200\ \mu\text{A}$;另一只的 $\beta = 100$,$I_{CEO} = 10\ \mu\text{A}$,其他参数大致相同。你认为应选用哪只管子?为什么?

3-5 已知 PNP 管工作在放大区时的发射极电流 $I_E = 2.15$ mA,$\alpha = 0.99$,试确定 β、基极电流 I_b 和集电极电流 I_c。

3-6 测得各三极管静态时三个电极对地的电位如题 3-6 图所示,试判断它们分别工作在什么状态(饱和、放大、截止、倒置)。设所有的三极管和二极管均为硅管。

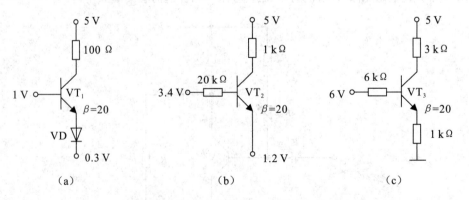

题 3-6 图

3-7 某个三极管的参数如下:$P_{CM} = 100$ mW,$I_{CM} = 20$ mA,$U_{(BR)CEO} = 15$ V,试问:在下列哪些情况下能正常工作?

(1) $U_{CE} = 3$ V,$I_C = 10$ mA;

(2) $U_{CE} = 2$ V,$I_C = 40$ mA;

（3）$U_{CE} = 6$ V，$I_C = 20$ mA。

3-8　在三极管放大电路中，测得三个三极管的各个电极的电位如题 3-8 图所示，试判断各三极管的类型（NPN 管还是 PNP 管，硅管还是锗管），并区分 e、b、c 三个电极。

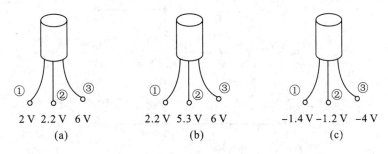

2 V　2.2 V　6 V	2.2 V　5.3 V　6 V	−1.4 V　−1.2 V　−4 V
(a)	(b)	(c)

题 3-8 图

3-9　画出题 3-9 图所示各电路的直流通路和交流通路，设所有电容对交流信号均可视为短路。

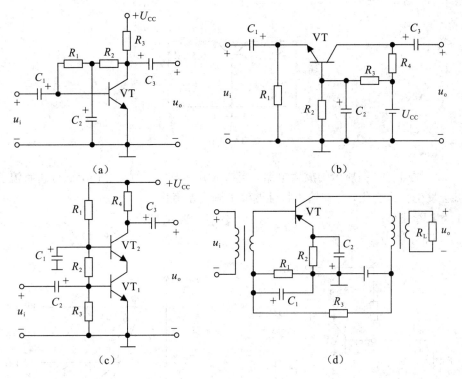

题 3-9 图

3-10　电路如题 3-10 图所示，已知三极管 $\beta = 50$，在下列情况下，用直流电压表测三极管的集电极电位，应分别为多少？设 $U_{CC} = 15$ V，三极管饱和管压降 $U_{CES} = 0.5$ V。

（1）正常情况；　　　　　　　（2）R_{b1} 短路；　　　　　　　（3）R_{b1} 开路；

（4）R_{b2} 开路；　　　　　　　（5）R_c 短路。

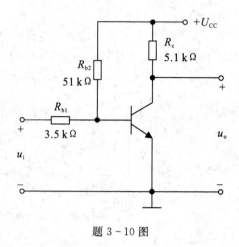

题 3-10 图

3-11 电路如题 3-11 图所示，三极管的 $U_{BEQ} = 0.65$ V，$\beta = 100$，试求静态工作点的 I_{BQ}、I_{CQ}、I_{EQ}、U_{CEQ}。

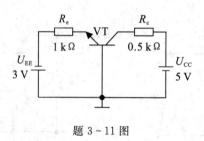

题 3-11 图

3-12 题 3-12 图所示的放大电路，当参数分别发生下列变化时，试分析直流负载线和 Q 点会发生什么变化，并在输出特性曲线上画出示意图。

(1) 当 R_b 减小；　　　　　　　　　　(2) 当 R_c 减小；

(3) 当 U_{CC} 增加。

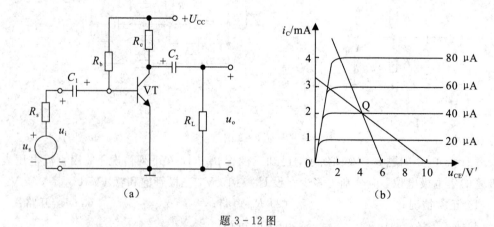

题 3-12 图

3-13 在题 3-13(a)图所示电路中，由于电路参数不同，在信号源电压为正弦波时，测得输出波形如图(b)所示，试说明电路分别产生了什么失真，如何消除？

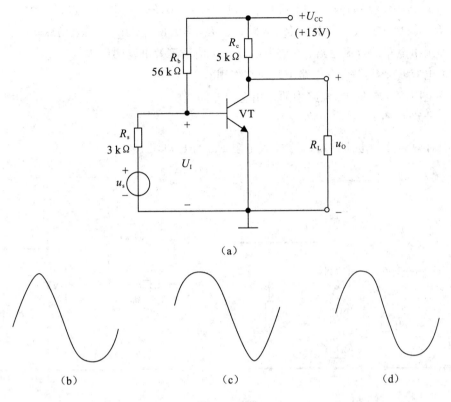

（a）

（b）　　　　　　　（c）　　　　　　　（d）

题 3 - 13 图

3-14　电路如题 3-14 图所示，已知 $\beta = 50$，$r_{be} = 1\ \text{k}\Omega$，$U_{CC} = 12\ \text{V}$，$R_{b1} = 20\ \text{k}\Omega$，$R_{b2} = 10\ \text{k}\Omega$，$R_c = 3\ \text{k}\Omega$，$R_e = 2\ \text{k}\Omega$，$R_s = 1\ \text{k}\Omega$，$R_L = 3\ \text{k}\Omega$。

（1）计算 Q 点；

（2）画出小信号等效电路；

（3）计算电路的电压增益 $\dot{A}_u = U_o/U_i$ 和源电压增益 $\dot{A}_{us} = U_o/U_s$；

（4）计算输入电阻 R_i 和输出电阻 R_o。

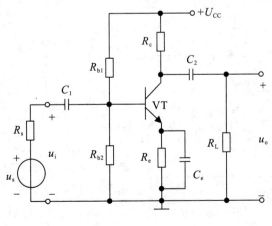

题 3 - 14 图

3-15 放大电路如题 3-15 图所示，已知 $\beta = 50$，$r_{be} = 1 \ k\Omega$，$U_{CC} = 12 \ V$，$R_{b1} = 20 \ k\Omega$，$R_{b2} = 10 \ k\Omega$，$R_c = 3 \ k\Omega$，$R_{e1} = 200 \ \Omega$，$R_{e2} = 1.8 \ k\Omega$，$R_s = 1 \ k\Omega$，$R_L = 3 \ k\Omega$，要求：

（1）画出电路的直流通路、交流通路以及小信号等效电路图；

（2）电容 C_1、C_2、C_e 在电路中起什么作用？

（3）电阻 R_{e1} 与 R_{e2} 在电路中的作用有何异同点？

（4）计算 Q 点；

（5）计算电路的电压增益 $\dot{A}_u$、输入电阻 R_i、输出电阻 R_o。

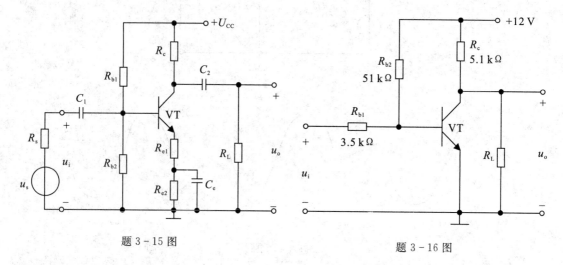

题 3-15 图　　　　　　　　　　题 3-16 图

3-16 电路如题 3-16 图所示，三极管的 $r_{bb'} = 100 \ \Omega$，$\beta = 50$，$U_{BEQ} = 0.7 \ V$。分别计算 $R_L = \infty$ 和 $R_L = 5.1 \ k\Omega$ 时的静态工作点、电压增益 $\dot{A}_u$、输入电阻 R_i 和输出电阻 R_o。

3-17 在题 3-17 图所示电路中，设静态时 $I_{CQ} = 2 \ mA$，三极管饱和管压降 $U_{CES} = 0.6 \ V$。试问：当负载电阻 $R_L = \infty$ 和 $R_L = 3 \ k\Omega$ 时电路的最大不失真输出电压各为多少？

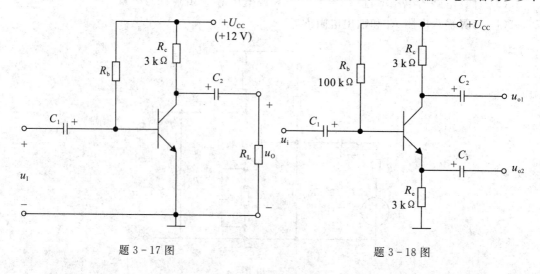

题 3-17 图　　　　　　　　　　题 3-18 图

3-18 电路如题 3-18 图所示，设所加输入电压 u_i 为正弦波。

(1) 分别计算电压增益 $\dot{A}_{u1} = U_{o1}/U_i$ 和 $\dot{A}_{u2} = U_{o2}/U_i$;

(2) 画出输入电压 u_i 和输出电压 u_{o1}、u_{o2} 的波形。

3-19　电路如题 3-19 图所示,三极管的 $\beta = 60$,$r_{bb'} = 100$。求解:

(1) Q 点、$\dot{A}_u$、R_i、R_o;

(2) 设 $U_s = 10$ mV(有效值),问:U_i、U_o 为何值?若 C_3 开路,则 U_i、U_o 为何值?

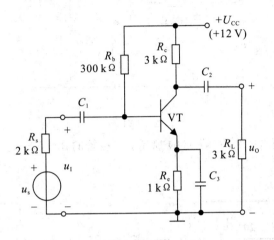

题 3-19 图

3-20　电路如题 3-20 图所示,已知 $r_{be} = 1$ kΩ,$\beta = 80$。试求:

(1) Q 点;

(2) 分别求出 $R_L = \infty$ 和 $R_L = 3$ kΩ 时电路的 $\dot{A}_u$、R_i、R_o。

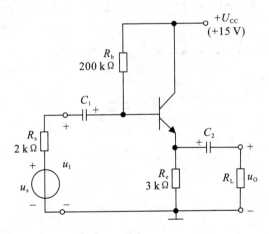

题 3-20 图

3-21　电路如题 3-21 图所示,三极管的 $\beta = 50$,$|U_{BE}| = 0.2$ V,饱和管压降 $|U_{CES}| = 0.1$ V,稳压管的稳定电压 $U_Z = 5$ V,正向导通电压 $U_D = 0.5$ V。试问:当 $u_i = 0$ V 时 u_o 为何值? 当 $u_i = 5$ V 时 u_o 为何值?

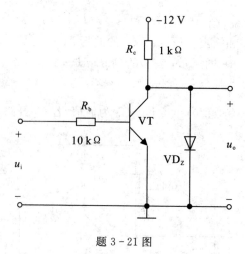

题 3-21 图

3-22 电路如题 3-22 图(a)、(b) 所示,三极管的 $\beta = 50$,$r_{be} = 1.2$ kΩ,Q 点合适。求解电路的 $\dot{A}_u$、R_i、R_o。

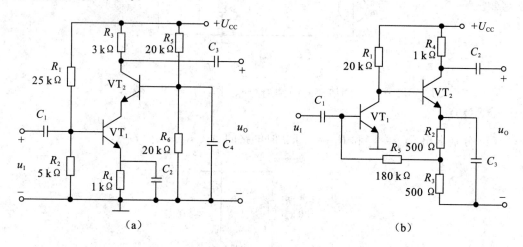

(a)   (b)

题 3-22 图

第 4 章　场效应管及其放大电路

4.1　场 效 应 管

场效应管(Field Effect Transistor，FET)是利用输入回路的电场效应来控制输出回路电流的一种半导体器件。由于它仅靠半导体中的多数载流子导电，又称单极型晶体管。场效应管不但具备双极型晶体管体积小、重量轻、寿命长等优点，而且输入回路的内阻高达 $10^7 \sim 10^{12}\,\Omega$，噪声低，热稳定性好，抗辐射能力强，这些优点使之从 20 世纪 60 年代诞生起就广泛地应用于各种电子电路之中。

场效应管分为结型和绝缘栅型两种不同的结构，本节将讨论其工作原理、特性及主要参数。

4.1.1　结型场效应管

结型场效应管分为 N 沟道和 P 沟道两种类型，下面主要讨论 N 沟道结型场效应管。图 4.1-1(a)是 N 沟道结型场效应管的实际结构图，图 4.1-1(b)为其符号。

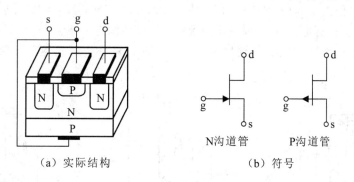

　　(a) 实际结构　　　　　　　　　(b) 符号

图 4.1-1　N 沟道结型场效应管的实际结构和符号

在一块 N 型半导体材料的两边各扩散一个高杂质浓度的 P 型区，就形成两个不对称的 PN 结。把两个 P 区并联在一起，引出一个电极，称为栅极 g，在 N 型半导体的两端各引出一个电极，分别称为源极 s 和漏极 d。夹在两个 PN 结中间的 N 区是电流的通道，称为导电沟道(简称沟道)。这种结构的管子称为 N 沟道结型场效应管。其结构示意图如图 4.1-2 所示。

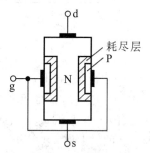

图 4.1-2　N 沟道结型场
效应管的结构示意图

1. 结型场效应管工作原理

为使 N 沟道结型场效应管正常工作，应在其栅-源之间加负向电压(即 $u_{GS} < 0$)，以保证耗尽层承受反向电压；在漏-源

之间加正向电压 u_{DS}，以形成漏极电流 i_D。$u_{GS} < 0$ 既保证了栅-源之间内阻很高的特点，又实现了 u_{GS} 对沟道电流的控制。

下面通过栅-源电压 u_{GS} 和漏-源电压 u_{DS} 对导电沟道的影响，来说明管子的工作原理。

(1) 当 $u_{DS} = 0$(即 d、s 短路)时，u_{GS} 对导电沟道的控制作用。

当 $u_{DS} = 0$ 且 $u_{GS} = 0$ 时，耗尽层很窄，导电沟道很宽，如图 4.1-3(a) 所示。

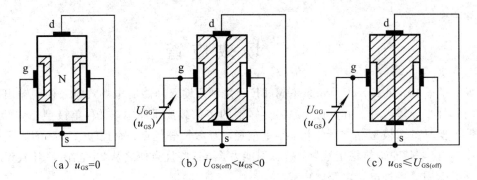

(a) $u_{GS}=0$ 　　 (b) $U_{GS(off)}<u_{GS}<0$ 　　 (c) $u_{GS} \leqslant U_{GS(off)}$

图 4.1-3　$u_{DS} = 0$ 时，u_{GS} 对导电沟道的控制作用

当 $|u_{GS}|$ 增大时，耗尽层加宽，沟道变窄，如图 4.1-3(b) 所示，沟道电阻增大。当 $|u_{GS}|$ 增大到某一数值时，耗尽层闭合，沟道消失，如图 4.1-3(c) 所示，沟道电阻趋于无穷大，称此时 u_{GS} 的值为夹断电压 $U_{GS(off)}$。

(2) 当 u_{GS} 为 $U_{GS(off)} \sim 0$ 中某一固定值时，u_{DS} 对漏极电流 i_D 的影响。

当 u_{GS} 为 $U_{GS(off)} \sim 0$ 中某一固定值时，若 $u_{DS} = 0$，则虽然存在由 u_{GS} 所确定的一定宽度的导电沟道，但由于 d-s 间电压为 0，多子不会产生定向移动，因而漏极电流 $i_D = 0$。

若 $u_{DS} > 0$，则有电流 i_D 从漏极流向源极，从而使沟道中各点与栅极间的电压不再相等，而是沿沟道从源极到漏极逐渐增大，造成靠近漏极一边的耗尽层比靠近源极一边的宽，如图 4.1-4 所示。

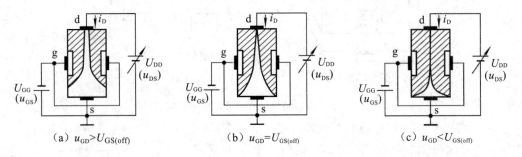

(a) $u_{GD}>U_{GS(off)}$ 　　 (b) $u_{GD}=U_{GS(off)}$ 　　 (c) $u_{GD}<U_{GS(off)}$

图 4.1-4　$U_{GS(off)} < u_{GS} < 0$ 且 $u_{DS} > 0$ 的情况

因为栅-漏电压 $u_{GD} = u_{GS} - u_{DS}$，所以当 u_{DS} 从零逐渐增大时，u_{GD} 逐渐减小，靠近漏极一边的导电沟道必将随之变窄。但是，只要栅-漏间不出现夹断区域，沟道电阻仍将基本上决定于栅-源电压 u_{GS}，因此，电流 i_D 将随 u_{DS} 的增大而线性增大，d-s 呈现电阻特性。而一旦 u_{DS} 的增大使 u_{GD} 等于 $U_{GS(off)}$，则漏极一边的耗尽层就会出现夹断区，如图 4.1-4(b) 所示，称 $u_{GD} = U_{GS(off)}$ 为预夹断。若 u_{DS} 继续增大，则 $u_{GD} < U_{GS(off)}$，耗尽层闭合部分将沿沟道方向延伸：夹断区加长，如图 4.1-4(c) 所示。这时，一方面自由电子从漏极向源极定向

移动所受阻力加大(只能从夹断区的窄缝以较高速度通过),从而导致 i_D 减小;另一方面,随着 u_{DS} 的增大,使 d - s 间的纵向电场增强,也必然导致 i_D 增大。实际上,上述 i_D 的两种变化趋势相抵消,u_{DS} 的增大几乎全部降落在夹断区,用于克服夹断区对 i_D 形成的阻力。因此,从外部看,在 $u_{GD} < U_{GS(off)}$ 的情况下,当 u_{DS} 增大时 i_D 几乎不变,即 i_D 几乎仅仅决定于 u_{GS},表现出 i_D 的恒流特性。

(3) 当 $u_{GD} < U_{GS(off)}$ 时,u_{GS} 对 i_D 的控制作用。

在 $u_{GD} = u_{GS} - u_{DS} < U_{GS(off)}$,即 $u_{DS} > u_{GS} - U_{GS(off)}$ 的情况下,当 u_{DS} 为一常量时,对应于确定的 u_{GS},就有确定的 i_D。此时,可以通过改变 u_{GS} 来控制 i_D 的大小。由于漏极电流受栅-源电压的控制,故称场效应管为电压控制元件。与晶体管用 β 来描述动态情况下基极电流对集电极电流的控制作用类似,场效应管用 g_m 来描述动态的栅-源电压对漏极电流的控制作用,g_m 称为低频跨导。

$$g_m = \frac{\Delta i_D}{\Delta u_{GS}} \tag{4.1-1}$$

由以上分析可知:

(1) 在 $u_{GD} = u_{GS} - u_{DS} > U_{GS(off)}$ 的情况下,即当 $u_{DS} < u_{GS} - U_{GS(off)}$(即 g-d 间未出现夹断)时,对应于不同的 u_{GS},d - s 间等效成不同阻值的电阻。

(2) 当 u_{DS} 使 $u_{GD} = U_{GS(off)}$ 时,d - s 之间预夹断。

(3) 当 u_{DS} 使 $u_{GD} < U_{GS(off)}$ 时,i_D 几乎仅仅决定于 u_{GS},而与 u_{DS} 无关。此时可以把 i_D 近似看成 u_{GS} 控制的电流源。

2. 结型场效应管的特性曲线

(1) 输出特性曲线。输出特性曲线描述当栅-源电压 u_{GS} 为常量时,漏极电流 i_D 与漏-源电压 u_{DS} 之间的函数关系,即

$$i_D = f(u_{DS})\big|_{U_{GS}=常数} \tag{4.1-2}$$

对应于一个 u_{GS},就有一条曲线,因此输出特性为一族曲线,如图 4.1 - 5 所示。

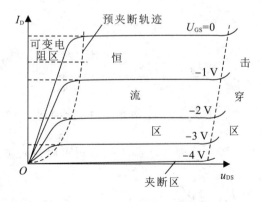

图 4.1 - 5 场效应管的输出特性曲线

场效应管有三个工作区域:

① 可变电阻区(也称非饱和区):图 4.1 - 5 中的虚线为预夹断轨迹,它是各条曲线上使 $u_{DS} = u_{GS} - U_{GS(off)}$ 的点连接而成的。u_{GS} 越大,预夹断时的 u_{DS} 值也越大。预夹断轨道的左边区域称为可变电阻区,该区域中曲线近似为不同斜率的直线。当 u_{GS} 确定时,直线的斜率

也唯一地被确定，直线斜率的倒数为 d-s 间等效电阻。因而在此区域中，可以通过改变 u_{GS} 的大小（即压控的方式）来改变漏-源电阻的阻值，故称之为可变电阻区。

②　恒流区（也称饱和区）：图 4.1-5 中预夹断轨迹的右边区域为恒流区。当 $u_{DS} > u_{GS} - U_{GS(off)}$ 时，各曲线近似为一组横轴的平行线。当 u_{DS} 增大时，i_D 仅略有增大。因而可将 i_D 近似为电压 u_{GS} 控制的电流源，故称该区域为恒流区。利用场效应管作放大管时，应使其工作在该区域。

③　夹断区：当 $u_{GS} < U_{GS(off)}$ 时，导电沟道被夹断，$i_D \approx 0$，即图 4.1-5 中靠近横轴旳部分，称为夹断区。一般将使 i_D 等于某一个很小电流（如 5 μA）时的 u_{GS} 定义为夹断电压 $U_{GS(off)}$。

另外，当 u_{DS} 增大到一定程度时，漏极电流会骤然增大，管子将被击穿。由于这种击穿是因栅-漏间耗尽层破坏而造成的，因而若栅-源击穿电压为 $U_{(BR)GD}$，则漏-源击穿电压 $U_{(BR)DS} = u_{GS} - U_{(BR)GD}$，所以当 u_{GS} 增大时，漏-源击穿电压将增大。

（2）转移特性曲线。转移特性曲线描述当漏-源电压 U_{DS} 为常数时，漏极电流 i_D 与栅-源电压 u_{GS} 之间的函数关系，即

$$i_D = f(u_{GS})\big|_{U_{DS}=常数} \tag{4.1-3}$$

当场效应管工作在恒流区时，由于输出特性曲线可近似为横轴的一组平行线，所以可以用一条转移特性曲线代替恒流区的所有曲线。在输出特性曲线的恒流区中作横轴的垂线，读出垂线与各曲线交点的坐标值，建立 u_{GS}、i_D 坐标系，连接各点所得曲线就是转移特性曲线，如图 4.1-6 所示。可见转移特性曲线与输出特性曲线有严格的对应关系。

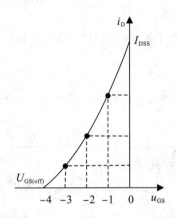

图 4.1-6　场效应管的转移特性曲线

根据半导体物理中对场效应管内部载流子的分析可以得到恒流区中 i_D 的近似表达式为

$$i_D = I_{DSS}\left(1 - \frac{u_{GS}}{U_{GS(off)}}\right)^2 \quad (U_{GS(off)} < u_{GS} < 0) \tag{4.1-4}$$

当管子作在可变电阻区时，对于不同的 U_{DS}，转移特性曲线将有很大差别。

应当指出，为保证结型场效应管栅-源间的耗尽层加反向电压，对于 N 沟道管，$u_{GS} \leqslant 0$；对于 P 沟道管，$u_{GS} \geqslant 0$。

4.1.2　绝缘栅型场效应管

绝缘栅型场效应管(Insulated Gate Field Effect Transistor，IGFET)的栅极与源极、栅极与漏极之间均采用 SiO_2 绝缘层隔离，因此而得名。又因栅极为金属铝，故又称为 MOS 管(Metal-Oxide-Semiconductor，MOS)。它的栅-源间电阻比结型效应管大得多，可达 10^{10} Ω以上，还因为它比结型场效应管温度稳定性好、集成工艺简单，而广泛用于大规模和超大规模集成电路之中。MOS 管也有 N 沟道和 P 沟道两类，且每一类又分为增强型和耗尽型两种，因此 MOS 管的四种类型为：N 沟道增强型管、N 沟道耗尽型管、P 沟道增强型管和 P 沟道耗尽型管。凡栅-源电压 u_{GS} 为零时漏极电流也为零的管子，均属于增强型管；凡栅-源电压 u_{GS} 为零时漏极电流不为零的管子均属于耗尽型管。下面以 N 沟道为例讨论其工作原理及特性。

1. N 沟道增强型 MOS 管工作原理

N 沟道增强型 MOS 管结构示意图如图 4.1-7(a)所示。以一块低掺杂的 P 型硅片为衬底，利用扩散工艺制作两个高掺杂的 N^+ 区，并引出两个电极，分别为源极 s 和漏极 d，半导体之上制作一层 SiO_2 绝缘层，再在 SiO_2 之上制作一层金属铝，引出电极，作为栅极 g。通常将衬底与源极接在一起使用。这样，栅极和衬底各相当于一个极板，中间是绝缘层，形成电容。当栅-源电压变化时，将改变衬底靠近绝缘层处感应电荷的多少，从而控制漏极电流的大小。可见，MOS 管与结型场效应管导电机理和对电流控制的原理均不相同。图 4.1-7(b)所示为 N 沟道和 P 沟道两种增强型管的符号。

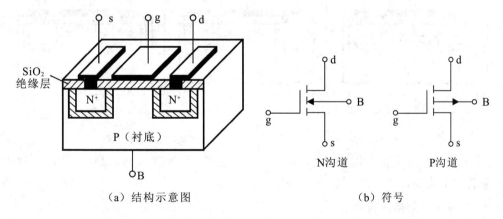

（a）结构示意图　　　　　　　　（b）符号

图 4.1-7　N 沟道增强型 MOS 管结构示意图及增强型 MOS 管符号

当栅-源之间不加电压时，漏-源之间是两只背向的 PN 结，不存在导电沟道，因此即使漏-源之间加电压，也不会有漏极电流。

当 $u_{DS} = 0$ 且 $u_{GS} > 0$ 时，由于 SiO_2 的存在，栅极电流为零。但栅极金属层将聚集正电荷，它们排斥 P 型衬底靠近 SiO_2 一侧的空穴，使之剩下不能移动的负离子区，形成耗尽层，如图 4.1-8(a)所示。当 u_{GS} 增大时，一方面耗尽层增宽，另一方面将衬底的自由电子吸引到耗尽层与绝缘层之间，形成一个 N 型薄层，称为反型层，如图 4.1-8(b)所示。这个反型层就构成了漏-源之间的导电沟道。使沟道刚刚形成的栅-源电压称为开启电压 $U_{GS(th)}$。u_{GS} 越大，反型层越厚，导电沟道电阻越小。

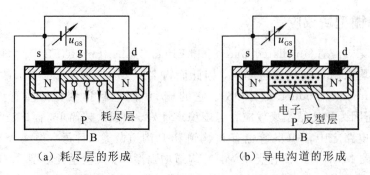

（a）耗尽层的形成　　　　　　　　　（b）导电沟道的形成

图 4.1-8　$u_{DS} = 0$ 时 u_{GS} 对导电沟道的影响

当 u_{GS} 是大于 $U_{GS(th)}$ 的一个确定值时，若在 d-s 之间加正向电压，则将产生一定的漏极电流。此时，u_{DS} 的变化对导电沟道的影响与结型场效应管相似。即当 u_{DS} 较小时，u_{DS} 的增大使 i_D 线性增大，沟道沿源-漏方向逐渐变窄，如图 4.1-9(a) 所示。一旦 u_{DS} 增大到使 $u_{GD} = U_{GS(th)}$（即 $u_{DS} = u_{GS} - U_{GS(th)}$），沟道在漏极一侧出现夹断点，称为预夹断，如图 4.1-9(b) 所示。如果 u_{DS} 继续增大，则夹断区随之延长，如图 4.1-9(c) 所示，而且 u_{DS} 的增大部分几乎全部用于克服夹断区对漏极电流的阻力。从外部看，i_D 几乎不因 u_{DS} 的增大而变化，管子进入恒流区，i_D 几乎仅决定于 u_{GS}。

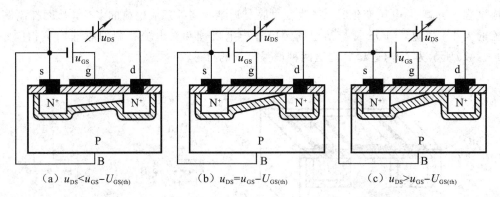

（a）$u_{DS} < u_{GS} - U_{GS(th)}$　　　（b）$u_{DS} = u_{GS} - U_{GS(th)}$　　　（c）$u_{DS} > u_{GS} - U_{GS(th)}$

图 4.1-9　u_{GS} 为大于 $U_{GS(th)}$ 的某一值时 u_{DS} 对 i_D 的影响

在 $u_{DS} > u_{GS} - U_{GS(th)}$ 时，对应于每一个 u_{GS} 就有一个确实的 i_D。此时，可将 i_D 视为电压 u_{GS} 控制的电流源。

2. 特性曲线与电流方程

图 4.1-10(a)、图 4.1-10(b) 所示分别为 N 沟道增强型 MOS 管的转移特性曲线和输出特性曲线。与结型场效应管一样，MOS 管也有三个工作区域：可变电阻区、恒流区及夹断区，如图 4.1-10(b) 中所标注。

与结型场效应管类似，i_D 与 u_{GS} 的近似关系式为

$$i_D = I_{DO} \left(\frac{u_{GS}}{U_{GS(th)}} - 1 \right)^2 \qquad (4.1-5)$$

其中，I_{DO} 是 $u_{GS} = 2U_{GS(th)}$ 时的 i_D。

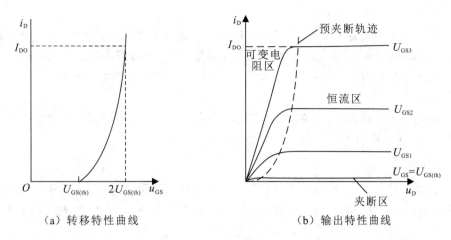

（a）转移特性曲线　　　　　　　　（b）输出特性曲线

图 4.1-10　N 沟道增强型 MOS 管的特性曲线

3. N 沟道耗尽型 MOS 管

如果在制造 MOS 管时，在 SiO_2 绝缘层中掺入大量正离子，那么即使 $u_{GS} = 0$，在正离子作用下 P 型衬底表层也存在反型层，即漏-源之间存在导电沟道，只要在漏-源间加正向电压，就会产生漏极电流，如图 4.1-11(a) 所示。并且 u_{GS} 为正时，反型层加宽，沟道电阻变小，i_D 增大；反之，u_{GS} 为负时，反型层变窄，沟道电阻变大，i_D 减小。而当 u_{GS} 从零减小到一定值时，反型层消失，漏-源之间导电沟道消失，$i_D = 0$。此时的 u_{GS} 称为夹断电压 $U_{GS(off)}$。与 N 沟道结型场效应管相同，N 沟道耗尽型 MOS 管的夹断电压也为负值；但是，前者只能在 $u_{GS} < 0$ 的情况下工作，而后者的 u_{GS} 可以在正、负值的一定范围内实现对 i_D 的控制，且仍然保持栅-源间非常大的绝缘电阻。

耗尽型 MOS 管的符号见图 4.1-11(b) 所示。

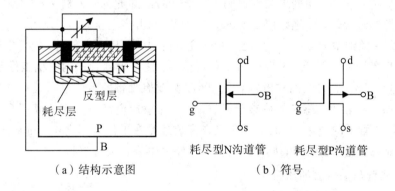

（a）结构示意图　　　　　　　　　　（b）符号

图 4.1-11　N 沟道耗尽型 MOS 管结构示意图及符号

4.2　场效应管的主要参数

1. 直流参数

（1）开启电压 $U_{GS(th)}$：$U_{GS(th)}$ 是在 U_{DS} 为一常量时，使 $i_D > 0$ 所需的最小 $|u_{GS}|$ 值。

$U_{GS(th)}$ 是增强型 MOS 管的参数。

（2）夹断电压 $U_{GS(off)}$：与 $U_{GS(th)}$ 类似，$U_{GS(off)}$ 是在 U_{DS} 为常量情况下，i_D 为规定的微小电流（如 5 μA）时的 u_{GS}，它是结型场效应管和耗尽型 MOS 管的参数。

（3）饱和漏极电流 I_{DSS}：对于耗尽型管，在 $U_{GS} = 0$ 情况下产生预夹断时的漏极电流定义为 I_{DSS}。

（4）直流输入电阻 $R_{GS(DC)}$：$R_{GS(DC)}$ 等于栅-源电压与栅极电流之比。结型管的 $R_{GS(DC)}$ 大于 10^7 Ω。而 MOS 管的 $R_{GS(DC)}$ 大于 10^9 Ω。

2. 交流参数

（1）低频跨导 g_m：g_m 数值的大小表示 u_{GS} 对 i_D 控制作用的强弱。在管子工作在恒流区且 u_{DS} 为常量的条件下，i_D 的微小变化量 Δi_D 与引起它变化的 Δu_{GS} 之比，称为低频跨导，即

$$g_m = \frac{\Delta i_D}{\Delta u_{GS}}\bigg|_{U_{DS}=常数} \tag{4.2-1}$$

g_m 的单位是 S（西门子）或 mS。g_m 是转移特性曲线上某一点的切线的斜率，可通过对式（4.1-4）或式（4.1-5）求导而得。g_m 与切点的位置密切相关，由于转移特性曲线的非线性，因而 i_D 越大，g_m 也越大。

（3）极间电容：场效应管的三个极之间均存在极间电容。通常，栅-源电容 C_{gs} 和栅-漏电容 C_{gd} 约为 $1 \sim 3$ pF，而漏-源电容 C_{ds} 约为 $0.1 \sim 1$ pF。在高频电路中，应考虑极间电容的影响。管子的最高工作频率 f_M 是综合考虑了三个电容的影响而确定的工作频率的上限值。

3. 极限参数

（1）最大漏极电流 I_{DM}：I_{DM} 是管子正常工作时漏极电流的上限值。

（2）击穿电压：管子进入恒流区后，使 i_D 骤然增大的 u_{DS} 称为漏-源击穿电压 $U_{(BR)DS}$，u_{DS} 超过此值会使管子烧坏。

对于结型场效应管，使栅极与沟道间 PN 结反向击穿的 u_{GS} 为栅-源击穿电压 $U_{(BR)GS}$；对于绝缘栅型场效应管，使绝缘层击穿的 U_{GS} 为栅-源击穿电压 $U_{(BR)GS}$。

（3）最大耗散功率 P_{DM}：P_{DM} 决定于管子允许的温升。P_{DM} 确定后，便可在管子的输出特性上画出临界最大功耗线，再根据 I_{DM} 和 $U_{(BR)DS}$，便可得到管子的安全工作区。

对于 MOS 管，栅-衬之间的电容容量很小，只要有少量的感应电荷就可产生很高的电压。而由于 $R_{GS(DC)}$ 很大，感应电荷难于释放，以至于感应电荷所产生的高压会使很薄的绝缘层击穿，造成管子的损坏。因此，无论是在存放还是在工作电路之中，都应为栅-源之间提供直流通路，避免栅极悬空；同时在焊接时，要将电烙铁良好接地。

4. 场效应管与晶体管的比较

场效应管的栅极 g、源极 s、漏极 d 对应于晶体管的基极 b、发射极 e、集电极 c，它们的作用类似。

（1）场效应管用栅-源电压 u_{GS} 控制漏极电流 i_D，栅极基本不索取电流；而晶体管工作时基极总要索取一定的电流。因此，要求输入电阻高的电路应选用场效应管；而若信号源可以提供一定的电流，则可选用晶体管。利用晶体管组成的放大电路可以得到比场效应管更大的电压放大倍数。

（2）场效应管只有多子参与导电；晶体管内既有多子又有少子参与导电，而少子数目

受温度、辐射等因素影响较大，因而场效应管比晶体管的温度稳定性好、抗辐射能力强。所以在环境条件变化很大的情况下应选用场效应管。

（3）场效应管的噪声系数很小，所以低噪声放大器的输入级和要求信噪比较高的电路应选用场效应管。当然也可选用特制的低噪声晶体管。

（4）场效应管的漏极与源极可以互换使用，互换后特性变化不大；而晶体管的发射极与集电极互换后特性差异很大，因此只在特殊需要时才互换。

（5）场效应管比晶体管的种类多，特别是耗尽型 MOS 管，栅-源电压 u_{GS} 可正、可负、可零，均能控制漏极电流。因而在组成电路时场效应管比晶体管有更大的灵活性。

（6）场效应管和晶体管均可用于放大电路和开关电路，它们构成了品种繁多的集成电路。但由于场效应管集成工艺更简单，且具有耗电省、工作电源电压范围宽等优点，因此场效应管越来越多地应用于大规模和超大规模集成电路之中。

4.3　场效应管放大电路的静态分析

场效应管通过栅-源之间的电压 u_{GS} 来控制漏极电流 i_D，因此，它和晶体管一样可以实现能量的控制，构成放大电路。由于栅-源之间电阻可达 $10^7 \sim 10^{12}$ Ω，所以常作为高输入阻抗放大器的输入级。

4.3.1　场效应管放大电路的三种接法

场效应管的三个电极（源极、栅极和漏极）与晶体管的三个极（发射极、基极和集电极）相对应，因此在组成放大电路时也有三种接法，即共源放大电路、共漏放大电路和共栅放大电路。以 N 沟道结型场效应管为例，三种接法的交流通路如图 4.3 - 1 所示，由于共栅电路很少使用，本节只对共源和共漏两种电路进行分析。

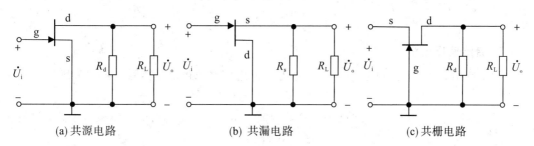

(a) 共源电路　　　　　　　(b) 共漏电路　　　　　　　(c) 共栅电路

图 4.3 - 1　场效应管放大电路的三种接法

4.3.2　场效应管放大电路的静态工作点设置及估算

与晶体管放大电路一样，为了使电路正常放大，必须设量合适的静态工作点，以保证在信号的整个周期内场效应管均工作在恒流区。下面以共源电路为例，说明设置 Q 点的几种方法。

1. 基本共源放大电路

图 4.3 - 2 所示共源放大电路采用的是 N 沟道增强型 MOS 管，为使它工作在恒流区，在输入回路加栅极电源 U_{GG}。U_{GG} 应大于开启电压 $U_{GS(th)}$；在输出回路加漏极电源 U_{DD}，它

一方面使漏-源电压大于预夹断电压以保证管子工作在恒流区，另一方面作为负载的能源；R_d 的作用与共射极放大电路中 R_c 的作用相同，将漏极电流 i_D 的变化转换成电压 u_{DS} 的变化，从而实现电压放大。

令 $\dot{U}_i = 0$，由于栅-源之间是绝缘的，故栅极电流为 0，所以 $U_{GSQ} = U_{GG}$。如果已知场效应管的输出特性曲线，那么首先在输出特性曲线中找到 $U_{GS} = U_{GG}$ 的那条曲线（若没有，需测试该曲线），然后作负载线 $u_{DS} = U_{DD} - i_D R_d$，如图 4.3-3 所示，曲线与直线的交点就是 Q 点，读出其坐标值可得出 I_{DQ} 和 U_{DSQ}。

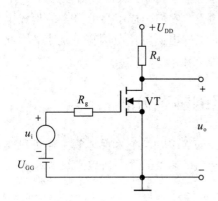
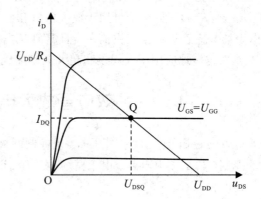

图 4.3-2　基本共源放大电路　　　图 4.3-3　图解法求基本共源放大电路的静态工作点

当然，也可以利用场效应管的电流方程求出 I_{DQ}。由于 $i_D = I_{DO} \left(\dfrac{u_{GS}}{U_{GS(th)}} - 1 \right)^2$，则

$$I_{DQ} = I_{DO} \left(\frac{U_{GG}}{U_{GS(th)}} - 1 \right)^2 \qquad (4.3-1)$$

管压降

$$U_{DSQ} = U_{DD} - I_{DQ} R_d \qquad (4.3-2)$$

2. 自给偏压电路

为了使信号源与放大电路"共地"，也为了采用单电源供电，实用电路中多用自给偏压电路。

图 4.3-4 所示为 N 沟道结型场效应管共源放大电路，也是典型的自给偏压电路，只有在

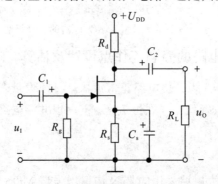

图 4.3-4　N 沟道结型场效应管自给偏压共源放大电路

管子栅-源之间电压 $U_{GS} < 0$ 时电路才能正常工作。它是靠源极电阻上的电压为栅-源提供一个负的偏压,故称自给偏压。那为什么 U_{GS} 会小于零呢?在静态时,由于场效管栅极电流为零,因而电阻 R_g 的电流为零,栅极电位 U_{GQ} 也就为零;而漏极电流 I_{DQ} 流过源极电阻 R_s 必然产生电压,使源极电位 $U_{SQ} = I_{DQ}R_s$,因此,栅-源之间静态电压为

$$U_{GSQ} = U_{CQ} - U_{SQ} = -I_{DQ}R_s \qquad (4.3-3)$$

与场效应管的电流方程联立,得到静态时,

$$I_{DQ} = I_{DSS}\left(1 - \frac{U_{GSQ}}{U_{GS(off)}}\right)^2 \qquad (4.3-4)$$

管压降

$$U_{DSQ} = U_{DD} - I_{DQ}(R_d + R_s) \qquad (4.3-5)$$

3. 分压式偏置电路

图 4.3-5 所示为 N 沟道增强型 MOS 管构成的共源放大电路,它靠 R_{g1} 与 R_{g2} 对电源 U_{DD} 分压来设置偏压,故称分压式偏置电路。

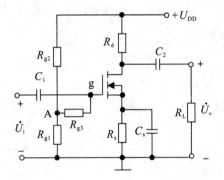

图 4.3-5 分压式偏置电路

静态时,由于栅极电流为 0,所以电阻 R_{g3} 上的电流为 0,栅极电位为

$$U_{GQ} = U_A = \frac{R_{g1}}{R_{g1} + R_{g2}} U_{DD} \qquad (4.3-6)$$

源极电位为

$$U_{SQ} = I_{DQ}R_s \qquad (4.3-7)$$

因此,栅-源电压为

$$U_{GSQ} = U_{GQ} - U_{SQ} = \frac{R_{g1}}{R_{g1} + R_{g2}}U_{DD} - I_{DQ}R_s \qquad (4.3-8)$$

4.3.3 场效应管放大电路的动态分析

1. 场效应管的低频小信号等效模型

与分析晶体管的 H 参数等效模型相同,将场效应管也看成一个二端口网络,栅极与源极之间看成输入端口,漏极与源极之间看成输出端口。以 N 沟道增强型 MOS 管为例,可以认为栅极电流为零,栅-源之间只有电压存在。而漏极电流 i_D 是栅-源电压 u_{GS} 和漏-源电压 u_{DS} 的函数:

$$i_D = f(u_{GS}, u_{DS}) \qquad (4.3-9)$$

研究动态信号作用时用全微分表示：

$$\mathrm{d}i_\mathrm{D} = \frac{\partial i_\mathrm{D}}{\partial u_\mathrm{GS}}\bigg|_{U_\mathrm{DS}} \mathrm{d}u_\mathrm{GS} + \frac{\partial i_\mathrm{D}}{\partial u_\mathrm{DS}}\bigg|_{U_\mathrm{GS}} \mathrm{d}u_\mathrm{DS} \qquad (4.3-10)$$

令

$$\begin{cases} \dfrac{\partial i_\mathrm{D}}{\partial u_\mathrm{GS}}\bigg|_{U_\mathrm{DS}} = g_\mathrm{m} \\[3mm] \dfrac{\partial i_\mathrm{D}}{\partial u_\mathrm{DS}}\bigg|_{U_\mathrm{GS}} = \dfrac{1}{r_\mathrm{ds}} \end{cases} \qquad (4.3-11)$$

当信号幅值较小时，管子的电流、电压只在 Q 点附近变化，因此可以认为在 Q 点附近的特性是线性的，g_m 与 r_ds 近似为常数。用有效值 I_d、U_gs 和 U_ds 取代变化量 $\mathrm{d}i_\mathrm{D}$、$\mathrm{d}u_\mathrm{GS}$ 和 $\mathrm{d}u_\mathrm{DS}$，则式（4.3-10）可写成

$$I_\mathrm{d} = g_\mathrm{m}U_\mathrm{gs} + \frac{1}{r_\mathrm{ds}}U_\mathrm{ds} \qquad (4.3-12)$$

根据式（4.3-12）可构造出场效应管的低频小信号作用下的等效模型，如图 4.3-6 所示。输入回路栅-源之间相当于开路；输出回路与晶体管的 H 参数等效模型相似，有一个电压 U_gs 控制的电流源 I_d 和一个并联电阻 r_ds。

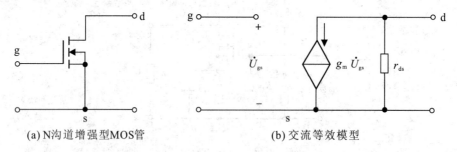

(a) N沟道增强型MOS管　　　　　(b) 交流等效模型

图 4.3-6　MOS管的低频小信号等效模型

可以从场效应管的转移特性和输出特性曲线上求出 g_m 与 r_ds，如图 4.3-7 所示。

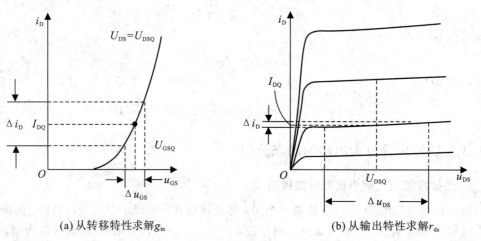

(a) 从转移特性求解g_m　　　　　(b) 从输出特性求解r_ds

图 4.3-7　从特性曲线求 g_m 与 r_ds

从转移特性可知，g_m 是 $U_\mathrm{DS} = U_\mathrm{DSQ}$ 的转移特性曲线上 Q 点处的导数，即以 Q 点为切点的切线斜率。在小信号作用时可用切线来等效 Q 点附近的曲线。由于 g_m 是输出回路电流

与输入回路电压之比，故称为跨导，其量纲是电导。

从输出特性可知，r_{ds} 是 $U_{GS} = U_{GSQ}$ 的输出特性曲线上 Q 点处斜率的倒数，与 r_{ce} 一样，它描述曲线上翘的程度，r_{ds} 越大，曲线越平。通常 r_{ds} 在几十千欧到几百千欧之间，如果外电路的电阻较小，也可忽略 r_{ds} 中的电流，将输出回路只等效成一个受控电流源。

在小信号作用下：

$$g_{m} = \frac{2}{U_{GS(th)}} \sqrt{I_{DO} I_{DQ}} \tag{4.3-13}$$

式（4.3-13）表明，g_m 与 Q 点紧密相关，Q 点愈高，g_m 愈大。因此，场效应管放大电路与晶体管放大电路相同，Q 点不仅影响电路是否会产生失真，而且影响着电路的动态参数。

2. 基本共源放大电路的动态分析

画出图 4.3-2 所示基本共源放大电路的交流等效电路，如图 4.3-8 所示，图中采用了 MOS 管的简化模型，即认为 $r_{ds} = \infty$。根据电路可得

$$\begin{cases} \dot{A}_{u} = \dfrac{\dot{U}_{o}}{\dot{U}_{i}} = \dfrac{-I_{d} R_{d}}{U_{gs}} = -\dfrac{g_{m} U_{gs} R_{d}}{U_{gs}} = -g_{m} R_{d} \\[2mm] R_{i} = \infty \\[2mm] R_{o} = R_{d} \end{cases} \tag{4.3-14}$$

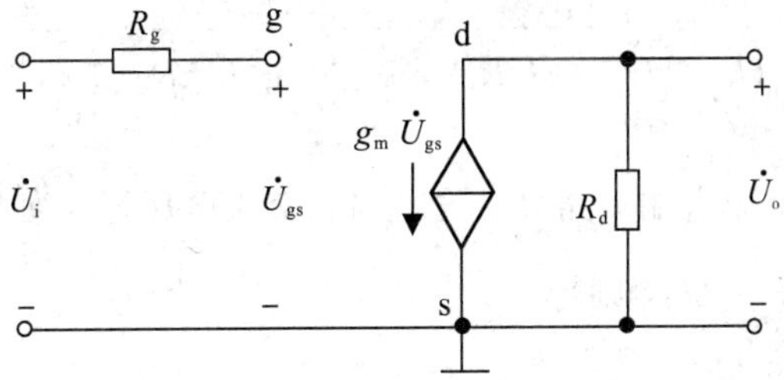

图 4.3-8　基本共源放大电路的交流等效电路

与共射极放大电路类似，共源放大电路具有一定的电压放大能力，且输出电压与输入电压反相，只是共源放大电路比共射极放大电路的输入电阻大得多。

【例 4.3-1】　已知图 4.3-2 所示电路中，$U_{GG} = 6$ V，$U_{DD} = 12$ V，$R_d = 3$ kΩ；场效应管的开启电压 $U_{GS(th)} = 4$ V，$I_{DO} = 10$ mA。试估算电路的 Q 点、$\dot{A}_u$ 和 R_o。

解　（1）估算静态工作点：已知 $U_{GS} = U_{GG} = 6$ V，可以得出

$$I_{DQ} = I_{DO} \left(\frac{U_{GG}}{U_{GS(th)}} - 1 \right)^{2} = \left[10 \times \left(\frac{6}{4} - 1 \right)^{2} \right] = 2.5 \text{ mA}$$

$$U_{DSQ} = U_{DD} - I_{DQ} R_{d} = 12 - 2.5 \times 3 = 4.5 \text{ V}$$

（2）估算 $\dot{A}_u$ 和 R_o：

$$g_{m} = \frac{2}{U_{GS(th)}} \sqrt{I_{DO} I_{DQ}} = \frac{2}{4} \sqrt{10 \times 2.5} = 2.5 \text{ mS}$$

$$\dot{A}_{u} = -g_{m} R_{d} = -2.5 \times 3 = -7.5$$

$$R_{o} = R_{d} = 3 \text{ kΩ}$$

由此例题可知，共源放大电路的电压放大能力远不如共射极放大电路，因此只有在要

求输入电阻很高的时候才用共源放大电路。

3. 基本共漏放大电路的动态分析

基本共漏放大电路如图 4.3-9(a) 所示，图 4.3-9(b) 是它的交流等效电路。

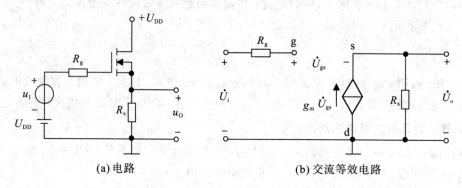

(a) 电路　　　　　　　(b) 交流等效电路

图 4.3-9　基本共漏放大电路

可以利用输入回路方程 $U_{DD} = U_{GSQ} + I_{DQ}R_s$ 和式(4.3-1)场效应管的电流特性方程联立，求出漏极静态电流 I_{DQ} 和栅-源静态电压 U_{GSQ}，再列输出回路方程求出管压降 $U_{DSQ} = U_{DD} - I_{DQ}R_s$，从图 4.3-9(b) 可得动态参数：

$$\dot{A}_u = \frac{\dot{U}_o}{\dot{U}_i} = \frac{\dot{I}_d R_s}{\dot{U}_{gs} + \dot{I}_d R_s} = \frac{g_m \dot{U}_{gs} R_s}{\dot{U}_{gs} + g_m \dot{U}_{gs} R_s} = \frac{g_m R_s}{1 + g_m R_s} \tag{4.3-15}$$

$$R_i = \infty \tag{4.3-16}$$

分析输出电阻时，将输入端短路，在输出端加交流电压 U_o，如图 4.3-10 所示，然后求出 $I_o = \dfrac{U_o}{R_s} + I_d = \dfrac{U_o}{R_s} + g_m U_o$，则

$$R_o = R_s \mathbin{/\mkern-5mu/} \frac{1}{g_m} \tag{4.3-17}$$

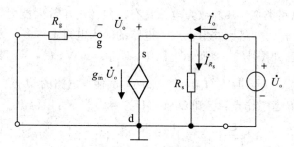

图 4.3-10　基本共漏放大电路的输出电阻

【例 4.3-2】　电路如图 4.3-9(a) 所示，已知场效应管的开启电压 $U_{GS(th)} = 5$ V，$I_{DO} = 10$ mA；$R_s = 3$ kΩ；静态时 $I_{DQ} = 2.5$ mA，场效应管工作在恒流区。试估算电路的 A_u 和 R_o。

解　首先求出 g_m：

$$g_m = \frac{2}{U_{GS(th)}} \sqrt{I_{DO} I_{DQ}} = \frac{2}{3} \sqrt{8 \times 2.5} \approx 2.98 \text{ mS}$$

所以

$$\dot{A}_u = \frac{g_m R_s}{1 + g_m R_s} \approx \frac{2.98 \times 3}{1 + 2.98 \times 3} \approx 0.899$$

$$R_o = R_s \mathbin{/\!/} \frac{1}{g_m} \approx \frac{3 \times \dfrac{1}{2.98}}{3 + \dfrac{1}{2.98}} \approx 0.302 \text{ k}\Omega$$

4.4　场效应管放大电路的特点

　　场效应管(单极型管)与晶体管(双极型管)相比,最突出的优点是可以组成高输入电阻的放大电路,此外,由于它还有噪声低、温度稳定性好、抗辐射能力强等优于晶体管的特点,而且便于集成化,所以被广泛应用于各种电子电路中。

　　应当指出,场效应管的放大能力比晶体管差,共源放大电路的电压放大倍数的数值只有几到十几,而共射极放大电路的电压放大倍数的数值可达百倍以上。另外,由于场效应管栅-源之间的等效电容只有几皮法到几十皮法,而栅-源电阻又很大,若有感应电荷则不易释放,从而形成高电压,以至于将栅-源间的绝缘层击穿,造成管子永久性损坏。因此,使用时应注意保护。目前很多场效应管在制作时已在栅-源之间并联了一个二极管,以限制栅-源电压的幅值,防止击穿。

本 章 小 结

　　本章介绍了场效应管及其放大电路。

　　场效应管分为结型和绝缘栅型两种类型,每种类型均分为两种不同的沟道:N 沟道和 P 沟道,而 MOS 管又分为增强型和耗尽型两种形式。

　　场效应管工作在恒流区时,利用栅-源之间外加电压所产生的电场来改变导电沟道的宽窄,从而控制多子漂移运动所产生的漏极电流 I_D。此时可将 I_D 看成电压 U_{GS} 控制的电流源,转移特性曲线描述了这种控制关系。输出特性曲线描述 U_{GS}、U_{DS} 与 I_D 三者之间的关系。g_m、$U_{GS(th)}$ 或 $U_{GS(off)}$、I_{DSS}、I_{DM}、$U_{(BR)DS}$、P_{DM} 和极间电容是它的主要参数。和晶体管类似,场效应管有夹断区(即截止区)、恒流区(即线性区)和可变电阻区三个工作区域。

　　场效应管放大电路的共源接法、共漏接法与晶体管放大电路的共射、共集接法相对应,但比晶体管电路输入电阻高、噪声系数低、电压放大倍数小,适用于作电压放大电路的输入级。

思 考 与 练 习

　　4-1　填空题:

　　(1) 场效应管利用_____来控制漏极电流的大小,因此它是_____控制器件。

　　(2) 为了使结型场效应管正常工作,栅源间两 PN 结必须加_____电压来改变导电沟道的宽度,它的输入电阻比 MOS 管的输入电阻_____。

　　(3) 由于晶体三极管_____,所以将它称为双极型的;由于场效应管 _____,所以将其称为单极型的。

(4) 跨导 g_m 反映了场效应管_____对_____控制能力，其单位为_____。

(5) 场效应管同双极型三极管相比，其输入电阻_____，热稳定性_____。

(6) 根据场效应管的输出特性，其工作情况可以分为_____、_____、_____和_____四个区域。

(7) 当栅-源电压等于零时，增强型 FET _____导电沟道，结型 FET 的沟道电阻_____。

4-2 选择题：

(1) 场效应晶体管是用_____控制漏极电流的。

A. 栅-源电流　　　B. 栅-源电压　　　C. 漏-源电流　　　D. 漏-源电压

(2) 结型场效应管发生预夹断后，管子_____。

A. 关断　　　　　B. 进入恒流区　　　C. 进入饱和区　　　D. 可变电阻区

(3) 场效应管的低频跨导 g_m 是_____。

A. 常数　　　　　B. 不是常数　　　C. 栅-源电压有关　　　D. 栅-源电压无关

(4) 场效应管靠_____导电。

A. 一种载流子　　　B. 两种载流子　　　C. 电子　　　　　D. 空穴

(5) 增强型 PMOS 管的开启电压_____。

A. 大于零　　　　　B. 小于零　　　C. 等于零　　　D. 或大于零或小于零

(6) 增强型 NMOS 管的开启电压_____。

A. 大于零　　　　　B. 小于零　　　C. 等于零　　　D. 或大于零或小于零

(7) 只有_____场效应管才能采取自偏压电路。

A. 增强型　　　　　B. 耗尽型　　　C. 结型　　　D. 增强型和耗尽型

(8) 分压式电路中的栅极电阻 R_G 一般阻值很大，目的是_____。

A. 设置合适的静态工作点　　　　　B. 减小栅极电流

C. 提高电路的电压放大倍数　　　　　D. 提高电路的输入电阻

(9) 源极跟随器(共漏放大器)的输出电阻与_____有关。

A. 管子跨导 g_m　　　B. 源极电阻 R_s　　　C. 管子跨导 g_m 和源极电阻 R_s

(10) 某场效应管的 I_{DSS} 为 6 mA，而 I_{DQ} 自漏极流出，大小为 8 mA，则该管是_____。

A. P 沟道结型管　　　　　　　　B. N 沟道结型管

C. 增强型 PMOS 管　　　　　　　　D. 耗尽型 PMOS 管

E. 增强型 NMOS 管　　　　　　　　F. 耗尽型 NMOS 管

4-3 判断题：

(1) 结型场效应管外加的栅-源电压应使栅-源间的耗尽层承受反向电压，才能保证其 R_{GS} 大的特点。(　　)

(2) 若耗尽型 N 沟道 MOS 管的 u_{GS} 大于零，则其输入电阻会明显变小。(　　)

(3) I_{DSS} 表示工作于饱和区的增强型场效应管在 $u_{GS}=0$ 时的漏极电流。(　　)

(4) 由于 JFET 与耗尽型 MOSFET 同属耗尽型，因此在正常放大时，加于它们栅、源极间的电压 u_{GS} 只允许一种极性。(　　)

(5) 结型场效应管外加的栅-源电压应使栅-源之间的 PN 结反偏，以保证场效应管的

输入电阻很大。(　　)

(6) 在 FET 中，参与导电的只是多子，栅极基本不索取电流，输入电阻很高，因此常用作高输入阻抗的输入级。(　　)

(7) 由于 FET 的输入回路可视为开路，因此 FET 放大电路输入端的耦合电容 C_g，一般可以比 BJT 放大电路中相应的电容 C_b 小得多。(　　)

4-4　已知某结型场效应管的 $I_{DSS}=2$ mA，$U_{GS(off)}=-4$ V，试画出它的转移特性曲线和输出特性曲线，并近似画出预夹断轨迹。

4-5　题 4-5 图所示曲线为某场效应管的输出特性曲线，试问：

(1) 它是哪一种类型的场效应管？

(2) 它的夹断电压 $U_{GS(off)}$（或开启电压 $U_{GS(th)}$）大约是多少？

(3) 它的 I_{DSS} 大约是多少？

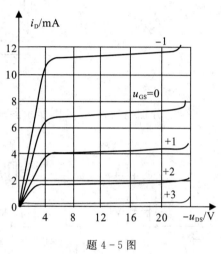

题 4-5 图

4-6　改正题 4-6 图所示各电路中的错误，使它们有可能放大正弦波电压。要求保留电路的共源接法。

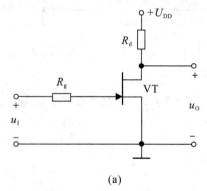

(a)

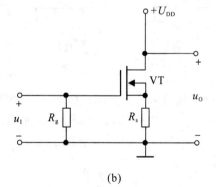

(b)

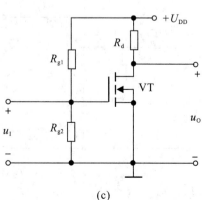

(c)

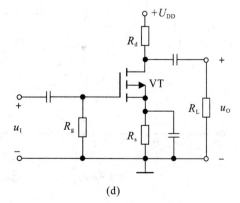

(d)

题 4-6 图

4 - 7　电路如题 4 - 7 图所示，已知 $U_{DD}=12$ V，$U_{GG}=2$ V，$R_G=100$ kΩ，$R_D=1$ kΩ，场效应管 VT 的 $I_{DSS}=8$ mA，$U_{GS(off)}=-4$ V。

求该管子的 I_{DQ} 及静态工作点处的 g_m 值。

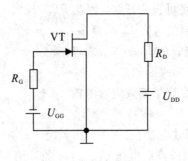

题 4 - 7 图

4 - 8　分别判断题 4 - 8 图所示各电路中的场效应管是否有可能工作在放大区。

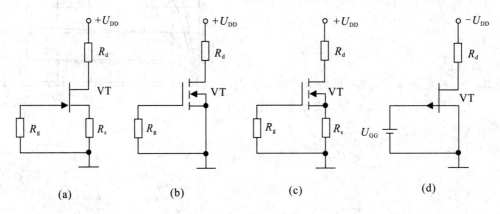

(a)　　　　　(b)　　　　　(c)　　　　　(d)

题 4 - 8 图

4 - 9　场效应管放大电路如题 4 - 9 图所示，若 $U_{DD}=20$ V，要求静态工作点为 $I_{DQ}=2$ mA，$U_{GSQ}=-2$ V，$U_{DSQ}=10$ V，试求 R_s 和 R_D。

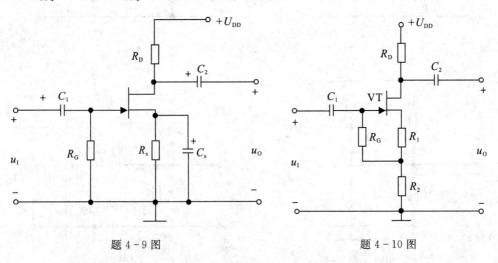

题 4 - 9 图　　　　　　　　　　　　　题 4 - 10 图

4 - 10 场效应管放大电路如题图 4 - 10 所示，电路参数 $U_{DD} = 24$ V，$R_D = 56$ kΩ，$R_G = 1$ MΩ，$R_2 = 4$ kΩ，场效应管的 $U_{GS(off)} = -1$ V，$I_{DSS} = 1$ mA；若要求漏极电位 $U_D = 10$ V，试求 R_1 的值。

4 - 11 电路如题 4 - 11 图所示，已知场效应管的低频跨导为 g_m，试写出 $\dot{A}_u$、R_i 和 R_o 的表达式。

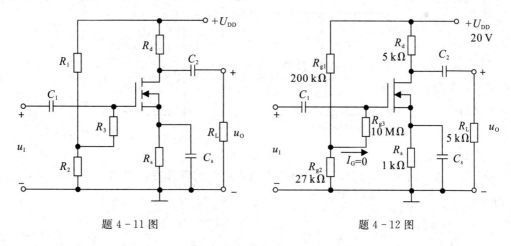

题 4 - 11 图   题 4 - 12 图

4 - 12 设题 4 - 12 图电路中场效应管参数 $U_{GS(off)} = -4$ V，$I_{DSS} = 2$ mA，$g_m = 1.2$ mS，试求放大器的静态工作点 Q、电压放大倍数 $\dot{A}_u$、输入电阻 R_i 和输出电阻 R_o，并画出该电路的微变等效电路（电路中所有电容容抗可略去，r_{ds} 可看作无穷大）。

4 - 13 电路如题 4 - 13 图所示，已知 $U_{DD} = 30$ V，$R_{G1} = R_{G2} = 1$ MΩ，$R_D = 10$ kΩ，管子的 $U_{GS(th)} = 3$ V，且当 $U_{GS} = 5$ V 时 I_D 为 0.8 mA。试求管子的 U_{GSQ}、I_{DQ}、U_{DSQ}。

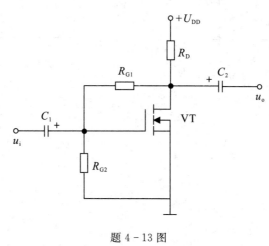

题 4 - 13 图

4 - 14 电路如题 4 - 14 图所示，已知场效应管的低频跨导为 g_m，试写出 $\dot{A}_u$、R_i 和 R_o 的表达式。

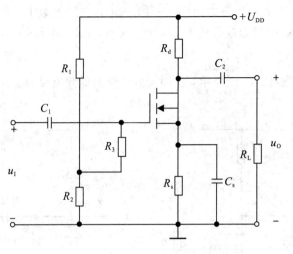

题 4 - 14 图

4 - 15　已知题 4 - 15 图(a)所示电路中场效应管的转移特性如图(b)所示。求解电路的 Q 点和 $\dot{A}_u$。

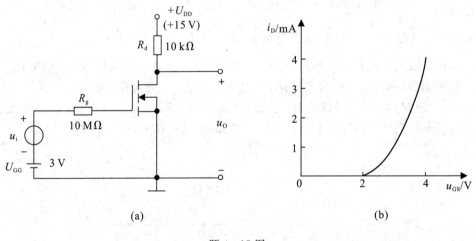

(a)　　　　　　　　　　　(b)

题 4 - 15 图

第 5 章　放大电路的频率响应

由于放大电路中存在电抗元件以及三极管极间电容,因此电路的放大倍数为频率的函数,这种关系称为频率响应或频率特性。前面章节里介绍的小信号等效模型没有考虑电容的作用,认为电容呈现的电抗值为无穷大,其只适用于低频信号的分析。本章将引入高频等效模型,并阐明放大电路的上限频率、下限频率和通频带的求解方法,以及频率响应的描述方法。本章先介绍影响放大电路频率响应的因素,研究频率响应的必要性,重点介绍求解单管放大电路下限频率、上限频率和波特图的方法,以及多级放大电路的频率参数与各级放大电路频率参数的关系。

5.1　频率响应及其表示方法

1. 频率响应的概念

在实际应用中,电子电路处理的信号,如语音信号、电视信号等都不是简单的单一频率信号,它们都是由多频率分量组合而成的复杂信号,即具有一定的频谱。如音频信号的频率范围从 20 Hz ~ 20 kHz,而视频信号从直流到几十兆赫兹。由于放大电路中存在电抗元件,如管子的极间电容、电路的负载电容、分布电容、耦合电容、射极旁路电容等,使得放大电路可能对不同频率信号分量的放大倍数和相移不同。

放大电路对不同频率信号有不同的放大能力,其增益的大小和相移均会随频率而变化,即增益是信号频率的函数,这种函数关系称为放大电路的频率响应或频率特性,表示为

$$\dot{A}_{u}(f) = |\dot{A}_{u}(f)| \angle \dot{A}_{u}(f) = A_{u}(f)\varphi(f) \tag{5.1-1}$$

其中 $A_{u}(f)$ 为幅值频率特性,$\varphi(f)$ 为相位频率特性。

2. 影响放大电路频率响应的因素

以单管共射极电路为例,各频段影响如表 5.1-1 所示。

表 5.1-1　影响放大电路频率响应的因素

频段	低频段	中频段	高频段
影响因素	耦合电容、旁路电容不可忽略,结电容视为开路	耦合电容、旁路电容视为短路,结电容视为开路	耦合电容、旁路电容视为短路,结电容不可忽略
放大倍数变化情况	放大倍数幅值下降,产生超前的附加相移	放大倍数幅值不随频率变化而变化,只有固定相移	放大倍数幅值下降,产生滞后的附加相移
分析方法	采用低频等效电路,计算下限截止频率	采用中频等效电路,计算下限放大倍数	采用高频等效电路,计算上限截止频率

由表 5.1-1 可见：

在低频段，随着频率 f 的下降 → 耦合电容的容抗增大 → 其分压作用增强 → 实际加到放大电路输入端的电压减小 → 输出电压下降 → 放大倍数下降。

在高频段，随着频率 f 的增大 → 三极管极间电容的容抗减小 → 其分流作用增强 → 实际被放大的电流减小 → 放大倍数下降。

在中频段，不考虑放大电路的频率特性。

3. 频率响应的表示方法

(1) 高通电路。RC 高通电路如图 5.1-1(a) 所示，其电压放大倍数 $\dot{A}_u$ 为

$$\dot{A}_u = \frac{\dot{U}_o}{\dot{U}_i} = \frac{j\omega/\omega_L}{1 + j\omega/\omega_L} = \frac{jf/f_L}{1 + jf/f_L} \tag{5.1-2}$$

式中，$\omega_L = \dfrac{1}{RC} = \dfrac{1}{\tau}$，即下限截止频率为

$$f_L = \frac{1}{2\pi RC} \tag{5.1-3}$$

$\dot{A}_u$ 的模和相角分别为

$$A_u = \frac{f/f_L}{\sqrt{1 + (f/f_L)^2}} \tag{5.1-4}$$

$$\varphi = 90° - \arctan(f/f_L) \tag{5.1-5}$$

图 5.1-1(b) 所示为 RC 高通电路的近似频率特性曲线。由此可见，对于高通电路，频率越低，衰减越大，相移越大。

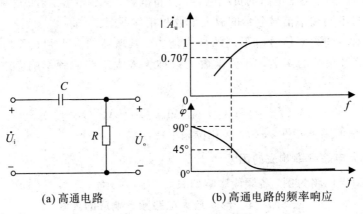

(a) 高通电路　　　　　　(b) 高通电路的频率响应

图 5.1-1　高通电路及其频率响应

(2) 低通电路。RC 低通电路如图 5.1-2(a) 所示，其电压放大倍数 $\dot{A}_u$ 为

$$\dot{A}_u = \frac{\dot{U}_o}{\dot{U}_i} = \frac{1}{1 + j\omega RC} = \frac{1}{1 + j\omega/\omega_o} \tag{5.1-6}$$

式中，$\omega_H = \dfrac{1}{RC} = \dfrac{1}{\tau}$，即上限截止频率为

$$f_H = \frac{1}{2\pi RC} \tag{5.1-7}$$

$\dot{A}_u$ 的模和相角分别为

$$A_u = \frac{1}{\sqrt{1 + \left(\dfrac{f}{f_H}\right)^2}} \qquad (5.1-8)$$

$$\varphi = -\arctan \frac{f}{f_H} \qquad (5.1-9)$$

图 5.1-2(b) 所示为 RC 低通电路的近似频率特性曲线。由此可见，对于低通电路，频率越高，衰减越大，相移越大。

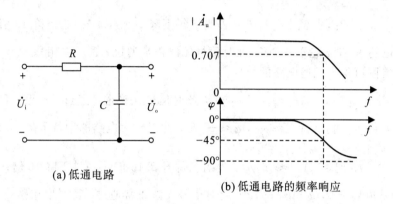

(a) 低通电路　　　　　　　　(b) 低通电路的频率响应

图 5.1-2　低通电路及其频率响应

4. 波特图

研究放大电路的频率响应时，放大电路的放大倍数可以从几倍到上百万倍；输入信号的频率可以从几赫兹到上百兆赫兹，为了能在同一坐标系中表示，在画频率特性曲线时常采用对数坐标，称为波特图。波特图由对数幅频特性和对数相频特性两部分组成，它们的横坐标采用对数刻度 $\lg f$，幅频特性纵坐标取 $20\lg |\dot{A}_u|$，单位是分贝（ dB），相频特性纵坐标为 φ。

图 5.1-3 为高通电路和低通电路的波特图。这种用折线画出的频率特性曲线称为近似

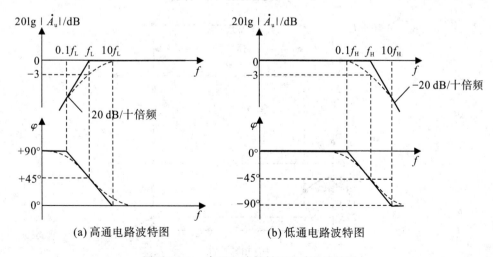

(a) 高通电路波特图　　　　　　　　(b) 低通电路波特图

图 5.1-3　高通电路与低通电路的波特图

的波特图，是分析放大电路频率响应的重要手段。图 5.1-3(a) 中 f_L 为下限截止频率，当 $f \leqslant f_L$ 时，幅频特性将以 20 dB/十倍频的斜率下降，在 f_L 处的误差最大，有 -3 dB；在 $0.1f_H$ 和 $10f_H$ 处与实际的相频特性有最大的误差，其值分别为 $+5.7°$ 和 $-5.7°$。同理分析，图 5.1-3(b) 为低通电路的对数频率特性。

分析波特图可得出高通电路的特性：

(1) 当 $f \gg f_L$ 时，$|\dot{A}_u| \approx 1$，$\varphi \approx 0°$，此时信号几乎全部通过，且无相移。

(2) 当 $f = f_L$ 时，$|\dot{A}_u| \approx \dfrac{1}{\sqrt{2}}$，$\varphi \approx 45°$，此时放大电路的增益下降 3 dB。

(3) 当 $f \ll f_L$ 时，$|\dot{A}_u| \approx f/f_L$，表明 f 每下降 10 倍，$|\dot{A}_u|$ 也下降 10 倍；当 f 趋于 0 时，$|\dot{A}_u|$ 也趋于 0，φ 趋于 $+90°$。此时信号无法正常通过，且产生相移。

分析波特图可得出低通电路的特性：

(1) 当 $f \ll f_H$ 时，$|\dot{A}_u| \approx 1$，$\varphi \approx 0°$，此时信号几乎全部通过，且无相移。

(2) 当 $f = f_H$ 时，$|\dot{A}_u| \approx \dfrac{1}{\sqrt{2}}$，$\varphi \approx -45°$，此时放大电路的增益下降 3 dB。

(3) 当 $f \gg f_H$ 时，$|\dot{A}_u| \approx f_H/f$，表明 f 每升高 10 倍，$|\dot{A}_u|$ 下降 10 倍；当 f 趋于无穷大时，$|\dot{A}_u|$ 也趋于 0，φ 趋于 $-90°$。此时信号无法正常通过，且产生相移。

5. 频率响应的主要指标

为了分析方便，常将输入信号按频率划分为三个区域：低频区、中频区和高频区。并定义上限频率 f_H、下限频率 f_L 以及通频带 f_{BW}，以便定量表征频率响应的实际状况。图 5.1-4 所示为一放大电路的频率响应曲线。由图可见，在一个较宽的频率范围内，曲线是平坦的，即放大倍数不随信号频率变化，其电压放大倍数用 $|\dot{A}_{usm}|$ 表示，在此频率范围内，

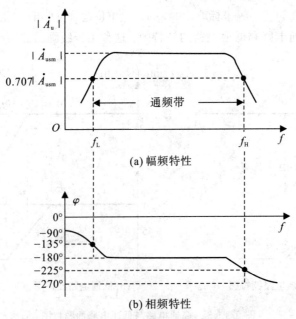

(a) 幅频特性

(b) 相频特性

图 5.1-4　放大电路的频率特性

所有电容(耦合电容、旁路电容和器件的极间电容等)的影响可以忽略不计。当频率降低时，耦合电容和旁路电容的影响不可忽略，致使放大倍数下降。当频率升高时，极间电容的影响不可忽略，放大倍数亦下降。

(1) 上限频率和下限频率。当放大电路的放大倍数下降到中频放大倍数的 0.707 倍时，所对应的高频段和低频段的频率称为上限频率 f_H 和下限频率 f_L。

(2) 通频带 f_{BW}。上、下限频率之差称为通频带，即

$$f_{BW} = f_H - f_L \tag{5.1-10}$$

通频带越宽，表明放大电路对不同频率信号的适应能力越强。在实际电路中，有时希望通频带越宽越好，如扩音机；有时希望通频带尽可能窄，如选频放大电路。

5.2　三极管的高频等效模型

第 3 章讲到用小信号等效模型分析中频放大电路的情况，但是当高频时，三极管的极间电容不可忽略。因此，在分析高频放大电路的频率响应时，应该采用考虑三极管极间电容的等效模型，称为混合 π 等效模型。

1. 高频等效电路

考虑电容效应后，三极管的物理结构如图 5.2-1(a) 所示。其中 $r_{b'c}$ 为集电结电阻，C_μ 为集电结电容，$r_{bb'}$ 为基区体电阻，$r_{b'e}$ 为发射结电阻，C_π 为发射结电容；r_c 和 r_e 为集电区体电阻和发射区体电阻，阻值很小，常常忽略不计。这样就可以得到与图 5.2-1(a) 相对应的等效模型，如图 5.2-1(b) 所示。等效电路中的恒流源 $g_m \dot{U}_{b'e}$ 是一个受控源，表明发射结电压 $\dot{U}_{b'e}$ 对集电极电流 $\dot{I}_c$ 控制作用的强弱，g_m 称为跨导，为

$$g_m = \frac{\dot{I}_c}{\dot{U}_{b'e}} = \frac{\beta}{r_{b'e}} = \frac{\rho}{(1+\beta)\dfrac{U_T}{I_{EQ}}} \approx \frac{I_{EQ}}{U_T} \tag{5.2-1}$$

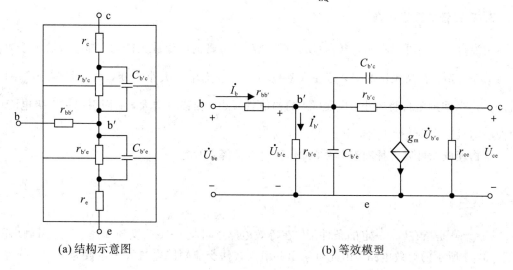

(a) 结构示意图　　　　　　　　　(b) 等效模型

图 5.2-1　三极管结构示意图及等效模型

2. 简化的高频等效模型

电阻 r_{ce} 值可达数百千欧，远大于外部并联的电阻，因此 r_{ce} 可忽略不计；因集电结反偏，$r_{b'c}$ 呈高阻性，可认为 $r_{b'c}$ 开路，只剩下 C_μ，此时等效模型如图 5.2-2(a) 所示。为求解方便，将电容 C_μ 等效到输入回路和输出回路，称为单向化，单向化是靠等效变换实现的。单向化后的电路可以用输入侧的 C'_μ 和输出侧的 C''_μ 两个电容去分别代替 $C_{b'c}$，但要求变换前后应保证相关电流不变，如图 5.2-2(b) 所示。等效电路中 b'-e 之间包含 $C_{b'e}$ 和 $C_{\mu'}$，同时将这两个电容合并等效为

$$C'_\pi = C_\pi + (1 + g_m R'_L) C_\mu \tag{5.2-2}$$

因为 $C'_\pi \gg C''_\mu$，一般情况下 C''_μ 的容抗远小于集电极总负载电阻，C''_μ 中的电流可忽略不计，所以简化的混合 π 等效模型如图 5.2-2(c) 所示。

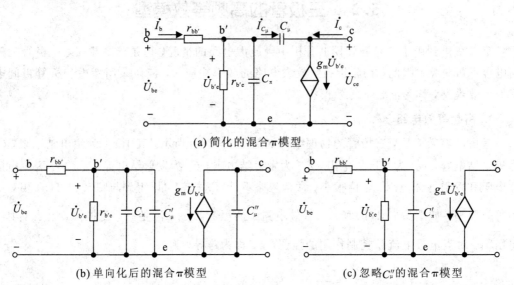

(a) 简化的混合π模型

(b) 单向化后的混合π模型　　　　　　　　(c) 忽略 C''_μ 的混合π模型

图 5.2-2　混合 π 模型的简化

3. 三极管的频率参数

由混合 π 模型可以看出，电容 C_π 和 C_μ 会对三极管的电流放大能力，即电流放大系数 $\dot\beta$ 产生频率效应。在高频情况下，若注入基极的交流电流 $\dot I_b$ 的大小不变，则随着信号频率的增加，b'-e 间的阻抗将减小，电压 $\dot U_{b'e}$ 的幅值将减小，相移将增大，从而引起集电极电流 $\dot I_c$ 的大小随 $|\dot U_{b'e}|$ 而线性下降，并产生相同的相移。

从物理概念可以解释随着频率的增高，β 将下降。因为

$$\dot\beta = \left.\frac{\dot I_c}{\dot I_b}\right|_{\dot U_{ce}=0} \tag{5.2-3}$$

$\dot U_{ce} = 0$ 是指在 $\dot U_{ce}$ 一定的条件下，在等效电路中可将 c-e 间交流短路，于是可画出图 5.2-3(a) 所示的等效电路，由此可求出共射极接法交流短路电流放大系数为

$$\dot{\beta} = \frac{\dot{I}_c}{\dot{I}_b}\Bigg|_{\dot{U}_{ce}=0} = \frac{\beta_0}{1 + j\dfrac{f}{f_\beta}} \tag{5.2-4}$$

由上式可画出 $\dot{\beta}$ 的幅频特性和相频特性曲线，如图5.2-3(b)所示。式中 β_0 为低频时的电流放大倍数；f_β 为共发射极截止频率，其为共发射极短路电流放大系数 $|\dot{\beta}|$ 下降为 $0.707\beta_0$ 时的频率。截止频率 f_β 为

$$f_\beta = \frac{1}{2\pi r_{b'e}(C_\mu + C_\pi)} \tag{5.2-5}$$

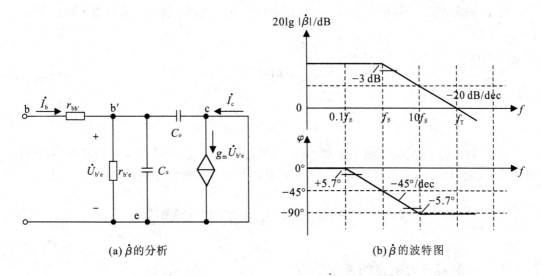

(a) $\dot{\beta}$ 的分析　　　　　　　　　　　(b) $\dot{\beta}$ 的波特图

图 5.2-3　三极管电流放大系数 $\dot{\beta}$ 的频率响应

当信号频率 $f > f_\beta$ 时，$|\dot{\beta}|$ 值明显下降，到 $|\dot{\beta}|$ 下降为 0 dB(即 $|\dot{\beta}| = 1$)时，三极管失去放大能力，这时所对应的频率称为特征频率 f_T，为

$$f_T = \beta_0 f_\beta \tag{5.2-6}$$

在共基极组态电路中，若低频时的电流放大倍数为 α_0，当信号频率增加时，共基极短路电流放大系数 $|\dot{\alpha}|$ 下降为 $0.707\alpha_0$ 时所对应的频率为共基极截止频率 f_α，为

$$f_\alpha = (1 + \beta_0)f_\beta \tag{5.2-7}$$

由式(5.2-6)和式(5.2-7)可得

$$f_\alpha = (1 + \beta_0)f_\beta \approx f_\beta + f_T \tag{5.2-8}$$

由式(5.2-8)可看出，三极管的共基极截止频率 f_α 远大于共射极截止频率 f_β，且比特征频率 f_T 还高，即三极管频率的大小关系为 $f_\alpha > f_T > f_\beta$。

5.3　场效应管的高频等效模型

场效应管的结电容在高频时也不能忽略，其高频等效电路与三极管相似，它是在低频模型的基础上增加了三个极间电容而构成的，其中 C_{gs}、C_{gd} 一般在 10 pF 以内，C_{ds} 一般不到 1 pF。高频小信号等效模型如图 5.3-1(a)所示。

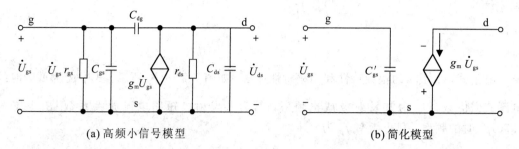

(a) 高频小信号模型　　　　　　　　　　　(b) 简化模型

图 5.3 - 1　场效应管高频小信号模型

为了分析方便，对跨接在 g - d 之间的电容 C_{gd} 进行等效，将其折算到输入回路和输出回路。于是

g - s 间的等效电容为

$$C'_{gs} = C_{gs} + (1 + g_m R'_L) C_{gd} \tag{5.3 - 1}$$

d - s 间的等效电容为

$$C'_{ds} = C_{ds} + (1 + \frac{1}{g_m R'_L}) C_{gd} \tag{5.3 - 2}$$

由于输出回路的时间常数 τ 通常比输入回路的时间常数 τ 小得多，故分析频率特性时可忽略 C'_{ds} 的影响。这样就得到场效应管的简化的高频等效模型，如图 5.3 - 1(b) 所示。

5.4　单极放大电路的频率响应

5.4.1　共射极放大电路的频率响应

对于共射极接法的基本放大电路，分析其频率响应，需画出放大电路从低频到高频的全频段小信号模型，如图 5.4 - 1 所示，然后分低、中、高三个频段加以研究。

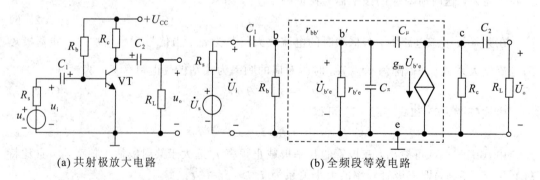

(a) 共射极放大电路　　　　　　　　　　　(b) 全频段等效电路

图 5.4 - 1　单管共射极放大电路及其等效电路

1. 中频电压放大倍数

在中频段，耦合电容 C_1 和 C_2 的容抗很小，与其他电阻相比较可以视为短路；同时极间电容 C_π、C_μ 的容抗很大，与其他电阻相比较可以看作开路。因此图 5.4 - 1(a) 所示共射极放大电路的中频段等效电路如图 5.4 - 2 所示，这时电路中无电抗元件，是纯阻性的，得到的电压放大倍数与频率无关。

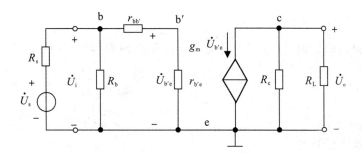

图 5.4 - 2　单管共射极放大电路中频等效电路

分析中频等效电路可得

$$\dot{U}_{b'e} = \frac{R_i}{R_s + R_i} \cdot \frac{r_{b'e}}{r_{bb'} + r_{b'e}} \dot{U}_s \tag{5.4-1}$$

式中，$R_i = R_b \mathbin{/\!/} (r_{bb'} + r_{b'e})$。

输出电压

$$\dot{U}_o = -g_m \dot{U}_{b'e} R_L' \qquad (式中 R_L' = R_c \mathbin{/\!/} R_L)$$

则中频段电压放大倍数为

$$\dot{A}_{usm} = \frac{\dot{U}_o}{\dot{U}_s} = \frac{\dot{U}_{b'e}}{\dot{U}_s} \cdot \frac{\dot{U}_o}{\dot{U}_{b'e}} = -\frac{R_i}{R_s + R_i} \cdot \frac{r_{b'e}}{r_{bb'} + r_{b'e}} g_m R_L' \tag{5.4-2}$$

式(5.4-2)可写成

$$\dot{A}_{usm} = -\frac{R_i}{R_s + R_i} \cdot \frac{r_{b'e}}{r_{be}} g_m R_L' = -\frac{R_i}{R_s + R_i} \cdot \frac{\beta}{r_{be}} R_L'$$

可见，中频电压放大倍数的表达式与利用小信号 H 参数等效电路的分析结果是一致的。

2. 低频电压放大倍数

当输入信号的频率很低时，极间电容 C_π、C_μ 的容抗比中频时更大，可以视为开路。同时耦合电容 C_1 和 C_2 的容抗也增大了，此时就必须考虑其影响。因此在对应的等效电路中就应包含 C_1 和 C_2，低频等效电路如图 5.4-3 所示。

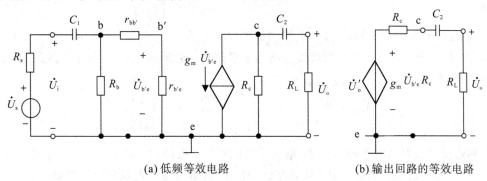

(a) 低频等效电路　　　　　　　　　(b) 输出回路的等效电路

图 5.4 - 3　低频等效电路

分析低频等效电路可得

$$U_{b'e} = \frac{R_i}{R_s + R_i + \dfrac{1}{j\omega C_1}} \cdot \frac{r_{b'e}}{r_{bb'} + r_{b'e}} \dot{U}_s \tag{5.4-3}$$

式中，$R_i = R_b \mathbin{/\mkern-5mu/} (r_{bb'} + r_{b'e})$。

在等效电路的输出回路中，将受控源 $g_m \dot{U}_{b'e}$ 和 R_c 进行等效变换，如图 5.4-3(b) 所示。可得输出电压

$$\dot{U}_o = -g_m \dot{U}_{b'e} R_c \cdot \frac{R_L}{R_c + R_L + \dfrac{1}{j\omega C_2}} \tag{5.4-4}$$

则低频段电压放大倍数为

$$\dot{A}_{usl} = \frac{\dot{U}_o}{\dot{U}_s} = \frac{\dot{U}_{b'e}}{\dot{U}_s} \cdot \frac{\dot{U}_o}{\dot{U}_{b'e}} = -\frac{R_i}{R_s + R_i + 1/j\omega C_1} \cdot \frac{r_{b'e}}{r_{bb'} + r_{b'e}} \cdot g_m R_c \cdot \frac{R_L}{R_c + R_L + \dfrac{1}{j\omega C_2}}$$

$$= -\frac{R_i/(R_s + R_i)}{\dfrac{R_s + R_i + \dfrac{1}{j\omega C_1}}{R_s + R_i}} \cdot \frac{r_{b'e}}{r_{bb'} + r_{b'e}} \cdot g_m R_c \cdot \frac{\dfrac{R_L}{R_c + R_L}}{\dfrac{R_c + R_L + \dfrac{1}{j\omega C_2}}{R_c + R_L}}$$

$$= -\frac{R_i}{R_s + R_i} \cdot \frac{r_{b'e}}{r_{bb'} + r_{b'e}} \cdot g_m \cdot \frac{R_c \cdot R_L}{R_c + R_L} \cdot \frac{1}{1 + \dfrac{1}{j\omega (R_s + R_i) C_1}} \cdot \frac{1}{1 + \dfrac{1}{j\omega (R_c + R_L) C_2}}$$

$$= \dot{A}_{usm} \cdot \frac{1}{1 + \dfrac{1}{j\omega (R_s + R_i) C_1}} \cdot \frac{1}{1 + \dfrac{1}{j\omega (R_c + R_L) C_2}} \tag{5.4-5}$$

令 $\tau_{L1} = (R_s + R_i) C_1$，$\tau_{L2} = (R_c + R_L) C_2$，则下限频率为

$$f_{L1} = \frac{1}{2\pi \tau_{L1}} = \frac{1}{2\pi (R_s + R_i) C_1} \tag{5.4-6}$$

$$f_{L2} = \frac{1}{2\pi \tau_{L2}} = \frac{1}{2\pi (R_c + R_L) C_1} \tag{5.4-7}$$

则低频放大倍数为

$$\dot{A}_{usl} = \dot{A}_{usm} \cdot \frac{1}{1 - j\left(\dfrac{f_{L1}}{f}\right)} \cdot \frac{1}{1 - j\left(\dfrac{f_{L2}}{f}\right)} \tag{5.4-8}$$

从式(5.4-8)可以看出，放大电路的低频响应有 f_{L1} 和 f_{L2} 两个转折率，如果二者间的比值在 5 倍以上，则取值大的为放大电路的下限频率。通常满足 $f_{L1} > 5 f_{L2}$，因此低频放大倍数可近似表示为

$$\dot{A}_{usl} \approx \dot{A}_{usm} \cdot \frac{1}{1 - j\left(\dfrac{f_{L1}}{f}\right)} = \dot{A}_{usm} \cdot \frac{1}{1 - j\left(\dfrac{f_L}{f}\right)} \tag{5.4-9}$$

共射极放大电路的下限频率 f_L 取决于其低频等效电路的时间常数 τ_L。隔直电容 C_1 与电阻 $(R_s + R_i)$ 的乘积越大，则下限频率 f_L 越小，即放大电路的低频响应越好。

3. 高频段电压放大倍数

在高频范围内，电容 C_1 和 C_2 的容抗比低频时的还要小，更要看作短路。但是，极间电容 C_π 和 C_μ 的容抗也很小，这时就必须考虑它们的影响。根据图 5.2-2(c) 所示三极管高频简化模型，可画出单管共射极放大电路的高频等效电路，如图 5.4-4 所示。

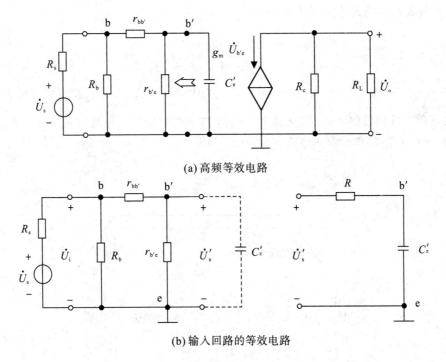

(a) 高频等效电路

(b) 输入回路的等效电路

图 5.4 - 4　单管共射极放大电路的高频等效电路

其中 b′- e 之间的等效电容 $C'_\pi = C_\pi + (1 + g_m R'_L)C_\mu$，根据戴维南定理，可将输入回路 C'_π 左侧电路等效为电压源 $\dot U'_s$ 和内阻 R。如图 5.4 - 4(b) 所示，因此有

$$R = r_{b'e} /\!/ [r_{b'b} + (R_s /\!/ R_b)]$$

$$\dot U'_s = \frac{R_i}{R_s + R_i} \cdot \frac{r_{b'e}}{r_{bb'} + r_{b'e}} \dot U_s \qquad (5.4 - 10)$$

式中，$R_i = R_b /\!/ (r_{bb'} + r_{b'e})$。

可得高频段的电压放大倍数为

$$\dot A_{ush} = \frac{\dot U_o}{\dot U_s} = -\frac{R_i}{R_s + R_i} \cdot \frac{r_{b'e}}{r_{bb'} + r_{b'e}} g_m R'_L \cdot \frac{1}{j\omega R C'_\pi} \qquad (5.4 - 11)$$

令 $\pi_H = R C'_\pi$，则上限频率为

$$f_H = \frac{1}{2\pi\tau_H} = \frac{1}{2\pi R C'_\pi} \qquad (5.4 - 12)$$

则高频放大倍数为

$$\dot A_{ush} = \frac{\dot U_o}{\dot U_s} = \dot A_{usm} \frac{1}{1 + j\omega\tau_H} = \dot A_{usm} \frac{1}{1 + j\left(\dfrac{f}{f_H}\right)} \qquad (5.4 - 13)$$

共射极放大电路的上限频率 f_H 取决于其高频等效电路的时间常数 τ_H。电容 C'_π 与电阻 R 的乘积越小，则上限频率 f_H 越大，即放大电路的高频响应越好。

4. 波特图

综上所述，在考虑放大电路耦合电容和极间电容的影响时，对于全频率段的输入信

号，电压放大倍数的表达式可表示为

$$\dot{A}_{us} = \dot{A}_{usm} \cdot \frac{1}{1 - \mathrm{j}(\frac{f_L}{f})} \cdot \frac{1}{1 + \mathrm{j}(\frac{f}{f_H})} \tag{5.4-14}$$

当 $f_L < f < f_H$ 时，放大电路的放大倍数为中频段的 $\dot{A}_{usm}$；当 f 接近 f_L 时，放大电路的放大倍数为低频段的 $\dot{A}_{usl}$；当 f 接近 f_H 时，放大电路的放大倍数为高频段的 $\dot{A}_{ush}$。根据式(5.4-14)可画出单管放大电路的波特图，如图 5.4-5 所示。

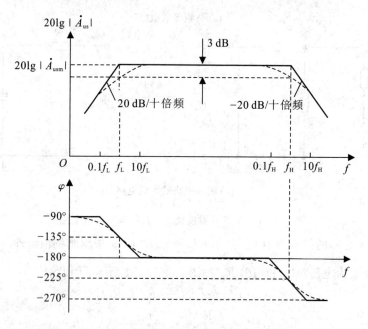

图 5.4-5　单管共射极放大电路的波特图

放大电路频率响应的主要原因是：放大电路的耦合电容是引起低频响应的主要原因，下限截止频率 f_L 主要由低频时间常数 τ_L 中较小的一个决定；三极管的极间电容是引起放大电路高频响应的主要原因，上限截止频率 f_H 由高频时间常数 τ_H 决定。

【例 5.4-1】 某放大电路中 A_{us} 的对数幅频特性如图 5.4-6 所示。

(1) 试求该电路的中频电压增益 A_{usm}，上限频率 f_H 和下限频率 f_L；

(2) 当输入信号的频率 $f = f_L$ 或 $f = f_H$ 时，该电路实际的电压放大倍数为多少分贝？

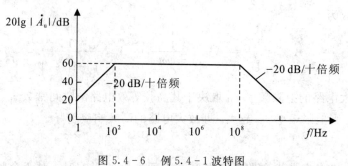

图 5.4-6　例 5.4-1 波特图

解　（1）由图 5.4－6 可知：上限频率 $f_H = 10^8$ Hz，下限频率 $f_L = 10^2$ Hz，20lg $|\dot{A}_{usm}| = 60$，可推导出中频放大倍数为 $|\dot{A}_{usm}| = 10^3$。

（2）当输入信号的频率 $f = f_L$ 或 $f = f_H$ 时，电压放大倍数降低 3 dB，即实际电压放大倍数为 $60 - 3 = 57$ dB。

【例 5.4－2】　电路如图 5.4－7 所示，已知 $U_{CC} = 12$ V，三极管 $C_\mu = 4$ pF，$f_T = 50$ MHz，$r_{bb'} = 100$ Ω，$\beta_0 = 80$，试：

（1）求该电路的中频电压增益 A_{usm}；

（2）求上限频率 f_H 和下限频率 f_L；

（3）画出波特图。

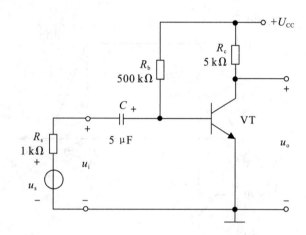

图 5.4－7　例 5.4－2 电路图

解　（1）静态及动态的分析估算：

$$I_{BQ} = \frac{U_{CC} - U_{BEQ}}{R_b} \approx 22.6 \ \mu A$$

$$I_{EQ} = (1 + \beta)I_{EQ} \approx 1.8 \ mA$$

$$U_{CEQ} = U_{CC} - I_{CQ}R_c \approx 3 \ V$$

可见放大电路的 Q 点设置合适，三极管工作在放大区。

$$r_{be} = r_{bb'} + r_{b'e} = 100 + (1 + \beta)\frac{26mV}{I_{EQ}mA} \approx 1.27 \ k\Omega$$

$$R_i = r_{be} \ /\!/ \ R_b \approx 1.27 \ k\Omega$$

$$g_m = \frac{I_{EQ}}{U_T} \approx 69.2 \ mS$$

中频电压增益为

$$\dot{A}_{usm} = \frac{\dot{U}_o}{\dot{U}_i} = \frac{R_i}{R_i + R_s} \cdot \frac{r_{b'e}}{r_{be}}(-g_m R_c) \approx -178$$

转换为分贝单位：

$$20lg \ |\dot{A}_{usm}| \approx 45 \ dB$$

（2）先估算参数 C'_π，由式（5.2－5）和式（5.2－6）可得

$$C_\pi = \frac{\beta_0}{2\pi r_{b'e} f_T} - C_\mu \approx 214 \text{ pF}$$

$$C'_\pi = C_\pi + (1 + g_m R_c) C_\mu \approx 1602 \text{ pF}$$

上限频率为

$$f_H = \frac{1}{2\pi R C'_\pi} = \frac{1}{2\pi r_{b'e} \; /\!/ \; (r_{b'b} + R_s \; /\!/ \; R_b)} \approx 175 \text{ kHz}$$

下限频率为

$$f_L = \frac{1}{2\pi (R_s + R_i) C} \approx 14 \text{ Hz}$$

(3) 画出该放大电路的波特图，如图 5.4-8 所示。

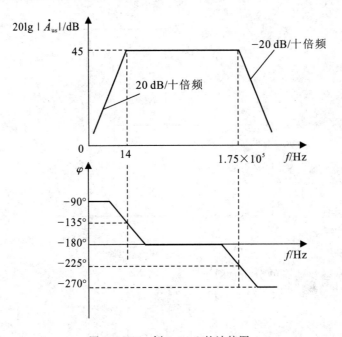

图 5.4-8　例 5.4-2 的波特图

5.4.2　共源极放大电路的频率响应

图 5.4-9(a) 为单管共源极放大电路，考虑到极间电容和耦合电容的影响，其动态等效电路如图 5.4-9(b) 所示。

在中频段，C'_{gs} 开路，C 短路，中频电压放大倍数为

$$\dot{A}_{um} = \frac{\dot{U}_o}{\dot{U}_i} = -\frac{g_m \dot{U}_{gs}(R_d \; /\!/ \; R_L)}{\dot{U}_{gs}} = -g_m R'_L \tag{5.4-15}$$

在高频段，C 短路，考虑 C'_{gs} 的影响，所在回路时间常数 $\tau = R_g C'_{gs}$，因而上限频率为

$$f_H = \frac{1}{2\pi R_g C'_{gs}} \tag{5.4-16}$$

在低频段，C'_{gs} 开路，考虑 C 的影响，所在回路时间常数 $\tau = (R_d + R_L)C$，因而下限频率为

$$f_L = \frac{1}{2\pi (R_d + R_L) C} \tag{5.4-17}$$

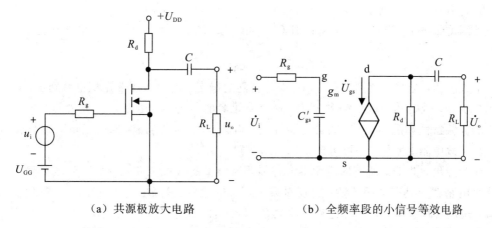

（a）共源极放大电路　　　　　　　　（b）全频率段的小信号等效电路

图 5.4 - 9　单管共源极放大电路与等效模型

电压增益 $\dot{A}_u$ 的表达式为

$$\dot{A}_{us} = \dot{A}_{usm} \cdot \frac{1}{1 - j(\frac{f_L}{f})} \cdot \frac{1}{1 + j(\frac{f}{f_H})} \qquad (5.4 - 18)$$

式（5.4-18）与式（5.4-14）形式相同，因此单管共源放大电路的波特图与图 5.4-5 也相似，分析在此从略。

5.4.3　放大电路频率响应的改善和增益带宽积

1. 低频特性的改善

为了改善单管放大电路的低频特性，需加大耦合电容及其回路电阻，以增大回路的时间常数，从而降低下限频率。但改善的程度是很有限的，因此在信号频率很低的场合最佳的解决办法是采用直接耦合方式，使得 $f_L = 0$。

2. 高频特性的改善

为了改善单管放大电路的高频特性，需减小 b'-e 间等效电容 C'_π 或 g-s 间等效电容 C'_{gs} 及其回路电阻，以减小回路时间常数，从而增大上限频率。

因为上限截止频率 $f_H = \dfrac{1}{2\pi\tau_H} = \dfrac{1}{2\pi R' C'_\pi}$，等效电容 $C'_\pi = C_\pi + (1 + g_m R'_L)C_\mu$，而放大倍数为 $\dot{A}_{usm} = \dfrac{R_i}{R_s + R_i} \cdot \dfrac{r_{b'e}}{r_{be}}(-g_m R'_L)$，所以若 $g_m R'_L$ 增加，电压放大倍数 $\dot{A}_{usm}$ 也增加，C'_π 也增加，上限截止频率 f_H 就会下降，使通频带变窄。增益和带宽是一对矛盾，通常 $f_H \gg f_L$ → 通频带 $f_{BW} = f_H - f_L \approx f_H$ → 增益与带宽矛盾 → 引入新的参数：增益带宽积。

3. 增益带宽积

单管共射极放大电路的增益带宽积为

$$|\dot{A}_{usm} \cdot f_{BW}| = |\dot{A}_{usm} \cdot f_H| = \frac{R_i}{R_s + R_i} \cdot \frac{r_{b'e}}{r_{be}} \cdot g_m R'_L \cdot f_H$$

$$= g_m R'_L \cdot \frac{r_{b'e}}{R_s + r_{bb'} + r_{b'e}} \cdot \frac{1}{2\pi R C'_\pi} \qquad (5.4 - 19)$$

注：$R_i = R'_b // (r_{bb'} + r_{b'e}) \approx r_{bb'} + r_{b'e}$，$C'_\pi = C_\pi + (1 + g_m R'_L) C_\mu$。

若满足$(1 + g_m R'_L) C_\mu \gg C_\pi$，则有$C'_\pi \approx (1 + g_m R'_L) C_\mu \approx g_m R'_L C_\mu$，此时增益带宽积为

$$|\dot{A}_{usm} \cdot f_{BW}| \approx \frac{1}{2\pi(R_s + r_{bb'})C_\mu} \tag{5.4-20}$$

上式表明，当晶体管选定后，$r_{bb'}$ 和 C_μ 就随之确定，因而增益带宽积也就确定，即增益增大多少倍，带宽几乎就变窄多少倍，这个结论具有普遍意义。从另一角度看，为了改善电路的高频特性和展宽频带，首先应选用 $r_{bb'}$ 和 C_μ 均小的高频管，同时尽量减小 C'_π 所在回路的总等效电阻。另外，还可考虑采用共基电路。

应当指出，并不是所有的应用场合都需要宽频带的放大电路，例如正弦波振荡电路中的放大电路就应具有选频特性，它仅对某一频率的信号进行放大，而其余频率的信号均被衰减，而且衰减愈快，电路的选频特性愈好，振荡的波形将愈好。应当说，在信号频率范围已知的情况下，放大电路只需具有与信号频段相对应的通频带即可，这样也有利于抵抗外部的干扰信号。盲目追求宽频带不但无益，而且还将牺牲放大电路的增益，并可能引入干扰。

5.5　多级放大电路的频率响应

5.5.1　多级放大电路频率特性的定性分析

在多级放大电路中含有多个三极管，因而在高频等效电路中有多个低通电路。在阻容耦合放大电路中，如有多个耦合电容或旁路电容，则在低频等效电路中就含有多个高通电路。

若放大电路由 n 级级联而成，那么总增益

$$\dot{A}_u = \prod_{k=1}^{n} \dot{A}_{uk} \tag{5.5-1}$$

因此，幅频特性和相频特性分别为

$$20\lg|\dot{A}_u| = 20\lg|\dot{A}_{u1}| + 20\lg|\dot{A}_{u2}| + \cdots + 20\lg|\dot{A}_{uk}| = \sum_{k=1}^{n} 20\lg|\dot{A}_{uk}| \tag{5.5-2}$$

$$\varphi = \varphi_1 + \varphi_2 + \cdots + \varphi_k = \sum_{k=1}^{n} \varphi_k \tag{5.5-3}$$

设组成两级放大电路的两个单管放大电路具有相同的频率响应，$\dot{A}_{u1} = \dot{A}_{u2}$；即它们的中频电压增益 $\dot{A}_{um1} = \dot{A}_{um2}$，下限频率 $f_{L1} = f_{L2}$，上限频率 $f_{H1} = f_{H2}$；故整个电路的中频电压增益为 $20\lg|\dot{A}_u| = 20\lg|\dot{A}_{um1} \cdot \dot{A}_{um2}| = 40\lg|\dot{A}_{um1}|$。当 $f = f_{L1}$ 时，$\dot{A}_{u1} = \dot{A}_{ul1}$，$\dot{A}_{ul1} = \dot{A}_{ul2}$，且 $|\dot{A}_{ul1}| = |\dot{A}_{ul2}| = \dfrac{|\dot{A}_{ul1}|}{\sqrt{2}}$，所以有 $20\lg|\dot{A}_u| = 40\lg|\dot{A}_{um1}| - 40\lg\sqrt{2}$，此时增益下降 6 dB，并且由于 $\dot{A}_{u1}$ 和 $\dot{A}_{u2}$ 均产生 $+45°$ 的附加相移，所以 $\dot{A}_u$ 产生 $+90°$ 附加相移。根据同样的分析可得，当 $f = f_{H1}$ 时，增益也下降 6 dB，且产生 $-90°$ 的附加相移。因此，两

级放大电路的波特图如图 5.5-1 所示。

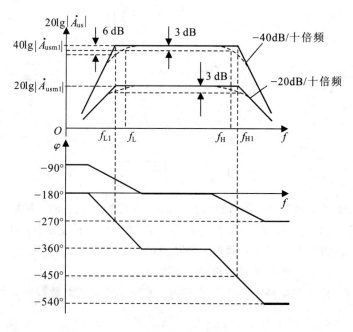

图 5.5-1　两级放大电路的波特图

　　根据截止频率的定义,在幅频特性中找到使增益下降 3 dB 的频率就是两级放大电路的下限频率 f_L 和上限频率 f_H,如图 5.5-1 中所标注。显然,$f_L > f_{L1}(f_{L2})$,$f_H < f_{H1}(f_{H2})$,因两级放大电路的通频带比组成它的单级放大电路窄。以上结论可推广到多级。

5.5.2　截止频率的估算

1. 下限截止频率 f_L

　　将低频电压放大倍数的表达式代入连乘式并取模,得出多级放大电路低频段的电压放大倍数为

$$| \dot{A}_{usl} | = \prod_{k=1}^{n} \frac{| \dot{A}_{usmk} |}{\sqrt{1 + (\frac{f_{LK}}{f})^2}} \qquad (5.5-4)$$

式中,K 代表级数,取值范围为 $1, 2, \cdots, n$。

　　根据 f_L 的定义,当 $f = f_L$ 时,下降 0.707 倍,即

$$| \dot{A}_{usl} | = \frac{\prod_{k=1}^{n} | \dot{A}_{usmk} |}{\sqrt{2}} \qquad (5.5-5)$$

则下限频率为

$$f_L \approx 1.1 \sqrt{\sum_{k=1}^{n} f_{LK}^2} \qquad (5.5-6)$$

2. 上限频率 f_H

　　将高频电压放大倍数的表达式代入连乘式并取模,得出多级放大电路高频段的电压放

大倍数为

$$|\dot{A}_{ush}| = \prod_{k=1}^{n} \frac{|\dot{A}_{usmk}|}{\sqrt{1 + \left(\frac{f}{f_{HK}}\right)^2}} \tag{5.5-7}$$

根据 f_H 的定义，当 $f = f_H$ 时，下降 0.707 倍，即

$$|\dot{A}_{ush}| = \prod_{k=1}^{n} \frac{|\dot{A}_{usmk}|}{\sqrt{2}} \tag{5.5-8}$$

则上限频率为

$$\frac{1}{f_H} \approx 1.1 \sqrt{\sum_{k=1}^{n} \frac{1}{f_{HK}^2}} \tag{5.5-9}$$

在实际的多级放大电路中，当各放大级的时间常数相差悬殊时，可取其主要作用的那一级作为估算的依据。若某级的下限频率远高于其他各级的下限频率，则可认为整个电路的下限频率就是该级的下限频率；同理，若某级的上限频率远低于其他各级的上限频率，则可认为整个电路的上限频率就是该级的上限频率。

【例 5.5-1】 已知某电路的各级均为共射极放大电路，其对数幅频特性如图 5.5-2 所示。试求解下限频率 f_L 和上限频率 f_H，以及电压放大倍数 $\dot{A}_u$。

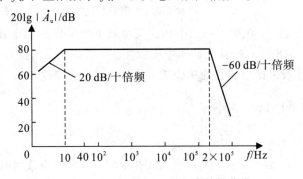

图 5.5-2 例 5.5-1 的频率特性曲线

解 分析图 5.5-2 的频率特性曲线可以得出：

(1) 频率特性曲线的低频段只有一个拐点，且低频段曲线斜率为 20 dB/ 十倍频，说明影响低频特性的只有一个电容，故电路的下限频率为 10 Hz。

(2) 频率特性曲线的高频段只有一个拐点，说明电路每一级的上限频率均为 2×10^5 Hz，且因高频段曲线斜率为 -60 dB/十倍频，说明影响高频特性的有三个电容，即电路为三级放大电路。根据 $\dfrac{1}{f_H} \approx 1.1 \sqrt{\sum\limits_{k=1}^{n} \dfrac{1}{f_{HK}^2}}$，可得上限频率为

$$f_H \approx 0.52 f_{H1} = (0.53 \times 2 \times 10^5) \text{ Hz} = 1.06 \times 10^5 \text{ Hz} = 106 \text{ kHz}$$

(3) 因各级均为共射极电路，所以在中频段输出电压与输入电压相位相反。因此，电压放大倍数为

$$\dot{A}_{us} = \dot{A}_{usm} \cdot \frac{j\dfrac{f}{f_{Ln}}}{1 + j\dfrac{f}{f_{Ln}}} \cdot \left(\frac{1}{1 + j\dfrac{f}{f_{Hn}}}\right)^3 = \frac{-10^3 j f}{\left(1 + j\dfrac{f}{10}\right)\left(1 + j\dfrac{f}{2 \times 10^5}\right)^3}$$

或

$$\dot{A}_{us} = \dot{A}_{usm} \cdot \frac{1}{1 + \dfrac{f_{Ln}}{jf}} \cdot \frac{1}{\left(1 + j\dfrac{f}{f_{Hn}}\right)^3} = \frac{-10^4}{\left(1 + \dfrac{10}{jf}\right)\left(1 + j\dfrac{f}{2 \times 10^5}\right)^3}$$

其中，$\dot{A}_{usm} = 10^4$，$f_{Ln} = 10$，$f_{Hn} = 2 \times 10^5$。

【**例 5.5 - 2**】　已知一个两级放大电路各级电压放大倍数分别为

$$\dot{A}_{u1} = \frac{\dot{U}_{o1}}{\dot{U}_i} = \frac{-25jf}{\left(1 + j\dfrac{f}{4}\right)\left(1 + j\dfrac{f}{10^5}\right)}，\ \dot{A}_{u2} = \frac{\dot{U}_o}{\dot{U}_{i2}} = \frac{-2jf}{\left(1 + j\dfrac{f}{50}\right)\left(1 + j\dfrac{f}{10^5}\right)}$$

(1) 写出该放大电路的表达式；

(2) 求出该电路的下限频率 f_L 和上限频率 f_H；

(3) 画出该电路的波特图。

解　(1) 电压放大电路的表达式为

$$\dot{A}_u = \dot{A}_{u1} \cdot \dot{A}_{u2} = \frac{-50f^2}{\left(1 + j\dfrac{f}{4}\right)\left(1 + j\dfrac{f}{50}\right)\left(1 + j\dfrac{f}{10^5}\right)^2}$$

(2) 下限频率 f_L 和上限频率 f_H 分别为

$$f_L \approx 50 \text{ Hz}$$

$$\frac{1}{f_H} \approx \frac{1}{1.1\sqrt{2} \times 10^5} \Rightarrow f_H \approx 64.3 \text{ kHz}$$

(3) 根据电压放大倍数的表达式可知，中频电压放大倍数为 10^4，增益为 80 dB。波特图如图 5.5 - 3 所示。

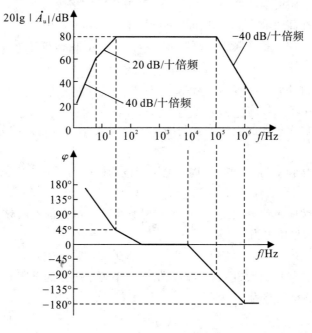

图 5.5 - 3　例 5.5 - 2 的波特图

本 章 小 结

频率响应描述放大电路对不同频率信号的放大能力。耦合电容和旁路电容所在回路为高通电路，在低频段使放大倍数的数值下降，且产生超前相移。极间电容所在回路为低通电路，在高频段使放大倍数的数值下降，且产生滞后相移。

在研究频率响应时，应采用三极管的高频等效模型。在晶体管高频等效模型中，极间电容等效为 C_π'。

放大电路的下限频率 f_L 和上限频率 f_H 决定于电容所在回路的时间常数 τ。通频带 $f_{BW} = f_H - f_L$。

多级放大电路的对数幅频响应等于各级对数幅频响应的代数和；总的附加相位差就是各级电路相位差的代数和。多级放大电路的通频带一定比它的任何一级都窄，级数越多，则 f_L 越高，f_H 越低，通频带越窄。

思考与练习

5-1 填空题：

(1) 小信号等效模型没有考虑电容的作用，认为电容呈现的电抗值为无穷大，其只适用于＿＿＿＿＿ 信号的分析。

(2) 增益是信号频率的函数，这种函数关系称为放大电路的 ＿＿＿＿＿＿＿＿＿＿ 或＿＿＿＿＿＿＿＿＿＿＿＿。

(3) 若一放大电路的电压增益为 100 dB，其电压放大倍数为＿＿＿＿＿＿＿＿＿＿＿＿。

(4) 放大电路在高频输入信号的作用下电压增益下降的原因是＿＿＿＿＿＿＿＿＿＿＿＿。

(5) 对于高通电路，频率越低，衰减越＿＿＿＿＿＿，相移越＿＿＿＿＿＿；对于低通电路，频率越高，衰减越＿＿＿＿＿＿，相移越＿＿＿＿＿＿。

(6) 在画频率特性曲线时常采用对数坐标，称为＿＿＿＿＿＿＿＿＿＿。

(7) 上下限频率之差称为＿＿＿＿＿＿＿＿＿，表达式为＿＿＿＿＿＿＿＿＿＿＿＿＿＿。

(8) 中频电压放大倍数的表达式与利用小信号 H 参数等效电路的分析结果＿＿＿＿＿＿。

5-2 选择题：

(1) 当输入信号频率为 f_L 或 f_H 时，电压增益的幅值约下降为中频时的＿＿＿＿＿＿。

A. 0.5   B. 0.7   C. 0.9

(2) 对于单级共射极放大电路，当输入信号频率等于电路的上限频率 f_H 时，输出电压 u_o 与输入电压 u_i 的相位差为＿＿＿＿＿＿。

A. $-225°$ B. $-45°$ C. $0°$ D. $+225°$

(3) 对于单级共射极放大电路，当输入信号频率等于电路的下限频率 f_L 时，输出电压 u_o 与输入电压 u_i 的相位差为＿＿＿＿＿＿。

A. $-135°$ B. $-45°$ C. $0°$ D. $+45°$

(4) 放大电路在高频信号作用时放大倍数数值下降的原因是＿＿＿＿＿＿，而低频信号作用时放大倍数数值下降的原因是＿＿＿＿＿＿。

A. 耦合电容和旁路电容的存在

B. 半导体管极间电容和分布电容的存在

C. 半导体管的非线性特性

D. 放大电路的静态工作点不合适

(5) 在单级阻容耦合放大电路的波特图中，高频区的斜率为_____，低频区的斜率为_____。

A. -20 dB/十倍频   B. -40 dB/十倍频

C. $+20$ dB/十倍频   D. $+40$ dB/十倍频

(6) 测试放大电路输出电压幅值和相位的变化，可以得到它的频率响应，条件是_____。

A. 输入电压幅值不变，改变频率   B. 输入电压频率不变，改变幅值

C. 输入电压幅值与频率同时变化

(7) 信号频率很低的场合最佳的解决办法是采用_____耦合方式。

A. 直接耦合   B. 阻容耦合

C. 变压器耦合   D. 光电耦合

5-3   判断题：

(1) 在中频段时，电路中无电抗元件，是纯阻性的，电压放大倍数与频率无关。（   ）

(2) 放大电路在低频段时，放大倍数幅值下降，产生滞后的附加相移。（   ）

(3) 放大电路的耦合电容是引起低频响应的主要原因，下限截止频率 f_L 主要由低频时间常数 τ_L 中较小的一个决定。（   ）

(4) 高通电路中当 $f = f_H$ 时，放大电路的增益下降 3 dB。（   ）

(5) 为了改善电路的高频特性和展宽频带可考虑采用共射极电路。（   ）

(6) 放大电路的通频带越宽越好。（   ）

(7) 多级放大电路的通频带比组成它的单级放大电路宽。（   ）

5-4   电路如题 5-4 图所示，已知晶体管的 $C_\mu = 4$ pF，$f_T = 50$ MHz，$r_{bb'} = 100\ \Omega$，$\beta_0 = 100$。

试求解：(1) 中频电压放大倍数 $\dot{A}_{usm}$；(2) C'_π；(3) f_H 和 f_L；(4) 画出波特图。

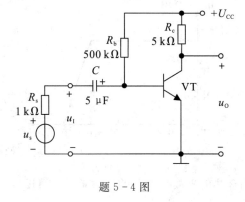

题 5-4 图

5-5   已知某电路的波特图如题 5-5 图所示，试写出 $\dot{A}_u$ 的表达式。

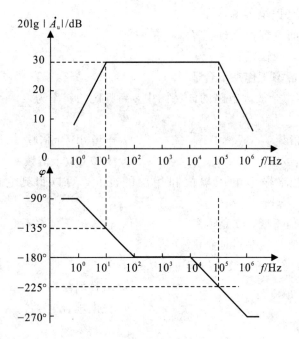

题 5 - 5 图

5 - 6　某放大电路的电压增益表达式为

$$\dot{A}_{us} \approx \frac{0.5f^2}{\left(1 + \dfrac{\mathrm{j}f}{2}\right)\left(1 + \dfrac{\mathrm{j}f}{100}\right)\left(1 + \dfrac{\mathrm{j}f}{10^5}\right)}$$

(1) 画出该放大电路的波特图;

(2) 由波特图确定 f_H、f_L 和 $\dot{A}_{usm}$。

5 - 7　已知某电路的幅频特性如题 5 - 7 图所示,试问:

(1) 该电路的耦合方式为何?

(2) 该电路由几级放大电路组成?

(3) 当 $f = 10^4$ Hz 时,附加相移为多少?当 $f = 10^5$ Hz 时,附加相移又约为多少?

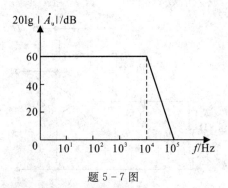

题 5 - 7 图

5-8　一单级阻容耦合共射极放大电路的通频带是 50 Hz ～ 50 kHz,中频电压增益为 $\dot{A}_{usm} = 40$ dB,最大不失真输出电压范围为 − 3 V ～ + 3 V。

（1）若输入一个 $u_i = 10\sin(4\pi \times 10^3 t)\,\text{mV}$ 的正弦信号，输出波形是否会产生频率和非线性失真？若不失真，则输出电压的峰值是多大？$\dot{U}_o$ 与 $\dot{U}_i$ 间的相位差是多少？

（2）若 $u_i = 40\sin(100\pi \times 10^3 t)\,\text{mV}$，重复回答（1）中的问题；

（3）若 $u_i = 10\sin(200\pi \times 10^3 t)\,\text{mV}$，输出波形是否会失真？

5 - 9　某单级阻容耦合共射极放大电路的中频电压增益为 40 dB，通频带是 20 Hz ～ 20 kHz，最大不失真输出电压范围为 -3 V ～$+3$ V。

（1）若输入电压信号为 $u_i = 20\sin(2\pi \times 10^3 t)\,\text{mV}$，输出电压的峰值是多少？输出波形是否会出现失真？

（2）若输入为非正弦波，其谐波频率范围为 1 kHz ～ 30 kHz，最大幅值为 50 mV。试问：输出信号是否会失真？若失真，属什么失真？

5 - 10　单级放大电路如题 5 - 10 图所示，已知 $I_C = 2.5$ mA，$\beta = 100$，$C_{b'c} = 4$ pF，$f_T = 500$ MHz，$r_{bb'} = 50\ \Omega$。试画出小信号等效电路图，并求放大电路的上限频率 f_H 和下限频率 f_L。

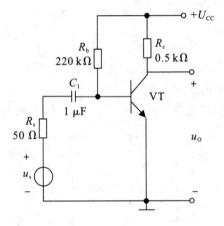

题 5 - 10 图

5 - 11　电路如题 5 - 11 图所示，已知 $C_{gs} = C_{gd} = 5$ pF，$g_m = 5$ mS，$C_1 = C_2 = C_s = 10\ \mu\text{F}$。试求 f_H、f_L，并写出 $\dot{A}_{us}$ 的表达式。

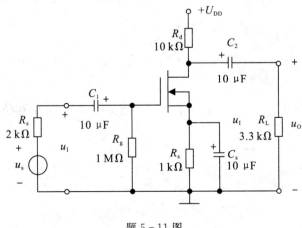

题 5 - 11 图

5-12　共射极单级放大电路如题 5-12 图所示，已知图中 $R_b = 470$ kΩ，晶体管的 $\beta = 50$，$r_{be} = 2$ kΩ，电路的中频电压增益 $20\lg|\dot{A}_{usm}| = 40$ dB，通频带范围为 10 Hz ~ 100 kHz。试：

（1）确定 R_c 的值。

（2）计算 C 的容量。

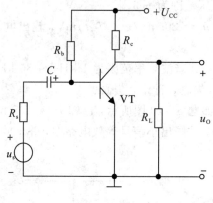

题 5-12 图

5-13　电路如题 5-13 图所示，试定性分析下列问题，并简述理由。

（1）哪一个电容决定电路的下限频率？

（2）若 VT_1 和 VT_2 静态时发射极电流相等，且 $r_{bb'}$ 和 C'_π 相等，则哪一级的上限频率低？

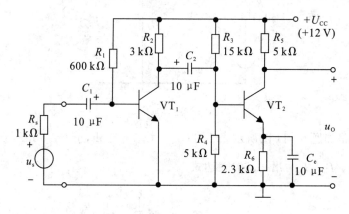

题 5-13 图

5-14　电路如题 5-14 图所示，已知晶体管的 $\beta = 50$，$r_{be} = 720$ Ω。

（1）估算电路的下限频率 f_L。

（2）若 $\dot{U}_{im} = 10$ mV，且 $f = f_L$，则 $\dot{U}_{om}$ 为何值？$\dot{U}_o$ 与 $\dot{U}_i$ 的相位差是多少？

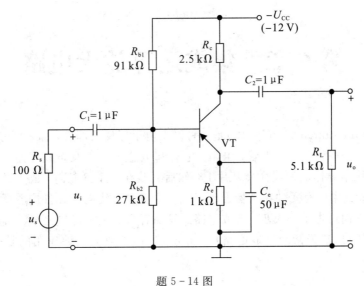

题 5 - 14 图

5-15　电路如题 5-14 图所示，已知晶体管的 $\beta = 40$，$r_{bb'} = 100\ \Omega$，$r_{b'e} = 1\ k\Omega$，$C_{b'e} = 100\ pF$，$C_{b'c} = 3\ pF$。

(1) 画出电路的高频小信号等效电路，求上限频率 f_H。

(2) 计算中频电压增益及增益带宽积。

(3) 如电阻 R_L 提高 10 倍，问：中频区电压增益、上限频率及增益带宽积各变化多少倍？

第6章　集成运算放大电路

集成电路(Integrated Circuit, IC)是一种微型电子器件或部件，即采用一定的工艺，把一个电路中所需的晶体管、二极管、电阻、电容和电感等元件及布线互连在一起，制作在一小块或几小块半导体晶片或介质基片上，然后封装在一个管壳内，成为具有所需电路功能的微型结构；其中所有元件在结构上已组成一个整体，使电子元件向着微小型化、低功耗和高可靠性方面迈进了一大步。集成电路的发明者为杰克·基尔比(基于硅的集成电路)和罗伯特·诺伊思(基于锗的集成电路)。当今半导体工业大多数应用的是基于硅的集成电路。

6.1　概　　述

集成电路是 20 世纪 60 年代初期发展起来的一种新型半导体器件。它是经过氧化、光刻、扩散、外延、蒸铝等半导体制造工艺，把构成具有一定功能的电路所需的半导体、电阻、电容等元件及它们之间的连接导线全部集成在一小块硅片上，然后焊接封装在一个管壳内的电子器件。其封装外壳有圆壳式、扁平式或双列直插式等多种形式，如图 6.1 - 1 所示。

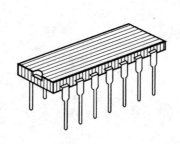

图 6.1 - 1　圆壳式、双列直插式集成电路的外形

6.1.1　集成电路制造工艺简介

在集成电路的生产过程中，在直径为 3～10 mm 的硅晶片上，可同时制造几百甚至几千个电路。人们称整个硅晶片为基片，称每一块电路为管芯，基片制成后，再经划片、压焊、测试、封装后成为产品。其典型的制备工艺有：

(1) 氧化：在温度为 800℃～1200℃ 的氧气中使半导体表面形成 SiO_2 薄层，以防止外界杂质的污染。

(2) 光刻与掩模：制作过程中所需的版图称为掩模，利用照相制版技术将掩模刻在硅片上称为光刻。

（3）扩散：在 1000℃ 左右的炉温下，将磷、砷或硼等元素的气体引入扩散炉，经一定时间形成杂质浓度一定的 N 型半导体或 P 型半导体。每次扩散完毕都要进行一次氧化，以保护硅片的表面。

（4）外延：在半导体基片上形成一个与基片结晶轴同晶向的半导体薄层，称为外延生长技术。所形成的薄层称为外延层，其作用是保证半导体表面性能均匀。

（5）蒸铝：在真空中将铝蒸发，沉积在硅片表面，为制造连线或引线作准备。

6.1.2　集成电路中的元件

虽然集成电路各元件均制作在一块硅片上，但各元件之间是相互绝缘的。常用的隔离技术有 PN 结隔离和介质隔离两种。

PN 结隔离技术是利用 PN 结反向偏置时具有很高电阻的特点，把元件所在 N 区或 P 区四周用 PN 结包围起来，使元件之间绝缘。PN 结隔离的优点是制造工艺简单，缺点是存在较大的寄生电容效应，影响电路的高频特性，因此只适用于工作电压不高、结构不太复杂的模拟和数字集成电路。

介质隔离采用 SiO_2 等介质材料，最大优点是不需外加偏置电压，且寄生电容小，但制造工艺复杂，成本高，一般用于电源电压较高、对隔离性能要求较高的模拟集成电路之中。

与分立元件相比，集成电路中的元件有如下特点：

（1）具有良好的对称性。由于元件在同一硅片上用相同的工艺制造，且因元件很密集而环境温度差别很小，所以元件的性能比较一致，而且同类元件温度对称性也较好。

（2）电阻与电容的数值有一定的限制。由于集成电路中电阻和电容要占用硅片的面积，且数值愈大，占用面积也愈大。因而不易制造大电阻和大电容。因此，电阻阻值范围为几十欧至几千欧，电容容量一般小于 100 pF。

（3）纵向晶体管的 β 值大，横向晶体管的 β 小，但 PN 结耐压高。

（4）用有源元件取代无源元件。由于纵向 NPN 型管占用硅片面积小且性能好，而电阻和电容占用硅片面积大且取值范围窄，因此，在集成电路的设计中尽量多采用 NPN 型管，而少用电阻和电容。

6.2　差分放大电路

差分放大电路利用电路参数的对称性有效地稳定静态工作点，以放大差模信号、抑制共模信号为显著特征，广泛应用于直接耦合电路、测量电路和集成运算放大器的输入级。

6.2.1　差分放大电路的组成

差分放大电路的基本组成如图 6.2−1 所示。

当 u_{I1} 与 u_{I2} 所加信号为大小相等极性相同的输入信号（称为共模信号）时，由于电路参数对称，VT_1 管和 VT_2 管所产生的电流变化相等，即 $\Delta i_{B1} = \Delta i_{B2}$，$\Delta i_{C1} = \Delta i_{C2}$；因此集电极电位的变化也相等，即 $\Delta u_{C1} = \Delta u_{C2}$。因为输出电压是 VT_1 管和 VT_2 管集电极电位差，所以输出电压 $u_O = u_{C1} - u_{C2} = 0$，说明差分放大电路对共模信号具有很强的抑制作用，在参数完全对称的情况下，共模输出为零。当 u_{I1} 与 u_{I2} 所加信号为大小相等极性相反的输入信

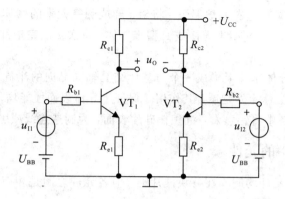

图 6.2-1 差分放大电路的基本组成

号（称为差模信号）时，由于 $\Delta u_{I1} = -\Delta u_{I2}$，又由于电路参数对称，$VT_1$ 管和 VT_2 管所产生的电流的变化大小相等而变化方向相反，即 $\Delta i_{B1} = -\Delta i_{B2}$，$\Delta i_{C1} = -\Delta i_{C2}$；因此集电极电位的变化也是大小相等变化方向相反，即 $\Delta u_{C1} = -\Delta u_{C2}$，这样得到的输出电压 $\Delta u_O = \Delta u_{C1} - \Delta u_{C2} = 2\Delta u_{C1}$，从而可以实现电压放大。但是，由于 R_{e1} 和 R_{e2} 的存在使电路的电压放大能力变差，当它们数值较大时，甚至不能放大。

差分放大电路又称为差动放大电路。所谓差动，是指只有当两个输入端 u_{I1} 与 u_{I2} 之间有差别（即变化量）时，输出电压才有变动（即变化量）的意思。对于差分放大电路的分析，多是在理想情况下，即电路参数理想对称情况下进行的。所谓电路参数理想对称，是指在对称位置的电阻值绝对相等，两只晶体管在任何温度下输入特性曲线与输出特性曲线都完全重合。应当指出，由于电阻的阻值误差各不相同，特别是晶体管特性的分散性，实际的电路参数不可能理想对称。

6.2.2 长尾式差分放大电路

研究差模输入信号作用时，根据 VT_1 管和 VT_2 管发射极电流的变化，不难发现，它们与基极电流一样，变化量的大小相等方向相反，即 $\Delta i_{E1} = -\Delta i_{E2}$。若将 VT_1 管和 VT_2 管发射极连在一起，将 R_{e1} 和 R_{e2} 合二而一，成为一个电阻 R_e，则在差模信号作用下 R_e 中的电流变化为零，也就是说 R_e 对差模信号相当于短路，因此大大提高了对差模信号的放大能力。

图 6.2-2 所示即长尾式差分放大电路，电路参数理想对称，$R_{b1} = R_{b2} = R_b$，$R_{c1} = R_{c2} = R_c$，VT_1 管和 VT_2 管的特性相同，$\beta_1 = \beta_2 = \beta$，$r_{be1} = r_{be2} = r_{be}$，$R_e$ 为公共的发射极电阻。

1. 静态分析

当输入信号 $u_{I1} = u_{I2} = 0$ 时，电阻 R_e 中的电流等于 VT_1 管和 VT_2 管的发射极电流之和，即 $I_{R_e} = I_{EQ1} + I_{EQ2} = 2I_{EQ}$，根据基极回路方程：

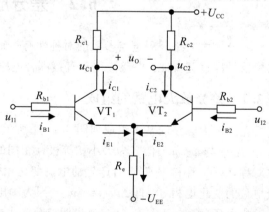

图 6.2-2 长尾式差分放大电路

$$I_{BQ}R_b + U_{BEQ} + 2I_{EQ}R_e = U_{EE} \tag{6.2-1}$$

可以求出基极电流 I_{BQ} 或发射极电流 I_{EQ}，从而解出静态工作点。在通常情况下，R_b 阻值很小，而且 I_{BQ} 也很小，所以 R_b 上的电压可忽略不计，发射极电位 $U_{EQ} \approx -U_{BEQ}$，因而发射极的静态电流为

$$I_{EQ} \approx \frac{U_{EE} - U_{BEQ}}{2R_e} \tag{6.2-2}$$

只要合理地选择 R_e 的阻值，并与电源 U_{EE} 相配合，就可以设置合适的静态工作点。由 I_{EQ} 可得 I_{BQ} 和 U_{CEQ}：

$$I_{BQ} = \frac{I_{EQ}}{1+\beta} \tag{6.2-3}$$

$$U_{CEQ} = U_{CQ} - U_{EQ} \approx U_{CC} - I_{CQ}R_C + U_{BEQ} \tag{6.2-4}$$

由于 $U_{CQ1} = U_{CQ2}$，所以 $U_O = U_{CQ1} - U_{CQ2} = 0$。

2. 对共模信号的抑制作用

从对差分放大电路组成的分析可知，电路参数的对称性起了相互补偿的作用，抑制了温度漂移。当电路输入共模信号时，如图 6.2-3 所示，基极电流和集电极电流的变化量相等，因此，集电极电位的变化也相等，从而使得输出电压 $u_O = 0$。由于电路参数的理想对称性，温度变化时管子的电流变化完全相同，故可以将温度漂移等效成共模信号，差分放大电路对共模信号有很强的抑制作用。

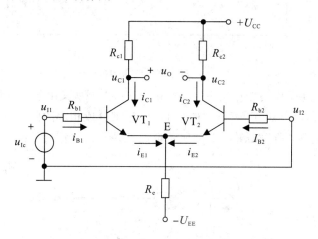

图 6.2-3　差分放大电路输入共模信号

实际上，差分放大电路对共模信号的抑制，不但利用了电路参数对称性所起的补偿作用，使两只晶体管的集电极电位变化相等；而且还利用了射极电阻 R_e 对共模信号的负反馈作用，抑制了每只晶体管集电极电流的变化，从而抑制集电极电位的变化。

从图 6.2-3 中可以看出，当共模信号作用于电路时，两只管子发射极电流的变化量相等，即 $\Delta i_{E1} = \Delta i_{E2} = \Delta i_E$；显然，$R_e$ 上电流的变化量为 2 倍的 Δi_E，因而发射极电位的变化量 $\Delta u_E = 2\Delta i_E R_e$。不难理解，$\Delta u_E$ 的变化方向与输入共模信号的变化方向相同，因而使 b-e 间电压的变化方向与之相反，导致基极电流变化，从而抑制了集电极电流的变化。为了描述差分放大电路对共模信号的抑制能力，引入一个新的参数 —— 共模放大倍数 A_c：

$$A_c = \frac{\Delta u_{Oc}}{\Delta u_{Ic}} \qquad\qquad (6.2-5)$$

式中，Δu_{Ic} 为共模输入电压，Δu_{Oc} 是 Δu_{Ic} 作用下的输出电压。它们可以是缓慢变化的信号，也可以是正弦交流信号。在图 6.2 - 2 所示差分放大电路中，在电路参数理想对称的情况下，$A_c = 0$。

3. 对差模信号的放大作用

当给差分放大电路输入一个差模信号 u_{Id} 时，由于电路参数的对称性，u_{Id} 经分压后，加在 VT_1 管一边的为 $+\dfrac{u_{Id}}{2}$，加在 VT_2 管一边的为 $-\dfrac{u_{Id}}{2}$，如图 6.2 - 4 所示。

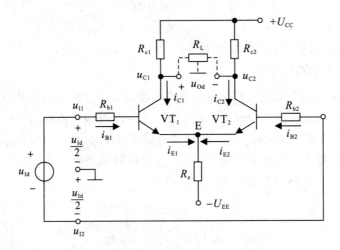

图 6.2 - 4　差分放大电路加差模信号

由于 E 点电位在差模信号作用下不变，相当于接"地"；又由于负载电阻的中点电位在差模信号作用下也不变，也相当于接"地"，因而 R_L 被分成相等的两部分，分别接在 VT_1 管和 VT_2 管的 c-e 之间，所以，图 6.2 - 4 所示电路在差模信号作用下的等效电路如图6.2 - 5 所示。

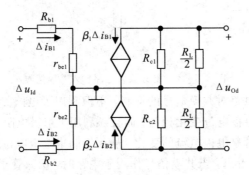

图 6.2 - 5　差模信号作用下的等效电路

输入差模信号时的放大倍数称为差模放大倍数，记作 A_d，定义为

$$A_d = \frac{\Delta u_{Od}}{\Delta u_{Id}} \qquad\qquad (6.2-6)$$

式中的 Δu_{Od} 是在 Δu_{Id} 作用下的输出电压。从图 6.2 - 5 可以看出：

$$\Delta u_{Id} = 2\Delta i_{B1}(R_b + r_{be})$$

$$\Delta u_{Od} = -2\Delta i_{C1}\left(R_c \ /\!/ \ \frac{R_L}{2}\right) \qquad (6.2-7)$$

$$A_d = -\frac{\beta\left(R_c \ /\!/ \ \dfrac{R_L}{2}\right)}{R_b + r_{be}} \qquad (6.2-8)$$

由此可见，虽然差分放大电路用了两只晶体管，但它的电压放大能力只相当于单管共射极放大电路。因而差分放大电路是以牺牲一只管子的放大倍数为代价，换取了低温漂的效果。根据输入电阻的定义，从图 6.2-5 可以看出：

$$R_i = 2(R_b + r_{be}) \qquad (6.2-9)$$

它是单管共射极放大电路输入电阻的两倍。

电路的输出电阻为

$$R_o = 2R_c \qquad (6.2-10)$$

也是单管共射极放大电路输出电阻的两倍。

为了综合考察差分放大电路对差模信号的放大能力和对共模信号的抑制能力，特引入了一个指标参数 —— 共模抑制比，记作 K_{CMR}，定义为

$$K_{CMR} = \left|\frac{A_d}{A_c}\right| \qquad (6.2-11)$$

其值愈大，说明电路性能愈好。对于图 6.2-2 所示电路，在电路参数理想对称的情况下，$K_{CMR} = \infty$。

4. 电压传输特性

放大电路输出电压与输入电压之间的关系曲线称为电压传输特性，即

$$u_O = f(u_I) \qquad (6.2-12)$$

将差模输入电压 u_{Id} 按图 6.2-4 接到输入端，并令其幅值由零逐渐增加时，输出端的 u_{Od} 也将出现相应的变化，画出二者的关系，如图 6.2-6 中的实线所示。可以看出，只有在中间一段二者才是线性关系，斜率就是式(6.2-8)所表示的差模电压放大倍数。当输入电压幅值过大时，输出电压就会产生失真，若再加大 u_{Id}，则 u_{Od} 将趋于不变，其数值取决于电源电压 U_{CC}。若改变 u_{Id} 的极性，则可得到另一条如图中虚线所示的曲线，它与实线完全对称。

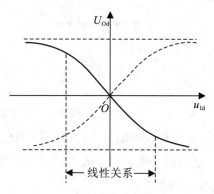

图 6.2-6　差分放大电路的电压传输特性

6.2.3　差分放大电路的四种接法

在图 6.2-2 所示电路中，输入端与输出端均没有接"地"点，称为双端输入、双端输出电路。在实际应用中，为了防止干扰，常将信号源的一端接地，或者将负载电阻的一端接地。根据输入端和输出端接地情况的不同，除上述双端输入、双端输出电路外，还有双端输入、单端输出，单端输入、双端输出和单端输入、单端输出，共四种接法。

1. 双端输入、单端输出电路

图 6.2-7 所示为双端输入、单端输出差分放大电路。与图 6.2-2 所示电路相比，仅输出方式不同，它的负载电阻 R_L 的一端接 VT_1 管的集电极，另一端接地，因而输出回路已不对称，故影响了静态工作点和动态参数。

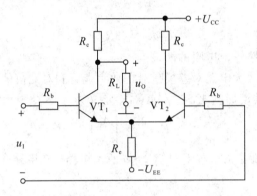

图 6.2-7　双端输入、单端输出差分放大电路

如图 6.2-8 所示，在差模信号作用时，由于 VT_1 管与 VT_2 管中电流大小相等方向相反，所以发射极相当于接地。输出电压 $\Delta u_{Od} = -\Delta i_C (R_c /\!/ R_L)$，输入电压 $\Delta u_{1d} = 2\Delta i_{B1}(R_b + r_{be})$，因此差模放大倍数为

$$A_d = \frac{\Delta u_{Od}}{\Delta u_{1d}} = -\frac{1}{2} \cdot \frac{\beta(R_c /\!/ R_L)}{R_b + r_{be}} \qquad (6.2-13)$$

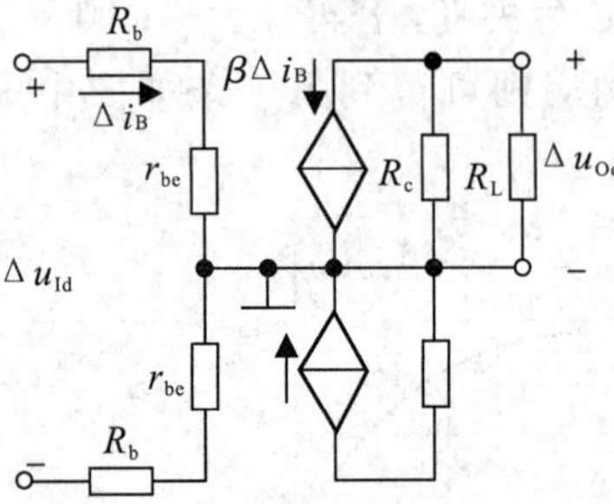

图 6.2-8　双端输入、单端输出电路对差模信号的等效电路

电路的输入回路没有变，所以输入电阻 R_i 仍为 $R_i = 2(R_b + r_{be})$。电路的输出电阻 R_o 为 R_c，是双端输出电路输出电阻的一半。如果输入差模信号极性不变，而输出信号取自 VT_2 管的集电极，则输出与输入同相。

当输入共模信号时，由于两边电路的输入信号大小相等极性相同，所以发射极电阻 R_e

上的电流变化量为 $2\Delta i_E$，发射极电位的变化量为 $\Delta u_E = 2\Delta i_E \cdot R_e$；对于每只管子而言，可以认为是 Δi_E 流过阻值为 $2R_e$ 的射极电阻，如图 6.2-9 所示。从图上可以求出：

$$A_c = \frac{\Delta u_{Oc}}{\Delta u_{Ic}} = -\frac{\beta(R_c /\!/ R_L)}{R_b + r_{be} + 2(1+\beta)R_e} \qquad (6.2-14)$$

共模抑制比为

$$K_{CMR} = \left|\frac{A_d}{A_c}\right| = \frac{R_b + r_{be} + 2(1+\beta)R_e}{2(R_b + r_{be})} \qquad (6.2-15)$$

从式(6.2-14)和式(6.2-15)可以看出，R_e 越大，A_c 越小，K_{CMR} 越大，电路性能也越好，可见，增大 R_e 是改善共模抑制比的基本措施。

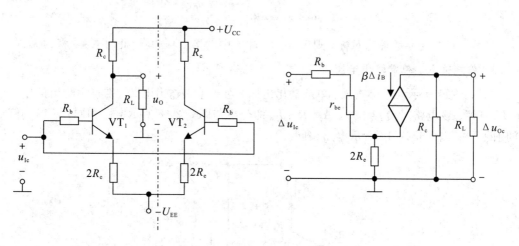

图 6.2-9 双端输入、单端输出电路输入共模信号及其等效电路

2. 单端输入、双端输出电路

图 6.2-10(a) 所示为单端输入、双端输出电路，两个输入端中有一个接地，输入信号加在另一端与地之间。因为电路对于差模信号是通过发射极相连的方式将 VT_1 管的发射极电流传递到 VT_2 管的发射极的，故称这种电路为射极耦合电路。为了说明这种输入方式的特点，不妨将输入信号进行如下的等效变换：在加信号一端，可将输入信号分为两个串联

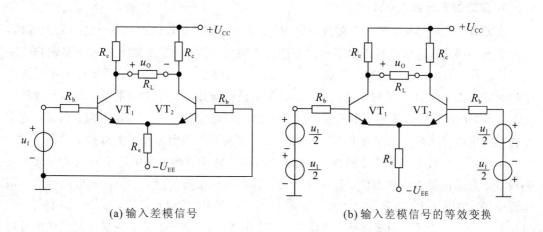

(a) 输入差模信号   (b) 输入差模信号的等效变换

图 6.2-10 单端输入、双端输出电路

的信号源，它们的数值均为 $\dfrac{u_1}{2}$，极性相同；在接地一端，也可等效为两个串联的信号源，它们的数值均为 $\dfrac{u_1}{2}$，但极性相反，如图 6.2-10(b) 所示。不难看出，左、右两边分别获得的差模信号为 $+\dfrac{u_1}{2}$，$-\dfrac{u_1}{2}$；但是与此同时，两边输入了 $+\dfrac{u_1}{2}$ 的共模信号。

可见，单端输入电路与双端输入电路的区别在于：在差模信号输入的同时，伴随着共模信号输入。因此，在共模放大倍数 A_c 不为零时，输出端不仅有差模信号作用而得到的差模输出电压，而且还有共模信号作用而得到的共模输出电压，即输出电压

$$\Delta u_O = A_d \Delta u_I + A_c \cdot \frac{u_1}{2} \tag{6.2-16}$$

当然，若电路参数理想对称，则 $A_c = 0$，即式中的第二项为 0，此时 K_{CMR} 将为无穷大。

3. 单端输入、单端输出电路

图 6.2-11 所示为单端输入、单端输出电路，对于单端输出电路，常将不输出信号一边的 R_c 省掉。该电路对 Q 点、A_d、A_c、R_i、R_o 的分析与图 6.2-8 所示电路相同，对输入信号作用的分析与图 6.2-10 所示电路相同。

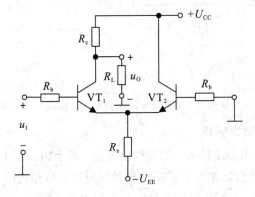

图 6.2-11　单端输入、单端输出电路

4. 改进型差分放大电路

在差分放大电路中，增大发射极电阻 R_e 的阻值，能够有效地抑制每一边电路的温漂，提高共模抑制比，这一点对于单端输出电路尤为重要。但一方面集成电路中不易制作大阻值电阻；另一方面，高的电源电压对于小信号放大电路也非常不合适。因此可采用恒流源电路来取代 R_e。晶体管工作在放大区时，其集电极电流几乎仅决定于基极电流而与管压降无关，当基极电流是一个不变的直流电流时，集电极电流就是一个恒定电流。因此，利用工作点稳定电路来取代 R_e，就得到了如图 6.2-12 所示具有恒流源的差分放大电路。

恒流源差分放大电路的分析在此从略，其作用是在不高的电源电压下既为差分放大电路设置了合适的静态工作电流，又大大增强了抑制共模信号的能力。恒流源电路可用一恒流源取代，如图 6.2-13 所示。在实际电路中，难以做到参数理想对称，常用一阻值很小的电位器加在两只管子发射极之间，见图 6.2-13 中的 R_W。调节电位器的滑动端位置便可使电路在 $u_{I1} = u_{I2} = 0$ 时 $u_O = 0$，所以常称 R_W 为调零电位器。应当指出，如果必须用大阻值

的 R_W 才能调零，则说明电路参数对称性太差，必须重新选择电路元件。

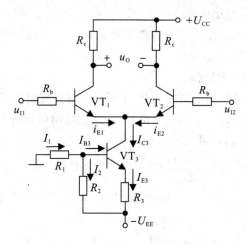

图 6.2-12 具有恒流源的差分放大电路

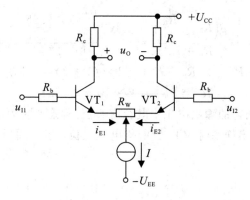

图 6.2-13 恒流源电路的简化画法及电路调零措施

为了获得高输入电阻的差分放大电路，可以将前面所讲电路中的差放管用场效应管取代，如图 6.2-14 所示。这种电路特别适于作直接耦合多级放大电路的输入级。通常情况下，可以认为其输入电阻为无穷大。场效应管差分放大电路也有四种接法，可以采用前面叙述的方法对四种接法进行分析，这里不再赘述。

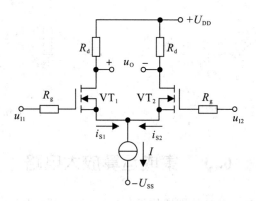

图 6.2-14 场效应管差分放大电路

【例 6.2 - 1】 电路如图 6.2 - 4 所示，已知 $R_b = 1 \text{ k}\Omega$，$R_c = 10 \text{ k}\Omega$，$R_L = 5.1 \text{ k}\Omega$，$U_{CC} = 12 \text{ V}$，$U_{EE} = 6 \text{ V}$；晶体管的 $\beta = 100$，$r_{be} = 2 \text{ k}\Omega$。

(1) 为使 VT_1 管和 VT_2 管的发射极静态电流为 0.5 mA，R_e 的取值应为多少？VT_1 管和 VT_2 管的管压降 U_{CEQ} 等于多少？

(2) 计算 A_u、R_i 和 R_o 的数值。

(3) 若将电路改成单端输出，如图 6.2 - 7 所示，用直流表测得输出电压 $u_O = 3 \text{ V}$，试问：输入电压 u_I 约为多少？设 $I_{EQ} = 0.5 \text{ mA}$，且共模输出电压可忽略不计。

解 (1) 据式(6.2 - 2)，则

$$R_e \approx \frac{U_{EE} - U_{BEQ}}{2I_{EQ}} = \frac{6 - 0.7}{2 \times 0.5} \text{ k}\Omega = 5.3 \text{ k}\Omega$$

$$U_{CQ} = U_{CC} - I_{CQ}R_e \approx 12 - 0.5 \times 10 = 7 \text{ V}$$

根据式(6.2 - 4)，则

$$U_{CEQ} = U_{CQ} - U_{EQ} \approx 7 + 0.7 = 7.7 \text{ V}$$

(2) 计算出动态参数：

$$A_u = -\frac{\beta\left(R_c \mathbin{/\mkern-5mu/} \dfrac{R_L}{2}\right)}{R_b + r_{be}} = -\frac{100 \times \dfrac{10 \times 2.55}{10 + 2.55}}{1 + 2} \approx -68$$

$$R_i = 2(R_b + r_{be}) = 2 \times (1 + 2) = 6 \text{ k}\Omega$$

$$R_o = 2R_c = 2 \times 10 = 20 \text{ k}\Omega$$

(3) 由于用直流表测得的输出电压中既含有直流(静态)量又含有变化量(信号作用的结果)，所以首先应计算出静态时 VT_1 管的集电极电位，然后用所测电压减去静态电位就可得到动态电压，所以

$$U_{CQ1} = \frac{R_L}{R_c + R_L} U_{CC} - I_{CQ}(R_c \mathbin{/\mkern-5mu/} R_L)$$

$$= \frac{5.1}{10 + 5.1} \times 12 - 0.5 \times \frac{10 \times 5.1}{10 + 5.1}$$

$$\approx 2.36 \text{ V}$$

$$\Delta u_O = u_O - U_{CQ1} \approx 3 - 2.36 = 0.64 \text{ V}$$

已知 Δu_O，且共模输出电压可忽略不计，因而若能计算差模电压放大倍数，就可以得出输入电压的数值。

$$A_d = -\frac{1}{2} \cdot \frac{\beta(R_c \mathbin{/\mkern-5mu/} R_L)}{R_b + r_{be}} = -\frac{1}{2} \cdot \frac{100 \times \dfrac{10 \times 5.1}{10 + 5.1}}{1 + 2} \approx -56$$

所以输入电压

$$\Delta u_I \approx \frac{\Delta u_O}{A_d} = \frac{0.64}{-56} \approx 0.0114 \text{ V} = -11.4 \text{ mV}$$

6.3 集成运算放大电路

集成放大电路最初多用于各种模拟信号的运算(如比例、求和、求差、积分、微分)上，故被称为集成运算放大电路，简称集成运放。集成运放广泛用于模拟信号的处理和发生电

路之中，因其高性能、低价位，在大多数情况下，已经取代了分立元件放大电路。

6.3.1　集成运算放大电路的结构特点与组成

1. 集成运算放大电路的结构特点

在集成运放电路中，相邻元器件的参数具有良好的一致性；纵向晶体管的 β 大，横向晶体管的耐压高；电阻的阻值和电容的容量均有一定的限制；便于制作互补式 MOS 电路等特点。这些特点就使得集成放大电路与分立元件放大电路在结构上有较大的差别。观察它们的电路图可以发现，后者除放大管外，其余元件多为电阻、电容、电感等；而前者以晶体管和场效应管为主要元件，电阻与电容的数量很少。归纳起来，集成运放有如下特点：

（1）因为硅片上不能制作大电容，所以集成运放均采用直接耦合方式。

（2）因为相邻元件具有良好的对称性，而且受环境温度和干扰等影响后的变化也相同，所以集成运放中大量采用各种差分放大电路（作输入级）和恒流源电路（作偏置电路或有源负载）。

（3）因为制作不同形式的集成电路，只是所用掩模不同，增加元器件并不增加制造工序，所以集成运放允许采用复杂的电路形式，以达到提高各方面性能的目的。

（4）因为硅片上不宜制作高阻值电阻，所以在集成运放中常用有源元件（晶体管或场效应管）取代电阻。

（5）集成晶体管和场效应管因制作工艺不同，性能上有较大差异，所以在集成运放中常采用复合形式，以得到各方面性能俱佳的效果。

2. 集成运算放大电路的组成

集成运放电路由四部分组成，包括输入级、中间级、输出级和偏置电路，如图 6.3-1 所示。

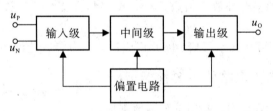

图 6.3-1　集成运放电路方框图

（1）输入级：又称前置级，它往往是一个双端输入的高性能差分放大电路。一般要求其输入电阻高，差模放大倍数大，抑制共模信号的能力强，静态电流小。输入级的好坏直接影响集成运放的大多数性能参数，如输入电阻、共模抑制比等。

（2）中间级：是整个放大电路的主放大器，其作用是使集成运放具有较强的放大能力，多采用共射（或共源）放大电路。而且为了提高电压放大倍数，经常采用复合管作放大管，以恒流源作集电极负载。其电压放大倍数可达千倍以上。

（3）输出级：应具有输出电压线性范围宽、输出电阻小（即带负载能力强）、非线性失真小等特点。集成运放的输出级多采用互补对称输出电路。

（4）偏置电路：用于设置集成运放各级放大电路的静态工作点。与分立元件不同，集成运放采用电流源电路为各级提供合适的集电极（或发射极、漏极）静态工作电流，从而确定了合适的静态工作点。

6.3.2 集成运算放大电路的电压传输特性

集成运放的两个输入端分别为同相输入端和反相输入端,这里的"同相"和"反相"是指运放的输入电压与输出电压之间的相位关系,其符号如图6.3-2(a)所示。从外部看,可以认为集成运放是一个双端输入、单端输出、具有高差模放大倍数、高输入电阻、低输出电阻、能较好地抑制温漂的差动放大电路。

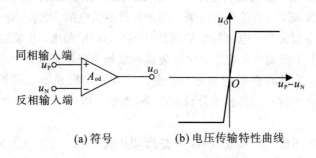

(a)符号   (b)电压传输特性曲线

图6.3-2 集成运放的符号和电压传输特性曲线

集成运放的输出电压 u_O 与输入电压(即同相输入端与反相输入端之间的差值电压)之间的关系曲线称为电压传输特性,即

$$u_O = f(u_P - u_N) \tag{6.3-1}$$

对于正、负两路电源供电的集成运放,电压传输特性曲线如图6.3-2(b)所示。从图示曲线可以看出,集成运放有线性放大区域(称为线性区)和饱和区域(称为非线性区)两部分。在线性区,曲线的斜率为电压放大倍数;在非线性区,输出电压只有两种可能的情况,$+U_{OM}$ 或 $-U_{OM}$。由于集成运放放大的对象是差模信号,而且没有通过外电路引入反馈,故称其电压放大倍数为差模开环放大倍数,记作 A_{od},因而当集成运放工作在线性区时:

$$u_O = A_{od}(u_P - u_N) \tag{6.3-2}$$

通常 A_{od} 非常高,可达几十万倍,因此集成运放电压传输特性中的线性区非常之窄。

6.3.3 集成运算放大电路的主要性能指标

在考察集成运放的性能时,常用下列参数来描述:

(1)开环差模增益 A_{od}。在集成运放无外加反馈时的差模放大倍数称为开环差模增益,记作 A_{od}。$A_{od} = \Delta u_O / \Delta(u_P - u_N)$,常用分贝(dB)表示,其分贝数为 $20\lg|A_{od}|$。通用型集成运放的 A_{od} 通常在 10^5 左右,即 100 dB 左右。

(2)共模抑制比 K_{CMR}。共模抑制比等于差模放大倍数与共模放大倍数之比的绝对值,即 $K_{CMR} = |A_{od}/A_{oc}|$,也常用分贝表示,其数值为 $20\lg K_{CMR}$。

(3)差模输入电阻 r_{id}。r_{id} 是集成运放在输入差模信号时的输入电阻。r_{id} 越大,从信号源索取的电流越小。

(4)输入失调电压 U_{IO} 及其温漂 dU_{IO}/dt。由于集成运放的输入级电路参数不可能绝对对称,所以当输入电压为零时,u_O 并不为零。U_{IO} 是使输出电压为零时在输入端所加的补偿电压,其数值是 $u_I = 0$ 时,输出电压折合到输入端电压的负值,即 $U_{IO} = -\dfrac{U_O|_{u_I=0}}{A_{od}}$。

U_{IO} 越小，表明电路参数对称性愈好。对于有外接调零电位器的运放，可以通过改变电位器滑动端的位置使得零输入时输出为零。

dU_{IO}/dt 是 U_{IO} 的温度系数，是衡量运放温漂的重要参数，其值越小，表明运放的温漂越小。

（5）输入失调电流 I_{IO} 及其温漂 dI_{IO}/dt。I_{IO} 反映输入级差放管输入电流的不对称程度。dI_{IO}/dt 与 dU_{IO}/dt 的含义类似，只不过研究的对象为 I_{IO}。显然，I_{IO} 和 dI_{IO}/dt 越小，运放的质量愈好。

（6）输入偏置电流 I_{IB}。I_{IB} 是输入级差放管的基极（栅极）偏置电流的平均值，I_{IB} 越小，信号源内阻对集成运放静态工作点的影响也就越小，而且通常 I_{IB} 愈小，I_{IO} 也愈小。

（7）最大共模输入电压 U_{Icmax}。U_{Icmax} 为输入级能正常工作的情况下允许输入的最大共模信号。当共模输入电压高于此时，集成运放便不能对差模信号进行放大。因此，实际应用时，要特别注意输入信号中共模信号部分的大小。

（8）最大差模输入电压 U_{Idmax}。当集成运放所加差模信号大到一定程度时，输入级至少有一个 PN 结承受反向电压，U_{Idmax} 是不至于使 PN 结反向击穿所允许的最大差模输入电压。当输入电压大于此值时，输入级将损坏。运放中 NPN 型管的 b-e 间耐压值只有几伏，而横向 PNP 型管的 b-e 间耐压值可达几十伏。

（9）−3 dB 带宽 f_H。f_H 是使 A_{od} 下降 3 dB（即下降到约 0.707 倍）时的信号频率。由于集成运放中，晶体管（或场效应管）数目较多，因而极间电容就较多；又因为那么多元件制作在一小块硅片上，分布电容和寄生电容也较多；因此，当信号频率升高时，这些电容的容抗变小，使信号受到损失，导致 A_{od} 数值下降且产生相移。应当指出，在实用电路中，因为引入负反馈，展宽了频带，所以上限频率可达数百千赫以上。

（10）单位增益带宽 f_c。f_c 是使 A_{od} 下降到零分贝（即 $A_{od}=1$，失去电压放大能力）时的信号频率。

（11）转换速率 SR。$SR = |du_O/dt|_{max}$，表示集成运放对信号变化速度的适应能力，是衡量运放在大幅值信号作用时工作速度的参数，常用每微秒输出电压变化多少伏来表示。当输入信号变化斜率的绝对值小于 SR 时，输出电压才能按线性规律变化。信号幅值越大、频率越高，要求集成运放的 SR 也就越大。

在近似分析时，常把集成运放理想化。理想运放的 A_{od}、K_{CMR}、r_{id}、f_H 等参数值均为无穷大，而 U_{IO}、dU_{IO}/dt、I_{IO}、dI_{IO}/dt、I_{IB} 等参数值均为零。

6.3.4　集成运算放大电路的低频等效电路

在分立元件放大电路的交流通路中，若用晶体管、场效应管的交流等效模型取代管子，则电路的分析与一般线性电路完全相同。同理，如果在集成运放应用电路中用运放的等效模型取代运放，那么电路的分析也将与线性电路完全相同。但是，如果在运放电路中将所有管子都用其等效模型取代去构造运放的模型，那么势必使等效电路非常复杂。因此，人们常构造集成运放的宏模型，即在一定的精度范围内，构造一个等效电路，使之与运放（或其他复杂电路）的输入端口和输出端口的特性相同或相似。

图 6.3-3 所示为集成运放的低频等效电路，对于输入回路，考虑了差模输入电阻 r_{id}、偏置电流 I_{IB}、失调电压 U_{IO} 和失调电流 I_{IO} 等四个参数；对于输出回路，考虑了差模输出电

压 u_{Od}，共模输出电压 u_{Oc} 和输出电阻 r_o 等三个参数。显然，图示电路中没有考虑管子的结电容及分布电容、寄生电容等的影响，因此，只适用于输入信号频率不高情况下的电路分析。

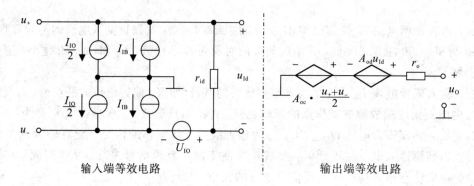

輸入端等效电路　　　　　　　　　　　　　　　输出端等效电路

图 6.3-3　集成运放的低频等效电路

　　如果仅研究对输入信号（即差模信号）的放大问题，而不考虑失调因素对电路的影响，那么可用简化的集成运放低频等效电路，如图 6.3-4 所示。这时，从运放输入端看进去，等效为一个电阻 r_{id}；从输出端看进去，等效为一个电压 u_I（即 $u_P - u_N$）控制的电压源 $A_{od}u_I$，内阻为 r_o。若将集成运放理想化，则 $r_o = 0$。

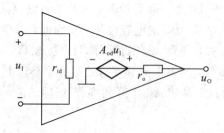

图 6.3-4　简化的集成运放低频等效电路

6.3.5　集成运算放大电路中的电流源电路

　　集成运放电路中的晶体管和场效应管，除了作为放大管外，还构成电流源电路，为各级提供合适的静态电流，或作为有源负载取代高阻值的电阻，从而增大放大电路的电压放大倍数。本节将介绍常见的电流源电路。

1. 镜像电流源电路

　　图 6.3-5所示为镜像电流源电路，它由两只特性完全相同的管子 VT_0 和 VT_1 构成，由于 VT_0 的管压降 U_{CE0} 与其 b-e 间电压 U_{BE0} 相等，从而保证 VT_0 工作在放大状态，因而它的集电极电流 $I_{C0} = \beta_0 I_{B0}$。图中 VT_0 和 VT_1 的 b-e 间电压相等，所以它们的基极电流 $I_{B0} = I_{B1} = I_B$，而由于电流放大系数 $\beta_0 = \beta_1 = \beta$，集电极电流 $I_{C0} = I_{C1} = I_C = \beta I_B$。可见，由于电路的这种特殊接法，

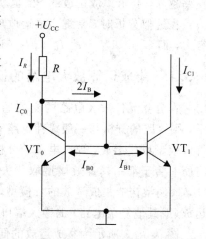

图 6.3-5　镜像电流源电路

使 I_{C1} 和 I_{C0} 呈镜像关系，故称此电路为镜像电流源电路。I_{C1} 为输出电流。

电阻 R 中的电流为基准电流，其表达式为

$$I_R = \frac{U_{CC} - U_{BE}}{R} = I_C + 2I_B = I_C + 2 \cdot \frac{I_C}{\beta}$$

所以集电极电流为

$$I_C = \frac{\beta}{\beta + 2} \cdot I_R \qquad (6.3-3)$$

当 $\beta \gg 2$，输出电流为

$$I_{C1} \approx I_R = \frac{U_{CC} - U_{BE}}{R} \qquad (6.3-4)$$

集成运放中纵向晶体管的 β 均在百倍以上，因而式(6.3-4)成立。当 U_{CC} 和 R 的数值一定时，I_{C1} 也就随之确定了。

镜像电流源电路简单，应用广泛。但是，在电源电压 U_{CC} 一定的情况下，若要求 I_{C1} 较大，则根据式(6.3-4)，I_R 势必增大，R 的功耗也就增大，这是集成电路中应当避免的。若要求 I_{C1} 很小，则 I_R 势必也小，R 的数值必然很大，这在集成电路中是很难做到的。

2. 比例电流源电路

比例电流源电路改变了镜像电流源中 $I_{C1} \approx I_R$ 的关系，而使 I_{C1} 可以大于或小于 I_R，与 I_R 成比例关系，从而克服镜像电流源的上述缺点，其电路见图 6.3-6 所示。

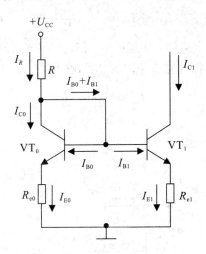

图 6.3-6 比例电流源电路

从电路可知：

$$U_{BE0} + I_{E0}R_{e0} = U_{BE1} + I_{E1}R_{e1} \qquad (6.3-5)$$

根据晶体管发射结电压与发射极电流的近似关系可得

$$U_{BE} \approx U_T \ln \frac{I_E}{I_S}$$

由于 VT_0 与 VT_1 的特性完全相同，所以

$$U_{BE0} - U_{BE1} \approx U_T \ln \frac{I_{E0}}{I_{E1}}$$

代入式(6.3-5)，整理可得

$$I_{E1}R_{e1} \approx I_{E0}R_{e0} + U_T \ln \frac{I_{E0}}{I_{E1}}$$

当 $\beta \gg 2$ 时，$I_{C0} \approx I_{E0} \approx I_R$，$I_{C1} \approx I_{E1}$，所以

$$I_{C1} \approx \frac{R_{e0}}{R_{e1}}I_R + \frac{U_T}{R_{e1}}\ln \frac{I_R}{I_{c1}} \tag{6.3-6}$$

在一定的取值范围内，若式(6.3-6)中的对数项可忽略，则

$$I_{C1} \approx \frac{R_{e0}}{R_{e1}}I_R \tag{6.3-7}$$

可见，只要改变 R_{e0} 和 R_{e1} 的阻值，就可以改变 I_{C1} 和 I_R 的比例关系。式中基准电流：

$$I_R \approx \frac{U_{CC} - U_{BE0}}{R + R_{e0}} \tag{6.3-8}$$

与典型的静态工作点稳定电路一样，R_{e0} 和 R_{e1} 是电流负反馈电阻，因此，与镜像电流源比较，比例电流源的输出电流 I_{C1} 具有更高的温度稳定性。

3. 微电流源电路

集成运放输入级放大管的集电极(发射极)静态电流很小，往往只有几十微安，甚至更小。为了只采用阻值较小的电阻，而又获得较小的输出电流 I_{C1}，可以将比例电流源中 R_{e0} 的阻值减小到零，便得到如图 6.3-7 所示的微电流源电路。显然，当 $\beta \gg 1$ 时，VT_1 管集电极电流为

$$I_{C1} \approx I_{E1} = \frac{U_{BE0} - U_{BE1}}{R_e} \tag{6.3-9}$$

式中，$(U_{BE0} - U_{BE1})$ 只有几十毫伏，甚至更小，因此，只要几千欧的 R_e，就可得到几十微安的 I_{C1}。图中 VT_1 与 VT_0 特性完全相同，根据式(6.3-6)可得

$$I_{C1} \approx \frac{U_T}{R_e}\ln \frac{I_R}{I_{c1}} \tag{6.3-10}$$

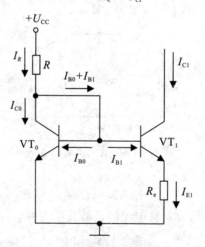

图 6.3-7　微电流源电路

在已知 R_e 的情况下，式(6.3-10)对 I_{C1} 而言是超越方程，可以通过图解法或累试法解出 I_{C1}。式中基准电流：

$$I_R \approx \frac{U_{CC} - U_{BE0}}{R} \tag{6.3-11}$$

4. 威尔逊电流源电路

图 6.3 - 8 所示电路为威尔逊电流源电路，I_{C2} 为输出电流。VT_1 管的 c - e 串联在 VT_2 管的发射极，其作用与典型工作点稳定电路中的 R_e 相同。因为 c - e 间等效电阻非常大，所以可使 I_{C2} 高度稳定。图中 VT_0、VT_1 和 VT_2 管特性完全相同，因而 $\beta_0 = \beta_1 = \beta_2 = \beta$，$I_{C1} = I_{C0} = I_C$。

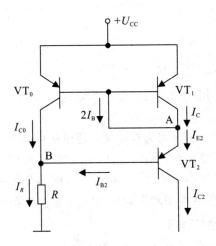

图 6.3 - 8　威尔逊电流源电路

根据各管的电流可知，A 点的电流方程为

$$I_{E2} = I_C + 2I_B = I_C + \frac{2I_C}{\beta}$$

所以

$$I_C = \frac{\beta}{\beta + 2}I_{E2} = \frac{\beta}{\beta + 2} \cdot \frac{1 + \beta}{\beta}I_{C2} = \frac{\beta + 1}{\beta + 2}I_{C2}$$

在 B 点，

$$I_R = I_{B2} + I_C = \frac{I_{C2}}{\beta} + \frac{\beta + 1}{\beta + 2}I_{C2} = \frac{\beta^2 + 2\beta + 2}{\beta^2 + 2\beta}I_{C2}$$

整理可得

$$I_{C2} = \left(1 - \frac{2}{\beta^2 + 2\beta + 2}\right)I_R \approx I_R \qquad (6.3 - 12)$$

当 $\beta = 10$ 时，$I_{C2} \approx 0.984I_R$，可见，在 β 很小时也可认为 $I_{C2} \approx I_R$，I_{C2} 受基极电流影响很小。

6.4　集成运算放大电路的线性应用 —— 基本运算电路

利用集成运放作为放大电路，引入各种不同的反馈，就可以构成具有不同功能的实用电路。在分析各种实用电路时，通常都将集成运放的性能指标理想化，即将其看成理想运放。尽管集成运放的应用电路多种多样，但就其工作区域而言，却只有两个：线性区和非线性区。

6.4.1 理想运算放大器的两个工作区

1. 理想运放的性能指标

集成运放的理想化参数有：

（1）开环差模增益（放大倍数）$A_{od} = \infty$；

（2）差模输入电阻 $R_{id} = \infty$；

（3）输出电阻 $R_o = 0$；

（4）共模抑制比 $K_{CMR} = \infty$；

（5）上限截止频率 $f_H = \infty$；

（6）失调电压 U_{OI}、失调电流 I_{OI} 和它们的温漂 $dU_{OI}/dT(℃)$、$dI_{OI}/dT(℃)$ 均为零，且无任何内部噪声。

实际上，集成运放的技术指标均为有限值，理想化后必然带来分析误差。但是，在一般的工程计算中，这些误差都是允许的。而且，随着新型运放的不断出现，性能指标越来越接近理想，误差也就越来越小。因此，只有在进行误差分析时，才考虑实际运放有限的增益、带宽、共模抑制比、输入电阻和失调因素等所带来的影响。

2. 理想运放工作在线性工作区

设集成运放同相输入端和反相输入端的电位分别为 u_P、u_N，电流分别为 i_P、i_N。当集成运放工作在线性区时，输出电压应与输入差模电压成线性关系，即应满足 $u_O = A_{od}(u_P - u_N)$。由于 u_O 为有限值，对于理想运放 $A_{od} = \infty$，因而净输入电压 $u_P - u_N = 0$，即

$$u_P = u_N \tag{6.4-1}$$

称两个输入端"虚短路"。所谓虚短路，是指集成运放的两个输入端电位无穷接近，但又不是真正短路的特点。因为净输入电压为零，又因为理想运放的输入电阻为无穷大，所以两个输入端的输入电流也均为零，即

$$i_P = i_N \tag{6.4-2}$$

换言之，从集成运放输入端看进去相当于断路，称两个输入端"虚断路"。所谓虚断路，是指集成运放两个输入端的电流趋于零，但又不是真正断路的特点。应当特别指出，"虚短"和"虚断"是非常重要的概念。对于运放工作在线性区的应用电路，"虚短"和"虚断"是分析其输入信号和输出信号关系的两个基本出发点。当然，只有电路引入负反馈，才能保证集成运放工作在线性区，如图 6.4-1 所示，这是集成运放工作在线性区的特征（关于反馈的问题将在第 7 章中讲解，在此可不必理解）。

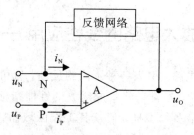

图 6.4-1 集成运放引入负反馈

3. 理想运放工作在非线性工作区

在电路中，若集成运放不是处于开环状态（即没有引入反馈），就是只引入了正反馈，则表明集成运放工作在非线性区。

对于理想运放，由于差模增益无穷大，只要同相输入端与反相输入端之间有无穷小的差值电压，输出电压就将达到正的最大值或负的最大值，即输出电压 u_O 与输入电压 $(u_P - u_N)$ 不再是线性关系，称集成运放工作在非线性工作区，其电压传输特性如图 6.4-2 所示。

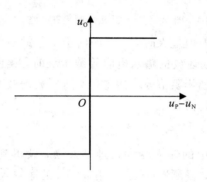

图 6.4-2　集成运放工作在非线性区时的电压传输特性

理想运放工作在非线性区的两个特点：

（1）输出电压 u_O 只有两种可能的情况，即 $\pm U_{OM}$。当 $u_P > u_N$ 时，$u_O = +U_{OM}$，当 $u_P < u_N$ 时，$u_O = -U_{OM}$。

（2）由于理想运放的差模输入电阻无穷大，故净输入电流为零，即 $i_P = i_N = 0$。可见，理想运放仍具有"虚断"的特点，但其净输入电压不再为零，而取决于电路的输入信号。对于运放工作在非线性区的应用电路，上述两个特点是分析其输入信号和输出信号关系的基本出发点。

6.4.2　比例运算电路

1. 反相比例运算电路

反相比例运算电路如图 6.4-3 所示。输入电压 u_I 通过电阻 R 作用于集成运放的反相输入端，故输出电压 u_O 与 u_I 反相。电阻 R_f 跨接在集成运放的输出端和反相输入端。同相输入端通过电阻 R' 接地，R' 为补偿电阻，以保证集成运放输入级差分放大电路的对称性；其值为 $u_I = 0$（即将输入端接地）时反相输入端的总等效电阻，即各支路电阻的并联，所以 $R' = R /\!/ R_f$。由于理想运放的净输入电压和净输入电流均为零，故 R' 中电流为零，所以 $u_P - u_N = 0$，$i_P - i_N = 0$。集成运放两个输入端的电位均为零，但由于它们并没有接地，故称之为"虚地"。节点 N 的电流方程为 $i_R = i_F$，即 $\dfrac{u_I - u_N}{R} = \dfrac{u_N - u_O}{R_f}$。由于 N 点为虚地，整理得出

$$u_O = -\frac{R_f}{R} u_I \tag{6.4-3}$$

u_O 与 u_I 成比例关系，比例系数为 $-\dfrac{R_f}{R}$，负号表示 u_O 与 u_I 反相。比例系数的数值可以

是大于、等于和小于 1 的任何值。

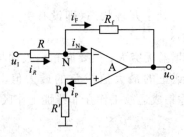

图 6.4 - 3 反相比例运算电路

实际上，当电路中电阻取值过大时，一方面由于工艺的原因，电阻的稳定性差且噪声大；另一方面，当阻值与集成运放的输入电阻等数量级时，比例系数会发生较大变化，其值将不只取决于反馈网络。使用阻值较小的电阻，达到数值较大的比例系数，并且具有较大的输入电阻，是实际应用的需要。

2. 同相比例运算电路

将图 6.4 - 3 所示电路中的输入端和接地端互换，就得到同相比例运算电路，如图 6.4 - 4 所示。根据"虚短"和"虚断"的概念，集成运放的净输入电压为零，即

$$u_P - u_N = u_I \tag{6.4 - 4}$$

净输入电流为零，因而 $i_R = i_F$，即 $\dfrac{u_N - 0}{R} = \dfrac{u_N - u_O}{R_f}$，可得

$$u_O = \left(1 + \frac{R_f}{R}\right)u_I \tag{6.4 - 5}$$

式(6.4 - 5)表明 u_O 与 u_I 同相且 u_O 大于 u_I。

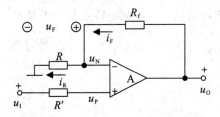

图 6.4 - 4 同相比例运算电路

3. 电压跟随器

在同相比例运算电路中，若将输出电压全部反馈到反相输入端，就构成图 6.4 - 5 所示的电压跟随器。

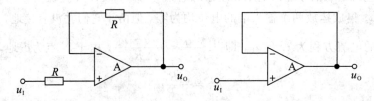

图 6.4 - 5 电压跟随器

由于 $u_O = u_P = u_N$，故输出电压与输入电压的关系为

$$u_O = u_I \qquad\qquad (6.4-6)$$

理想运放的开环差模增益为无穷大，因而电压跟随器具有比射极输出器好得多的跟随特性。

综上所述，对于单一信号作用的运算电路，在分析运算关系时，应首先列出关键节点的电流方程(所谓关键节点，是指那些与输入电压和输出电压产生关系的节点，如 N 和 P 点)；然后根据"虚短"和"虚断"的原则，进行整理，即可得输出电压和输入电压的运算关系。

【**例 6.4-1**】　电路如图 6.4-6 所示，已知 $R_2 \gg R_4$，试求解 $R_1 = R_2$ 时 u_O 与 u_I 的比例系数。

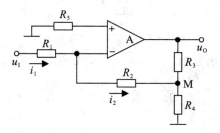

图 6.4-6　例 6.4-1 电路图

解　由于 $u_N = u_P = 0$，有

$$i_2 = i_1 = -\frac{u_I}{R_1}$$

M 点的电位

$$u_M = -i_2 \cdot R_2 = -\frac{R_2}{R_1} u_I$$

由于 $R_2 \gg R_4$，可以认为

$$u_O \approx \left(1 + \frac{R_3}{R_4}\right) u_M$$

$$u_O \approx -\frac{R_2}{R_1}\left(1 + \frac{R_3}{R_4}\right) u_I$$

在上式中，由于 $R_1 = R_2$，故 $u_O = u_I$ 的关系式为

$$u_O \approx -\left(1 + \frac{R_3}{R_4}\right) u_I$$

所以比例系数约为 $-(1 + R_3/R_4)$。

6.4.3　加法和减法运算电路

实现多个输入信号按各自不同的比例求和或求差的电路统称为加减运算电路。若所有输入信号均作用于集成运放的同一个输入端，则实现加法运算；若一部分输入信号作用于集成运放的同相输入端，而另一部分输入信号作用于反相输入端，则实现加减运算。

1. 反相求和运算电路

反相求和运算电路的多个输入信号均作用于集成运放的反相输入端，如图 6.4-7

所示。

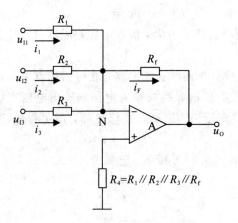

图 6.4 - 7   反相求和运算电路

根据"虚短"和"虚断"的原则，$u_P = u_N = 0$，节点 N 的电流方程为 $i_1 + i_2 + i_3 = i_F$，即

$$\frac{u_{I1}}{R_1} + \frac{u_{I2}}{R_2} + \frac{u_{I3}}{R_3} = -\frac{u_O}{R_f}$$

所以 u_O 的表达式为

$$u_O = -R_f\left(\frac{u_{I1}}{R_1} + \frac{u_{I2}}{R_2} + \frac{u_{I3}}{R_3}\right) \qquad (6.4-7)$$

从反相求和运算电路的分析中可知，每个输入端的输入电阻各不相同，因此，各信号源所提供的输入电流也就各不相同。

2. 同相求和运算电路

当多个输入信号同时作用于集成运放的同相输入端时，就构成同相求和运算电路，如图 6.4 - 8 所示。

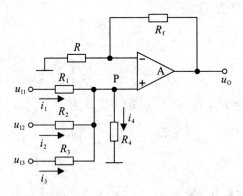

图 6.4 - 8   同相求和运算电路

节点 P 的电流方程为 $i_1 + i_2 + i_3 = i_4$，即

$$\frac{u_{I1} - u_P}{R_1} + \frac{u_{I2} - u_P}{R_2} + \frac{u_{I3} - u_P}{R_3} = \frac{u_P}{R_4}$$

整理可得

$$\left(\frac{1}{R_1} + \frac{1}{R_2} + \frac{1}{R_3} + \frac{1}{R_4}\right)u_P = \frac{u_{I1}}{R_1} + \frac{u_{I2}}{R_2} + \frac{u_{I3}}{R_3}$$

所以同相输入端电位为

$$u_P = R_P\left(\frac{u_{I1}}{R_1} + \frac{u_{I2}}{R_2} + \frac{u_{I3}}{R_3}\right) \qquad (6.4-8)$$

其中，$R_P = R_1 /\!/ R_2 /\!/ R_3 /\!/ R_4$。

$$\begin{aligned}
u_O &= \left(1 + \frac{R_f}{R}\right)u_P \\
&= \left(1 + \frac{R_f}{R}\right) \cdot R_P\left(\frac{u_{I1}}{R_1} + \frac{u_{I2}}{R_2} + \frac{u_{I3}}{R_3}\right) \\
&= \left(\frac{R + R_f}{RR_f}\right)R_f \cdot R_P\left(\frac{u_{I1}}{R_1} + \frac{u_{I2}}{R_2} + \frac{u_{I3}}{R_3}\right) \\
&= R_f \cdot \frac{R_P}{R_N}\left(\frac{u_{I1}}{R_1} + \frac{u_{I2}}{R_2} + \frac{u_{I3}}{R_3}\right)
\end{aligned} \qquad (6.4-9)$$

其中，$R_N = R /\!/ R_f$，若 $R_N = R_P$，则

$$u_O = R_f\left(\frac{u_{I1}}{R_1} + \frac{u_{I2}}{R_2} + \frac{u_{I3}}{R_3}\right) \qquad (6.4-10)$$

　　式(6.4-10)与式(6.4-7)相比，仅符号不同。应当说明，只有在 $R_N = R_P$ 的条件下，式(6.4-10)才成立，否则应利用式(6.4-9)求解。若 $R /\!/ R_f = R_1 /\!/ R_2 /\!/ R_3$，则可省去 R_4。

3. 加减运算电路

　　由比例运算电路、求和运算电路的分析可知，输出电压与同相输入端信号电压极性相同，与反相输入端信号电压极性相反，因而如果多个信号同时作用于两个输入端，那么必然可以实现加减运算。

　　图 6.4-9 所示为四个输入的加减运算电路，表示反相输入端各信号作用和同相输入端各信号作用的电路分别如图 6.4-10(a) 和 (b) 所示。

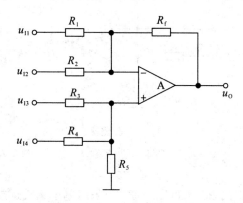

图 6.4-9　加减运算电路

图 6.4-10(a) 所示电路为反相求和运算电路，故输出电压为

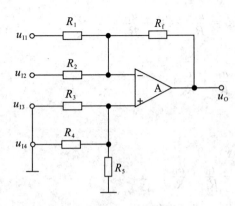 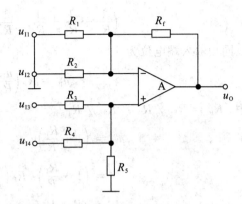

(a) 反相输入端作用时的等效电路   (b) 同相输入端作用时的等效电路

图 6.4 - 10   利用叠加原理求解加减运算电路

$$u_{O1} = -R_f\left(\frac{u_{I1}}{R_1} + \frac{u_{I2}}{R_2}\right)$$

图 6.4 - 10(b) 所示电路为同相求和运算电路，若 $R_1 \parallel R_2 \parallel R_f = R_3 \parallel R_4 \parallel R_5$，则输出电压为

$$u_{O2} = R_f\left(\frac{u_{I3}}{R_3} + \frac{u_{I4}}{R_4}\right)$$

因此，所有输入信号同时作用时的输出电压为

$$u_O = u_{O1} + u_{O2} = R_f\left(\frac{u_{I3}}{R_3} + \frac{u_{I4}}{R_4} - \frac{u_{I1}}{R_1} - \frac{u_{I2}}{R_2}\right) \tag{6.4 - 11}$$

若电路只有两个输入端，且参数对称，如图 6.4 - 11 所示，则

$$u_O = \frac{R_f}{R}(u_{I2} - u_{I1}) \tag{6.4 - 12}$$

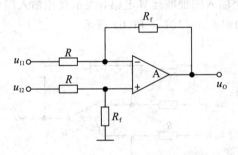

图 6.4 - 11   差分比例运算电路

【例 6.4 - 2】   设计一个运算电路，要求输出电压和输入电压的运算关系式为 $u_O = 10u_{I1} - 5u_{I2} - 4u_{I3}$。

解   根据已知的运算关系式，可以知道，当采用单个集成运放构成电路时，u_{I1} 应作用于同相输入端，而 u_{I2} 和 u_{I3} 应作用于反相输入端，电路如图 6.4 - 7 所示。选取 $R_f = 100$ kΩ，若 $R_3 \parallel R_2 \parallel R_f = R_1 \parallel R_4$，则

$$u_O = R_f\left(\frac{u_{I1}}{R_1} - \frac{u_{I2}}{R_2} - \frac{u_{I3}}{R_3}\right)$$

因为 $R_f/R_1 = 10$，故 $R_1 = 10$ kΩ；因为 $R_f/R_2 = 5$，故 $R_2 = 20$ kΩ；因为 $R_f/R_3 = 4$，

故 $R_3 = 25\ \text{k}\Omega$。

$$\frac{1}{R_4} = \frac{1}{R_2} + \frac{1}{R_3} + \frac{1}{R_f} - \frac{1}{R_1} = \left(\frac{1}{20} + \frac{1}{25} + \frac{1}{100} - \frac{1}{10}\right)\text{ms} = 0\ \text{ms}$$

故可省去 R_4。所设计电路如图 6.4－12 所示。

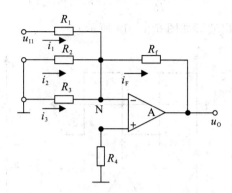

图 6.4－12　例 6.4－2 所设计运算电路

6.4.4　积分和微分运算电路

积分运算和微分运算互为逆运算。在自控系统中，常用积分电路和微分电路作为调节环节；此外，它们还广泛应用于波形的产生和变换以及仪器仪表之中。以集成运放作为放大电路，利用电阻和电容作为反馈网络，可以实现这两种运算电路。

1. 积分运算电路

在图 6.4－13 所示积分运算电路中，由于集成运放的同相输入端通过 R' 接地，$u_P = u_N = 0$，为"虚地"。电路中，电容 C 中电流等于电阻 R 中电流：

$$i_C = i_R = \frac{u_I}{R}$$

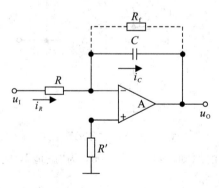

图 6.4－13　积分运算电路

输出电压与电容上电压的关系为 $u_O = -u_C$，而电容上电压等于其电流的积分，故

$$u_O = -\frac{1}{C}\int i_C \mathrm{d}t = -\frac{1}{RC}\int u_I \mathrm{d}t \tag{6.4－13}$$

在求解 t_1 到 t_2 时间段的积分值时：

$$u_O = -\frac{1}{RC}\int_{t_1}^{t_2} u_1 dt + u_O(t_1) \tag{6.4-14}$$

其中，$u_O(t_1)$ 为积分起始时刻的输出电压。当 u_1 为常量时，

$$u_O = -\frac{1}{RC}u_1(t_2 - t_1) + u_O(t_1) \tag{6.4-15}$$

不同信号作用下的输入输出波形如图 6.4-14 所示。

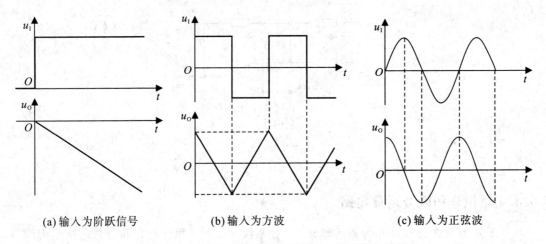

    (a) 输入为阶跃信号   (b) 输入为方波   (c) 输入为正弦波

图 6.4-14 积分运算电路在不同输入情况下的波形

在实用电路中，为了防止低频信号增益过大，常在电容上并联一个电阻加以限制，如图 6.4-13 中虚线所示。

2. 微分运算电路

基本微分运算电路如图 6.4-15 所示。

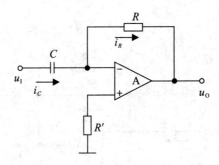

图 6.4-15 微分运算电路

根据"虚短"和"虚断"的原则，$u_P = u_N = 0$，为"虚地"，电容两端电压 $u_C = u_1$。因而 $i_C = i_R = C\dfrac{du_1}{dt}$，输出电压：

$$u_O = -i_R R = RC\frac{du_1}{dt} \tag{6.4-16}$$

输出电压与输入电压的变化率成比例。

微分运算电路的输入、输出波形如图 6.4-16 所示。

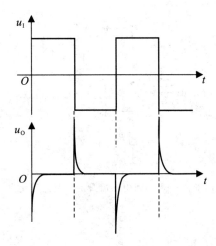

图 6.4 - 16　微分运算电路的输入、输出波形

6.4.5　对数和指数运算电路

利用 PN 结伏安特性所具有的指数规律,将二极管或者三极管分别接入集成运放的反馈回路和输入回路,可以实现对数运算和指数运算。

1. 对数运算电路

图 6.4 - 17 所示为采用二极管的对数运算电路,为使二极管导通,输入电压 $u_I > 0$。根据半导体基础知识可知,二极管的正向电流与其端电压的近似关系为 $i_D \approx I_s e^{\frac{u_D}{U_T}}$,因而,$u_D \approx U_T \ln \dfrac{i_D}{I_s}$。由于 $u_P = u_N = 0$,为"虚地",则 $i_D = i_R = \dfrac{u_I}{R}$。根据以上分析可得输出电压为

$$u_O = -u_D \approx -U_T \ln \frac{u_I}{I_s R} \tag{6.4-17}$$

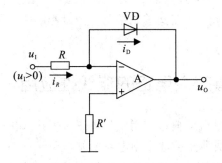

图 6.4 - 17　对数运算电路

式(6.4 - 17)表明,运算关系与 U_T 和 I_s 有关,因而运算精度受温度的影响。而且,二极管在电流较小时内部载流子的复合运动不可忽略,在电流较大时内阻不可忽略。所以,仅在一定的电流范围才满足指数特性。为了扩大输入电压的动态范围,实用电路中常用三极管取代二极管,如图 6.4 - 18 所示。

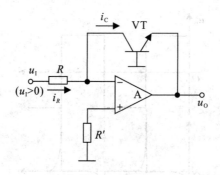

图 6.4 - 18　利用三极管的对数运算电路

2. 指数运算电路

指数运算电路如图 6.4 - 19 所示。

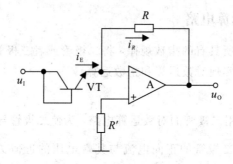

图 6.4 - 19　指数运算电路

因为集成运放反相输入端为虚地，所以 $u_{BE} = u_I$，$i_R = i_E \approx I_s e^{\frac{u_1}{U_T}}$，输出电压为

$$u_O = - i_R R = I_s e^{\frac{u_1}{U_T}} R \tag{6.4 - 18}$$

为使晶体管导通，$u_1 > 0$，且只能在发射结导通电压范围内，故其变化范围很小。同时，从式(6.4 - 18)可以看出，由于运算结果与受温度影响较大的 I_s 有关，因而指数运算的精度也与温度有关。

6.5　集成运算放大电路的非线性应用 —— 电压比较器

理想运算放大器非线性区的典型应用就是电压比较器。电压比较器是对输入信号进行鉴幅与比较的电路，是组成非正弦波发生电路的基本单元电路，在测量和控制中有着相当广泛的应用。本节主要讲述各种电压比较器的特点及电压传输特性，同时阐明电压比较器的组成特点和分析方法。

6.5.1　单限比较器

1. 过零比较器

过零比较器，顾名思义，其阈值比较电压 $U_T = 0$，电路如图 6.5 - 1(a) 所示。

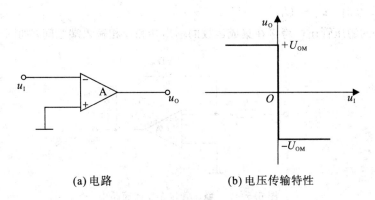

(a) 电路　　　　　　(b) 电压传输特性

图 6.5-1　过零比较器及其电压传输特性

集成运放工作在开环状态，其输出电压为 $+U_{OM}$ 或 $-U_{OM}$。当输入电压 $u_I < 0$ 时，$U_O = +U_{OM}$；当 $u_I > 0$ 时，$U_O = -U_{OM}$。因此，电压传输特性如图 6.5-1(b) 所示。若想获得 u_O 跃变方向相反的电压传输特性，则应在图 6.5-1(a) 所示电路中将反相输入端接地，而在同相输入端接输入电压。

为了限制集成运放的差模输入电压，保护其输入级，可加二极管限幅电路，如图 6.5-2 所示。

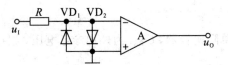

图 6.5-2　电压比较器输入级的保护电路

在实用电路中为了满足负载的需要，常在集成运放的输出端加稳压管限幅电路，从而获得合适的 U_{OL} 和 U_{OH}，如图 6.5-3(a) 所示。

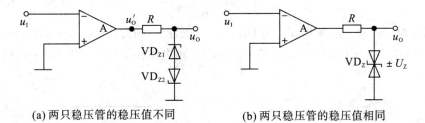

(a) 两只稳压管的稳压值不同　　　　(b) 两只稳压管的稳压值相同

图 6.5-3　电压比较器的输出限幅电路

图中 R 为限流电阻，两只稳压管的稳定电压均应小于集成运放的最大输出电压 U_{OM}。设稳压管 VD_{Z1} 的稳定电压为 U_{Z1}，VD_{Z2} 的稳定电压为 U_{Z2}，VD_{Z1} 和 VD_{Z2} 的正向导通电压均为 U_D。

当 $u_I < 0$ 时，由于集成运放的输出电压 $u_O' = +U_{OM}$，使 VD_{Z1} 工作在稳压状态，VD_{Z2} 工作在正向导通状态，所以输出电压 $u_O = U_{OH} = +(U_{Z1} + U_D)$。当 $u_I > 0$ 时，由于集成运放的输出电压 $u_O' = -U_{OM}$，使 VD_{Z2} 工作在稳压状态，VD_{Z1} 工作在正向导通状态，所以输出电压 $u_O = U_{OL} = -(U_{Z2} + U_D)$。若要求 $U_{Z1} = U_{Z2}$，则可以采用两只特性相同而又制作在一起的稳压管，其符号如图 6.5-3(b) 所示，稳定电压标为 $\pm U_Z$。当 $u_I < 0$ 时，$u_O = U_{OH} =$

$+U_Z$；当 $u_I > 0$ 时，$u_O = U_{OL} = -U_Z$。

限幅电路的稳压管还可跨接在集成运放的输出端和反相输入端之间，如图 6.5 - 4 所示。

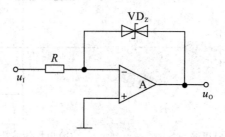

图 6.5 - 4　稳压管接在反馈通路中

假设稳压管截止，则集成运放必然工作在开环状态，输出电压不是 $+U_{OM}$，就是 $-U_{OM}$。这样，必将导致稳压管击穿而工作在稳压状态，VD_Z 构成负反馈通路，使反相输入端为"虚地"，限流电阻上的电流 i_R 等于稳压管的电流 i_Z，输出电压 $u_O = +U_Z$。这种电路的优点是：一方面，由于集成运放的净输入电压和净输入电流均近似为零，从而保护了输入级；另一方面，由于集成运放并没有工作在非线性区，因而在输入电压过零时，其内部的晶体管不需要从截止区逐渐进入饱和区，或从饱和区逐渐进入截止区，所以提高了输出电压的变化速度。

2. 单限比较器

图 6.5 - 5(a) 所示为单限比较器，U_{REF} 为外加参考电压。根据叠加定理，集成运放反相输入端的电位为

$$u_N = \frac{R_1}{R_1 + R_2} u_I + \frac{R_2}{R_1 + R_2} U_{REF}$$

令 $u_P = u_N = 0$，则求出阈值电压：

$$U_T = -\frac{R_2}{R_1} U_{REF} \tag{6.5-1}$$

当 $u_I < U_T$ 时，$u_N < u_P$，所以 $u_O' = +U_{OM}$，$u_O = U_{OH} = +U_Z$；当 $u_I > U_T$ 时，$u_N > u_P$，所以 $u_O' = -U_{OM}$，$u_O = U_{OL} = -U_Z$。若 $U_{REF} < 0$，则电压传输特性如图 6.5 - 5(b) 所示。

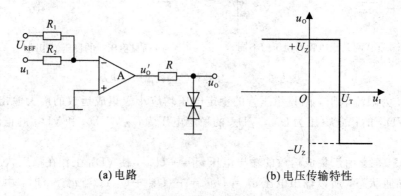

(a) 电路　　　　　　　　　　　　(b) 电压传输特性

图 6.5 - 5　单限比较器及其电压传输特性

根据式 (6.5-1) 可知，只要改变参考电压的大小和极性，以及电阻 R_1 和 R_2 的阻值，就

可以改变阈值电压的大小和极性。若要改变 u_I 过 U_T 时 u_O 的跃变方向，则应将集成运放的同相输入端和反相输入端所接外电路互换。

6.5.2　滞回比较器

在单限比较器中，输入电压在阈值电压附近的任何微小变化，都将引起输出电压的跃变，不管这种微小变化是来源于输入信号还是外部干扰。因此，虽然单限比较器很灵敏，但是抗干扰能力差。滞回比较器具有滞回特性，即具有惯性，因而也就具有一定的抗干扰能力。从反相输入端输入的滞回比较器电路如图 6.5-6(a) 所示。

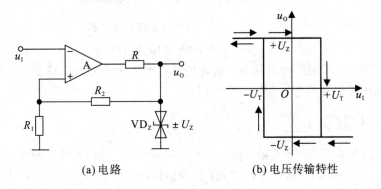

(a) 电路　　　　　　　　　　　(b) 电压传输特性

图 6.5-6　滞回比较器及其电压传输特性

从集成运放输出端的限幅电路可以看出，$u_O = +U_Z$。集成运放反相输入端电位 $u_N = u_I$，同相输入端电位 $u_P = \pm \dfrac{R_1}{R_1 + R_2} U_Z$，令 $u_N = u_P$，求出的 u_I 就是阈值电压，因此得出

$$\pm U_T = \pm \frac{R_1}{R_1 + R_2} U_Z \tag{6.5-2}$$

输出电压在输入电压 u_I 等于阈值电压时是如何变化的呢？假设 $u_I < -U_T$，那么 u_N 一定小于 u_P，因而 $u_O = +U_Z$，所以 $u_P = +U_T$。只有当输入电压 u_I 增大到 $+U_T$，再增大一个无穷小量时，输出电压 u_O 才会从 $+U_Z$ 跃变为 $-U_Z$。同理，假设 $u_I > +U_T$，那么 u_N 一定大于 u_P，因而 $u_O = -U_Z$，所以 $u_P = -U_T$。只有当输入电压 u_I 减小到 $-U_T$，再减小一个无穷小量时，输出电压 u_O 才会从 $-U_Z$ 跃变为 $+U_Z$。可见，u_O 从 $+U_Z$ 跃变为 $-U_Z$ 和 u_O 从 $-U_Z$ 跃变为 $+U_Z$ 的阈值电压是不同的，电压传输特性如图 6.5-6(b) 所示。

从电压传输特性曲线上可以看出，当 $-U_T < u_I < U_T$ 时，u_O 可能是 $+U_Z$，也可能是 $-U_Z$。如果 u_I 是从小于 $-U_T$ 的值逐渐增大到 $-U_T < u_I < U_T$，那么 u_O 应为 $+U_Z$；如果 u_I 是从大于 $+U_T$ 的值逐渐减小到 $-U_T < u_I < U_T$，那么 u_O 应为 $-U_Z$；曲线具有方向性，如图 6.5-6(b) 中所标注。

若将电阻 R_1 的接地端接参考电压 U_{REF}，如图 6.5-7(a) 所示，则同相输入的电位 $u_P = \dfrac{R_2}{R_1 + R_2} U_{REF} \pm \dfrac{R_1}{R_1 + R_2} U_Z$，令 $u_N = u_P$，求出的 u_I 就是阈值电压，因此得出

$$U_{T1} = \frac{R_2}{R_1 + R_2} U_{REF} - \frac{R_1}{R_1 + R_2} U_Z$$

$$U_{T2} = \frac{R_2}{R_1 + R_2} U_{REF} + \frac{R_1}{R_1 + R_2} U_Z \tag{6.5-3}$$

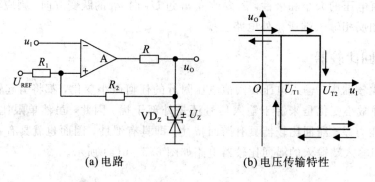

(a) 电路　　　　　　　　(b) 电压传输特性

图 6.5 - 7　　加了参考电压的滞回比较器

当 $U_{REF} > 0$ 时，图 6.5-7(a) 所示电路的电压传输特性如图 6.5-7(b) 所示。改变参考电压的大小和极性，滞回比较器的电压传输特性将产生水平方向的移动；改变稳压管的稳定电压可使电压传输特性产生垂直方向的移动。

6.5.3　窗口比较器

单限比较器和滞回比较器在输入电压单一方向变化时，输出电压只跃变一次，因而不能检测出输入电压是否在两个给定电压之间，而窗口比较器具有这一功能。图 6.48(a) 所示为一种双限比较器，外加参考电压 $U_{RH} > U_{RL}$，电阻 R_1、R_2 和稳压管 VD_Z 构成限幅电路。

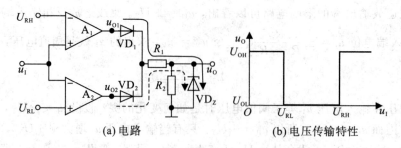

(a) 电路　　　　　　　　(b) 电压传输特性

图 6.5 - 8　　双限比较器及其电压传输特性

当输入电压 u_I 大于 U_{RH} 时，必然大于 U_{RL}，所以集成运放 A_1 的输出 $u_{O1} = +U_{OM}$，A_2 的输出 $u_{O2} = -U_{OM}$。使得二极管 VD_1 导通，VD_2 截止，电流通路如图 6.5-8(a) 中实线所标注，稳压管 VD_Z 工作在稳压状态，输出电压 $u_O = +U_Z$。

当 u_I 小于 U_{RL} 时，必然小于 U_{RH}，所以 A_1 的输出 $u_{O1} = -U_{OM}$，A_2 的输出 $u_{O2} = +U_{OM}$。因此 VD_2 导通，VD_1 截止，电流通路如图 6.5-8(a) 中虚线所标注，VD_Z 工作在稳压状态，输出电压 $u_O = +U_Z$。

当 $U_{RL} < u_I < U_{RH}$ 时，$u_{O1} = u_{O2} = -U_{OM}$，所以 VD_1 和 VD_2 均截止，稳压管 VD_Z 截止，$u_O = 0$。

U_{RH} 和 U_{RL} 分别为比较器的两个阈值电压，设 U_{RH} 和 U_{RL} 均大于零，则电压传输特性如图 6.5-8(b) 所示。

通过以上三种电压比较器的分析，可得出如下结论：

(1) 在电压比较器中，集成运放多工作在非线性区，输出电压只有高电平和低电平两种可能的情况。

（2）一般用电压传输特性来描述输出电压与输入电压的函数关系。

（3）电压传输特性的三个要素是输出电压的高、低电平，阈值电压和输出电压的跃变方向。输出电压的高、低电平决定于限幅电路；令 $u_N = u_P$ 所求出的 u_I 就是阈值电压；u_I 等于阈值电压时，输出电压的跃变方向决定于输入电压作用于同相输入端还是反相输入端。

6.5.4　集成电压比较器

电压比较器可将模拟信号转换成二值信号，即只有高电平和低电平两种状态的离散信号。因此，可用电压比较器作为模拟电路和数字电路的接口电路。集成电压比较器虽然比集成运放的开环增益低，失调电压大，共模抑制比小；但其响应速度快，传输延迟时间短，而且一般不需要外加限幅电路就可直接驱动 TTL、CMOS 和 ECL 等集成数字电路；有些芯片带负载能力很强，还可直接驱动继电器和指示灯。

按一个器件上所含有电压比较器的个数，可分为单、双和四电压比较器；按功能，可分为通用型、高速型、低功耗型、低电压型和高精度型电压比较器；按输出方式，可分为普通、集电极（或漏极）开路输出或互补输出三种情况。集电极（或漏极）开路输出电路必须在输出端接一个电阻至电源。互补输出电路有两个输出端，若一个为高电平，则另一个必为低电平。

此外，还有的集成电压比较器带有选通端，用来控制电路是处于工作状态，还是处于禁止状态。所谓工作状态，是指电路按电压传输特性工作；所谓禁止状态，是指电路不再按电压传输特性工作，从输出端看进去相当于开路，即处于高阻状态。

常见的集成电压比较器有 AD790、LM119 等。

6.6　集成运算放大电路的使用

6.6.1　集成运算放大电路的选用原则

通常情况下，在设计集成运放应用电路时，没有必要研究运放的内部电路，而是根据设计需求寻找具有相应性能指标的芯片。因此，了解运放的类型，理解运放主要性能指标的物理意义，是正确选择运放的前提。应根据以下几方面的要求选择运放：

（1）信号源的性质。根据信号源是电压源还是电流源、内阻大小、输入信号的幅值及频率的变化范围等，选择运放的差模输入电阻 r_{id}、-3 dB 带宽（或单位增益带宽）、转换速率 SR 等指标参数。

（2）负载的性质。根据负载电阻的大小，确定所需运放的输出电压和输出电流的幅值。对于容性负载或感性负载，还要考虑它们对频率参数的影响。

（3）精度要求。对模拟信号的处理，如放大、运算等，往往提出精度要求；如电压比较，往往提出响应时间、灵敏度要求。根据这些要求选择运放的开环差模增益 A_{od}、失调电压 U_{IO}、失调电流 I_{IO} 及转换速率 SR 等指标参数。

（4）环境条件。根据环境温度的变化范围，可正确选择运放的失调电压及失调电流的温漂 dU_{IO}/dT、dI_{IO}/dT 等参数；根据所能提供的电源（如有些情况只能用干电池）选择运放的电源电压；根据对功耗有无限制，选择运放的功耗；等等。

根据上述分析就可以通过查阅手册等手段选择某一型号的运放了，必要时还可以通过各种 EDA 软件进行仿真，最终确定最满意的芯片。目前，各种专用运放和多方面性能俱佳的运放种类繁多，采用它们会大大提高电路的质量。不过，从性能价格比方面考虑，应尽量采用通用型运放，只有在通用型运放不能满足应用要求时才采用特殊型运放。

6.6.2　集成运算放大电路的使用注意事项

集成运放在使用中常因以下三种原因被损坏：输入信号过大，使 PN 结击穿；电源电压极性接反或过高；输出端直接接"地"或接电源，此时，运放将因输出级功耗过大而损坏。因此，为使运放安全工作，也从这三个方面进行保护。

（1）输入保护：一般情况下，运放工作在开环状态时，易因差模电压过大而损坏；在闭环状态时，易因共模电压超出极限值而损坏。图 6.6-1(a) 所示是防止差模电压过大的保护电路，图 6.6-1(b) 所示是防止共模电压过大的保护电路。

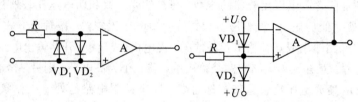

(a) 防止输入差模信号幅值过大　　　(b) 防止输入共模信号幅值过大

图 6.6-1　输入保护措施

（2）输出保护：图 6.6-2 所示为输出端保护电路，限流电阻 R 与稳压管 VD_Z 构成限幅电路，它一方面将负载与集成运放输出端隔离开来，限制了运放的输出电流，另一方面也限制了输出电压的幅值。当然，任何保护措施都是有限度的，若将输出端直接接电源，则稳压管会损坏，使电路的输出电阻大大提高，影响了电路的性能。

（3）电源端保护：为了防止电源极性接反，可利用二极管单向导电性，在电源端串联二极管来实现保护，如图 6.6-3 所示。

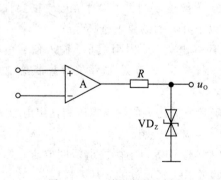

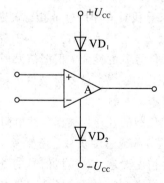

图 6.6-2　输出保护电路　　　　　　　　图 6.6-3　电源端保护

本 章 小 结

本章主要讲述了集成运放的结构特点、电路组成、主要性能指标、线性应用、非线性应用及使用方法等。

　　集成运放实际上是一种高性能的直接耦合放大电路，从外部看，可以等效成双端输入、单端输出的差分放大电路。通常由输入级、中间级、输出级和偏置电路等四部分组成。对于由双极型管组成的集成运放，输入级多用差分放大电路，中间级为共射电路，输出级多用互补输出级，偏置电路是多路电流源电路。

　　在基本差分放大电路中，利用参数的对称性进行补偿来抑制温漂。在长尾电路和具有恒流源的差分放大电路中，还利用共模负反馈抑制每只放大管的温漂。共模放大倍数 A_c 描述电路抑制共模信号的能力，差模放大倍数 A_d 描述电路放大差模信号的能力，共模抑制比 K_{CMR} 用于考察上述两方面的能力，等于 A_d 与 A_c 之比的绝对值。理想情况下，$A_c = 0$，$K_{CMR} = \infty$。根据输入端与输出端接地情况不同，差分放大电路有四种接法。

　　在集成运放中，充分利用元件参数一致性好的特点，构成高质量的差分放大电路和各种电流源电路。电流源电路既可为各级放大电路提供合适的静态电流，又作为有源负载，从而大大提高了运放的增益。

　　若集成运放引入负反馈，则工作在线性区。集成运放工作在线性区时，净输入电压为零，称为"虚短"；净输入电流也为零，称为"虚断"。"虚短"和"虚断"是分析运算电路和有源滤波电路的两个基本出发点。常用的电路有比例放大器，加减电路，积分、微分电路和指数、对数电路。若集成运放不引入反馈或仅引入正反馈，则工作在非线性区。集成运放工作在非线性区时，输出电压只有两种可能的情况，不是 $+U_{OM}$，就是 $-U_{OM}$；同时其净输入电流也为零。本章主要介绍了比较器的应用。

思考与练习

　　6 - 1　填空题：

　　(1) 为使运放工作于线性区，通常应引入＿＿＿＿＿反馈。

　　(2) 电压跟随器是＿＿＿＿＿运算电路的特例。它具有 R_i 很大和 R_o 很小的特点，常用作缓冲器。(反相比例、同相比例、加法)

　　(3) 电压跟随器具有输入电阻很＿＿＿＿＿和输出电阻很＿＿＿＿＿的特点，常用作缓冲器。

　　(4) 在题 6 - 1(4) 图所示电路中，设 A 为理想运放，那么电路中存在关系＿＿＿＿＿。$(u_N = 0,\ u_N = u_i - i_1 R_2,\ u_N = u_i,\ i_1 = -i_2)$

　　(5) 在题 6 - 1(5) 图所示电路中，设 A 为理想运放，则电路的输出电压＿＿＿＿＿。

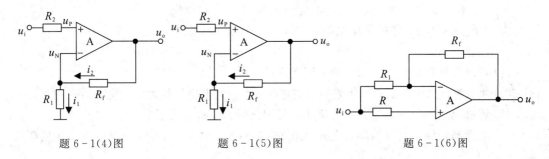

題 6 - 1(4)图　　　　　　　　題 6 - 1(5)图　　　　　　　　題 6 - 1(6)图

(6) 在题 6-1(6) 图所示电路中，设 A 为理想运放，则 u_o 与 u_i 的关系式为 _____。

(7) 在题 6-1(7) 图所示电路中，设 A 为理想运放，已知运放的最大输出电压 $u_{om} = \pm 12$ V，当 $u_i = 8$ V 时，$u_o = $ _____ V。

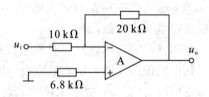

题 6-1(7) 图

6-2　选择题：

(1) 使用差动放大电路的目的是提高(　　　)。

A. 输入电阻　　B. 电压放大倍数　　C. 抑制零点漂移能力　　D. 电流放大倍数

(2) 差动放大器抑制零点漂移的效果取决于(　　　)。

A. 晶体管的静态工作点　　　　　B. 电路的对称程度

C. 各个晶体管的零点漂移　　　　D. 各个晶体管的放大倍数

(3) 对于放大电路，所谓闭环是指(　　　)。

A. 考虑信号源内阻　　　　　B. 存在反馈通路

C. 接入电源　　　　　　　　D. 接入负载

(4) 在输入量不变的情况下，若引入反馈后(　　　)，则说明引入的反馈是负反馈。

A. 输入电阻增大　　　　　B. 输出量增大

C. 净输入量增大　　　　　D. 净输入量减小

(5) 交流负反馈是指(　　　)。

A. 阻容耦合放大电路中所引入的负反馈

B. 只有放大交流信号时才有的负反馈

C. 在交流通路中的负反馈

(6) 选择合适答案填入空内。

A. 电压　　　　B. 电流　　　　C. 串联　　　　　　D. 并联

① 为了稳定放大电路的输出电压，应引入(　　　　　) 负反馈；

② 为了稳定放大电路的输出电流，应引入(　　　　　) 负反馈；

③ 为了增大放大电路的输入电阻，应引入(　　　　　) 负反馈；

④ 为了减小放大电路的输入电阻，应引入(　　　　　) 负反馈；

⑤ 为了增大放大电路的输出电阻，应引入(　　　　　) 负反馈；

⑥ 为了减小放大电路的输出电阻，应引入(　　　) 负反馈。

6-3　判断题：

(1) 若放大电路的放大倍数为负，则引入的反馈一定是负反馈。(　　　)

(2) 负反馈放大电路的放大倍数与组成它的基本放大电路的放大倍数量纲相同。(　　　)

(3) 若放大电路引入负反馈，则负载电阻变化时，输出电压基本不变。(　　　)

(4) 阻容耦合放大电路的耦合电容、旁路电容越多，引入负反馈后，越容易产生低频振荡。(　　　)

（5）放大电路的级数越多，引入的负反馈越强，电路的放大倍数也就越稳定。（　　）

（6）既然电流负反馈稳定输出电流，那么必然稳定输出电压。（　　）

6-4　设计一个比例运放电路，如题 6-4 图所示，要求输入电阻 $R_i = 20\ \text{k}\Omega$，比例系数为 -100，求 R_f。

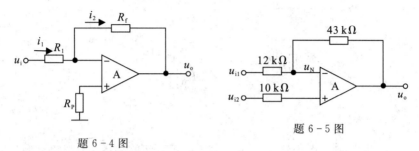

题 6-4 图　　　　　　　　　　题 6-5 图

6-5　有如题 6-5 图所示电路，问：（1）若 $u_{i1} = 0.2\ \text{V}$，$u_{i2} = 0\ \text{V}$，$u_o = ?$（2）若 $u_{i1} = 0\ \text{V}$，$u_{i2} = 0.2\ \text{V}$，$u_o = ?$（3）若 $u_{i1} = 0.2\ \text{V}$，$u_{i2} = 0.2\ \text{V}$，$u_o = ?$

6-6　电路如题 6-6 图所示，试求：（1）输入电阻；（2）u_o / u_i。

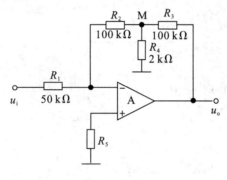

题 6-6 图

6-7　试求题 6-7 图所示各电路输出电压与输入电压的运算关系式。

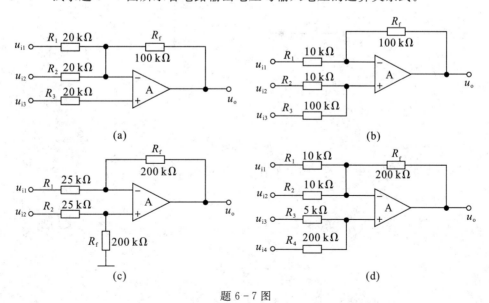

题 6-7 图

6-8 有如题6-8图所示电路，请写出输出信号与输入信号的函数关系式。

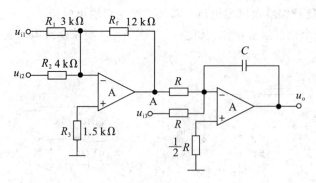

题6-8图

6-9 请写出题6-9图中输出电压与输入电压之间的关系，并指出平衡电阻R_6应取多大值。

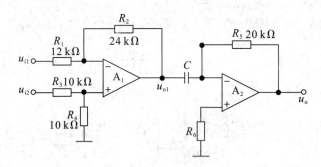

题6-9图

6-10 试求解题6-10图所示电路的运算关系。

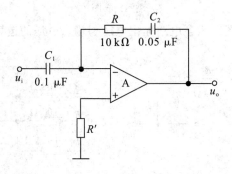

题6-10图

6-11 试分别画出题6-11图所示各电路的电压传输特性。

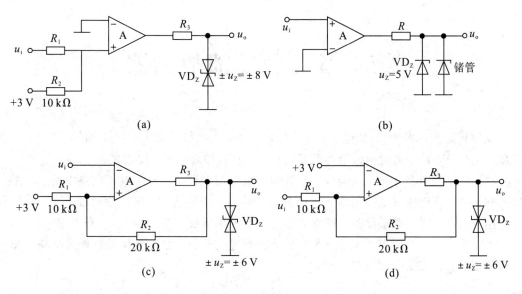

题 6 - 11 图

第7章　负反馈放大器

反馈理论在许多领域(如电子技术、控制科学、生物科学和人类社会学等)获得了广泛应用。在电子电路中通过引入恰当的反馈，可以有效提高电子产品性能。

按照反馈极性的不同，反馈分为正反馈和负反馈两种，它们在电子电路中所起到的作用不同。引入负反馈可以稳定放大器的静态工作点、稳定增益、扩展通频带、改变输入输出电阻等，因此现代电子设备中的放大器几乎都采用负反馈放大器。

本章将讨论反馈的基本概念、负反馈放大电路的分析方法、负反馈对放大电路的影响和负反馈放大电路的自激现象与消除。

7.1　反馈的基本概念和类型

7.1.1　反馈的基本概念

反馈被广泛应用于各个领域。例如，在商业活动中，通过对商品销售(输出)的调研来调整进货渠道及进货数量(输入)；在行政管理中，通过对执行部门工作效果(输出)的调研来修订政策(输入)。上述例子表明，反馈的目的是通过输出对输入的影响来改善系统的运行状况和控制效果。

在电子电路中，反馈是指将输出量(输出电压或输出电流)的一部分或全部通过一定的电路形式回送到输入回路，用来影响其输入量(放大电路的输入电压或输入电流)。因此，反馈体现了输出信号对输入信号的反作用。

在前面各章中虽然没有具体介绍反馈，但是在许多电路中都引入了反馈。例如在讨论工作点稳定性时，已经用到了反馈的概念。如图 7.1-1 所示的射极电阻 R_e 就是起反馈作用的。

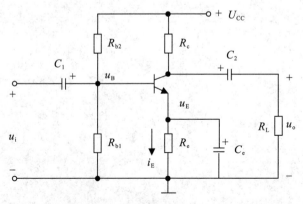

图 7.1-1　分压偏置稳定电路

当温度升高使电流 i_C 增加时，增加的电流通过 R_e 反馈到输入回路，利用 R_e 上电压降的增大使 i_B 和 i_C 减小，维持工作点稳定。这一调整过程称为反馈，表示如下：

$$T \uparrow \rightarrow i_C \uparrow \rightarrow i_E \uparrow \rightarrow u_E \uparrow \rightarrow u_{BE} \downarrow \rightarrow i_B \downarrow$$

$$i_C \downarrow$$

由此可见，电流 i_E 在 R_e 上产生的反馈电压越大，则放大器的工作点就越稳定。因此，这种电路的反馈强弱取决于 R_e 上产生的反馈电压的大小。

7.1.2　负反馈放大器框图

任何负反馈放大电路都可以用图 7.1-2 所示的框图来表示。在图 7.1-2 中，基本放大电路为正向传输通道，反馈网络为反向传输通道。$\dot{X}_i$ 为输入量，$\dot{X}_f$ 为反馈量，$\dot{X}_i{}'$ 为净输入量，$\dot{X}_o$ 为输出量。图中连线的箭头表示信号的流通方向，近似分析时可以认为框图中的信号是单向流通的，即输入信号 $\dot{X}_i$ 仅通过基本放大电路传递到输出，而输出信号 $\dot{X}_o$ 仅通过反馈网络传递到输入；换言之，$\dot{X}_i$ 不通过反馈网络传递到输出，而 $\dot{X}_o$ 也不通过基本放大电路传递到输入。输入端上圆圈中的"+"表示信号 $\dot{X}_i$ 和 $\dot{X}_f$ 在此叠加。

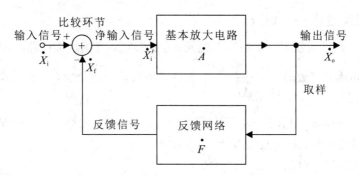

图 7.1-2　负反馈放大电路框图

由图 7.1-2 可知基本放大电路的放大倍数为

$$\dot{A} = \frac{\dot{X}_o}{\dot{X}_i{}'} \tag{7.1-1}$$

反馈系数为

$$\dot{F} = \frac{\dot{X}_f}{\dot{X}_o} \tag{7.1-2}$$

净输入量

$$\dot{X}_i{}' = \dot{X}_i - \dot{X}_f \tag{7.1-3}$$

负反馈放大电路的放大倍数（也称闭环放大倍数）为

$$\dot{A}_f = \frac{\dot{X}_o}{\dot{X}_i} \tag{7.1-4}$$

将式(7.1-1)、式(7.1-2)、式(7.1-3)代入式(7.1-4)可得

$$\dot{A}_{\mathrm{f}} = \frac{\dot{X}_{\mathrm{o}}}{\dot{X}_{\mathrm{i}}} = \frac{\dot{X}_{\mathrm{o}}}{\dot{X}_{\mathrm{i}}' + \dot{X}_{\mathrm{f}}} = \frac{\dot{A}\dot{X}_{\mathrm{i}}'}{\dot{X}_{\mathrm{i}}' + \dot{A}\dot{F}\dot{X}_{\mathrm{i}}'} = \frac{\dot{A}}{1 + \dot{A}\dot{F}} \tag{7.1-5}$$

必须指出，对于不同的反馈类型，$\dot{X}_{\mathrm{f}}$、$\dot{X}_{\mathrm{o}}$、$\dot{X}_{\mathrm{f}}$ 及 $\dot{X}_{\mathrm{i}}$ 所代表的电量不同，因而，四种负反馈放大电路的 $\dot{A}$、$\dot{A}_{\mathrm{f}}$、$\dot{F}$ 相应地具有不同的含义和量纲，归纳如表 7.1-1 所示。

表 7.1-1　负反馈放大电路中各个量的含义

反馈方式 各个量含义	电压串联负反馈	电压并联负反馈	电流串联负反馈	电流并联负反馈
输入量 X_{i}	U_{i}	I_{i}	U_{i}	I_{i}
输出量 X_{o}	U_{o}	U_{o}	I_{o}	I_{o}
反馈系数 F	$\dfrac{U_{\mathrm{f}}}{U_{\mathrm{o}}}$	$\dfrac{I_{\mathrm{f}}}{U_{\mathrm{o}}}$	$\dfrac{U_{\mathrm{f}}}{I_{\mathrm{o}}}$	$\dfrac{I_{\mathrm{f}}}{I_{\mathrm{o}}}$
闭环放大倍数 A_{f}	$\dfrac{U_{\mathrm{o}}}{U_{\mathrm{i}}}$（无量纲）	$\dfrac{U_{\mathrm{o}}}{I_{\mathrm{i}}}$（电阻）	$\dfrac{I_{\mathrm{o}}}{U_{\mathrm{i}}}$（电导）	$\dfrac{I_{\mathrm{o}}}{I_{\mathrm{i}}}$（无量纲）

7.1.3　反馈深度 $|1 + \dot{A}\dot{F}|$

式(7.1-5)是反馈放大电路的基本关系式。它表明，反馈放大电路的闭环放大倍数是基本放大器开环放大倍数的 $\dfrac{1}{|1 + \dot{A}\dot{F}|}$ 倍。在后面的讨论中还会发现，负反馈放大电路性能的改善程度与 $|1 + \dot{A}\dot{F}|$ 的值有关，$|1 + \dot{A}\dot{F}|$ 越大，反馈越深。因此，$|1 + \dot{A}\dot{F}|$ 是衡量负反馈程度的一个重要指标，称为反馈深度。

反馈所起的作用可概括为如下三种情况：

(1) 当 $|1 + \dot{A}\dot{F}| > 1$ 时，则 $|\dot{A}_{\mathrm{f}}| < |\dot{A}|$，即引入反馈后增益下降了，这时反馈是负反馈。

若 $|1 + \dot{A}\dot{F}| \gg 1$，说明电路引入了深度负反馈，则有

$$\dot{A}_{\mathrm{f}} = \frac{\dot{A}}{1 + \dot{A}\dot{F}} \approx \frac{\dot{A}}{\dot{A}\dot{F}} = \frac{1}{\dot{F}} \tag{7.1-6}$$

表明当电路引入深度负反馈时，放大倍数几乎仅仅决定于反馈网络，而与基本放大电路无关。由于反馈网络通常采用无源网络，受环境温度的影响极小，因而放大倍数具有很高的稳定性。从深度负反馈的条件可知，反馈网络的参数确定后，基本放大电路的放大能力越强，即 $\dot{A}$ 的数值越大，反馈越深，$\dot{A}_{\mathrm{f}}$ 与 $\dfrac{1}{\dot{F}}$ 的近似程度越好。

【例 7.1-1】 已知某电压串联负反馈放大电路在中频区的反馈系数 $F_{\mathrm{u}} = 0.01$，输入信号 $U_{\mathrm{i}} = 10 \text{ mV}$，开环电压增益 $A_{\mathrm{u}} = 10\,000$，试求该电路的闭环电压增益 A_{uf}、反馈电压 U_{f} 和净输入电压 U_{i}。

解　由式(7.1-5)可求得该电路的闭环电压增益为

$$A_{uf} = \frac{A_u}{1 + A_u F_u} = \frac{10^4}{1 + 10^4 \times 0.01} \approx 99.01$$

反馈电压为

$$U_f = F_u U_o = F_u A_{uf} U_i = 0.01 \times 99.01 \times 10 \approx 9.9 \text{ mV}$$

净输入电压为

$$U_i{}' = U_i - U_f = 10 - 9.9 = 0.1 \text{ mV}$$

由此例可知，在深度负反馈条件下，反馈信号与输入信号大小相差甚微，净输入信号则远小于输入信号。

（2）当 $|1 + \dot{A}\dot{F}| < 1$ 时，则 $|\dot{A}_f| > |\dot{A}|$，即加入反馈后放大倍数增加了，这说明已从原来的负反馈变成了正反馈。

（3）当 $|1 + \dot{A}\dot{F}| = 0$ 时，则 $|\dot{A}_f| \to \infty$，这就是说，放大电路在没有输入信号时，也会有输出信号，产生了自激振荡，使放大电路不能正常工作。在负反馈放大电路中，自激振荡现象是必须设法消除的。

7.2　反馈的类型及判别

7.2.1　直流反馈与交流反馈

放大电路中既含有直流分量，也含有交流分量，故必然有直流、交流反馈之分。直流反馈影响放大电路的直流性能，主要用于稳定放大电路的静态工作点；交流反馈影响放大电路的交流性能，如增益、输入电阻、输出电阻和带宽等。本章的重点是研究交流反馈。

根据反馈信号中包含的交、直流成分（即反馈信号的交、直流性质）分类，反馈分为直流反馈和交流反馈。存在于放大电路直流通路中的反馈称为直流反馈，存在于交流通路中的反馈称为交流反馈。

根据直流反馈与交流反馈的定义，可以通过判断反馈是存在于放大电路的直流通路之中还是交流通路之中，来判断放大电路引入的是直流反馈还是交流反馈。例如，在图7.1-1所示电路中，R_e 上的电压为直流电压，因而电路引入的是直流反馈。

通常，在很多放大电路中，交流反馈和直流反馈同时存在。如果在图 7.1-1 所示电路中去掉旁路电容 C_e，那么电阻 R_e 上的电压就既有直流分量又有交流分量，因而电路中既引入了直流反馈又引入了交流反馈。

7.2.2　正反馈和负反馈

根据反馈极性的不同，反馈分为正反馈和负反馈。如果引入的反馈信号使放大电路的净输入信号增强，该反馈称为正反馈；反之，如果引入的反馈信号使放大电路净输入信号减小，则称为负反馈。

反馈极性的判别通常采用瞬时极性判别法，瞬时极性是信号的变化趋势，当电压信号向增大的方向变化时（对地），其对应的斜率为正，即瞬时极性为正，用"＋"表示；反之则为负极性，用"－"表示。具体方法是：首先假定在放大电路的输入端加入一个瞬时正极性信号，然后根据各级电路输出端与输入信号的相位关系(同相或反相)逐级判断电路中各相关点电位的极性，得到反馈信号的极性，最后判断反馈信号的极性是增强还是削弱净输入信号，如果是削弱，便可判定是负反馈；反之则为正反馈。

应用瞬时极性法时应当注意如下几点：

(1) 共发射极放大电路晶体管发射极和基极的瞬时电位极性相同，集电极和基极的瞬时电位极性相反。

(2) 集成运算放大器同相输入端和输出端的瞬时电位极性相同，反相输入端和输出端的瞬时电位极性相反。

(3) 对于电路中的其他器件(如电阻和电容等)，认为两端的瞬时电位极性相同。

图 7.2-1 所示电路中，设输入信号 u_i 的瞬时极性为正，经晶体三极管反相放大后，其集电极电位为负，发射极电位 u_e (即反馈信号 u_f) 为正，因而使该放大电路的净输入信号电压 $u_{BE} = u_i - u_f$ 比没有反馈时的 $u_{BE} = u_i$ 减小。所以，由 R_e 引入的交流反馈是负反馈。

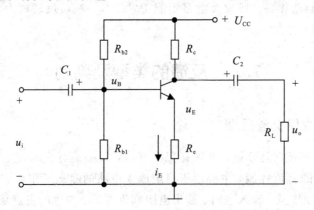

图 7.2-1 分压偏置稳定电路

7.2.3 负反馈的组态及其判别方法

负反馈放大电路的反馈网络从输出回路中取出信号送到输入回路与输入信号叠加，从而使净输入信号减小。在输出回路所取的信号可以是电压信号也可以是电流信号；反馈信号与输入信号的接入方式可以串联也可以并联。因此，负反馈的组态有电压串联、电压并联、电流串联、电流并联四种组态。

1. 电压反馈和电流反馈

根据反馈信号从输出端的采样方式不同，反馈分为电压反馈和电流反馈。若反馈信号取自输出电压或与输出电压成正比，称为电压反馈，稳定了输出电压；若反馈信号取自输出电流或与输出电流成正比，则称为电流反馈。电压反馈稳定输出电压，电流反馈稳定输出电流。

判断反馈是电压反馈还是电流反馈，通常采用输出端交流短路法。具体方法是：假设输出短路，使得负反馈放大电路的输出电压为零，若反馈信号也为零，则为电压反馈；若反馈信号不为零，则为电流反馈。

图 7.2-1 所示电路中，交流反馈信号是电阻 R_e 上的电压信号，且有 $u_f = i_E R_e \approx i_c R_e$。采用输出短路法，令输出短路(即 R_L 短路)，则 $u_o = 0$，但 $i_C \neq 0$(因 i_C 受 i_B 控制)，故 u_f 不

等于零，即反馈信号仍然存在，说明反馈信号与输出电流成比例。因此，引入的反馈是电流反馈。

2. 串联反馈和并联反馈

根据反馈信号与输入信号在放大电路输入端连接方式的不同，反馈分为串联反馈和并联反馈。若反馈信号与输入信号在输入回路中以电压形式相加减（即反馈信号与输入信号串联），称为串联反馈；若反馈信号与输入信号在输入回路中以电流形式相加减（即反馈信号与输入信号并联输入），称为并联反馈。

判断反馈是串联反馈还是并联反馈，可采用输入短路法。具体方法是：将输入端口短接，若反馈信号被旁路掉，则为并联反馈；反之，若反馈信号存在，则为串联反馈。

图 7.2-1 所示电路中，净输入信号电压 $u_{BE} = u_i - u_f$，即反馈信号输入信号在输入回路中以电压形式相加，故该反馈为串联反馈。

除了以上列举的几种反馈的分类方法外，还可以有其他的分类。例如，还可以分为局部反馈和级间反馈。局部反馈表示反馈信号从某一个放大的输出信号取样，只引回到本级放大电路的输入回路；级间反馈表示反馈信号从后级放大级的输出信号取样，引回到前级另一个放大级的输入回路中。

【例 7.2-1】 判断图 7.2-1 所示电路中反馈的极性和组态。假设电路中的电容足够大。

解 采用瞬时极性法判断反馈的极性，经判断如图 7.2-2 所示 4 个电路中的反馈均为负反馈。

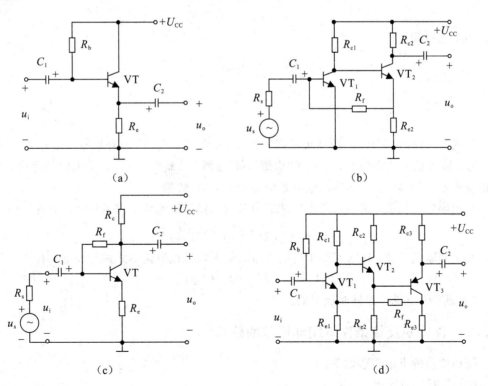

图 7.2-2　例 7.2-1 电路图

由图 7.2-2(a) 可见，反馈电压取自放大电路的输出电压，而在输入回路中，外加输入信号与反馈信号以电压的形式求和。因此，反馈的组态是电压串联负反馈。

由图 7.2-2(b) 可见，反馈信号取自输出回路的非输出端，而在输入回路中外加输入信号与反馈信号以电流的形式求和。因此，反馈的组态是电流并联负反馈。

由图 7.2-2(c) 可见，反馈信号是从输出电压取样，在放大电路的输入回路中与外加输入信号以电流形式求和。因此，反馈的组态是电压并联负反馈。

由图 7.2-2(d) 可见，由于反馈信号取自输出回路的电流，在放大电路的输入回路中与外加输入信号以电压的形式求和。因此，反馈的组态是电流串联负反馈。

7.3　深度负反馈条件下闭环增益的估算

7.3.1　"虚短"和"虚断"概念

在负反馈放大电路中，当 $|1+\dot{A}\dot{F}|\gg 1$ 时，称为深度负反馈。有

$$\dot{A}_\mathrm{f} = \frac{\dot{A}}{1+\dot{A}\dot{F}} \approx \frac{1}{\dot{F}}$$

则有

$$\dot{A}_\mathrm{f} = \frac{\dot{X}_\mathrm{o}}{\dot{X}_\mathrm{i}} \approx \frac{1}{\dot{F}} = \frac{\dot{X}_\mathrm{o}}{\dot{X}_\mathrm{f}} \tag{7.3-1}$$

由上式可知：

$$\dot{X}_\mathrm{i} \approx \dot{X}_\mathrm{f}$$

则

$$\dot{X}_\mathrm{i}{}' \approx 0 \tag{7.3-2}$$

公式 (7.3-2) 表明，在深度负反馈的条件下，反馈信号 $\dot{X}_\mathrm{f}$ 与外加输入信号 $\dot{X}_\mathrm{i}$ 近似相等，则净输入信号几乎为零，这就是"虚短"和"虚断"的概念。基本放大电路的净输入电压近似等于零叫做"虚短"；净输入电流近似等于零叫做"虚断"。

对于串联负反馈，输入回路中反馈信号与输入信号以电压形式进行叠加，有

$$\dot{U}_\mathrm{i} \approx \dot{U}_\mathrm{f}, \ \dot{U}_\mathrm{i}{}' \approx 0 \quad (\text{"虚短"}) \tag{7.3-3}$$

对于并联负反馈，输入回路中反馈信号与输入信号以电流形式进行叠加，有

$$I_\mathrm{i} \approx i_\mathrm{f}, \ I_\mathrm{i}{}' \approx 0 \quad (\text{"虚断"}) \tag{7.3-4}$$

"虚短"和"虚断"是同时成立的。

7.3.2　深度负反馈条件下闭环增益的估算

闭环增益的求解步骤如下：

(1) 判断反馈的组态、极性。

(2) 确定参与计算的变量类型，即输入量、输出量和反馈量是电压还是电流 (见表 7.1-1)。

由表 7.1 - 1 可得，在对深度负反馈放大电路进行分析计算时，电压反馈和串联反馈以电压进行计算；电流反馈和并联反馈以电流进行计算。

（3）计算反馈系数 $\dot{F}$。

（4）计算闭环增益 $\dot{A}_\mathrm{f}$。

（5）计算闭环电压增益 $\dot{A}_\mathrm{uf}$。

【**例 7.3 - 1**】　在如图 7.3 - 1 所示电路中，R_f 引入了深度负反馈，试求该电路的闭环增益和闭环电压增益（满足深度负反馈条件且电路中的电容容量足够大）。

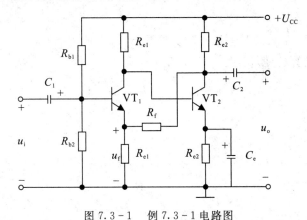

图 7.3 - 1　例 7.3 - 1 电路图

解

（1）确定组态：R_f 引入的是电压串联负反馈。

（2）确定参与计算的变量类型：

$$\dot{X}_\mathrm{i} = \dot{U}_\mathrm{i}, \ \dot{X}_\mathrm{f} = \dot{U}_\mathrm{f}, \ \dot{X}_\mathrm{o} = \dot{U}_\mathrm{o}$$

（3）求解 $\dot{F}$：

由"虚断"，有

$$\dot{U}_\mathrm{f} = \frac{R_\mathrm{e1}}{R_\mathrm{f} + R_\mathrm{e1}} \dot{U}_\mathrm{o}$$

$$\dot{F}_\mathrm{u} = \frac{\dot{X}_\mathrm{f}}{\dot{X}_\mathrm{o}} = \frac{\dot{U}_\mathrm{f}}{\dot{U}_\mathrm{o}} = \frac{R_\mathrm{e1}}{R_\mathrm{f} + R_\mathrm{e1}}$$

由上式可以看出，电压串联负反馈电路的反馈系数是电压比，称为电压反馈系数，其下标用 u 表示。

（4）求解闭环增益 $\dot{A}_\mathrm{f}$：

$$\dot{A}_\mathrm{uf} = \frac{\dot{X}_\mathrm{o}}{\dot{X}_\mathrm{i}} = \frac{\dot{U}_\mathrm{o}}{\dot{U}_\mathrm{i}} = \frac{\dot{U}_\mathrm{o}}{\dot{U}_\mathrm{f}} = \frac{1}{\dot{F}_\mathrm{u}} = 1 + \frac{R_\mathrm{f}}{R_\mathrm{e1}}$$

由上式可以看出，电压串联负反馈电路的闭环增益为电压比，即，闭环增益就是闭环电压增益，不需要另行计算闭环电压增益。

【**例 7.3 - 2**】　电路如图 7.3 - 2 所示，试求该电路的闭环增益和闭环电压增益（满足深度负反馈条件）。

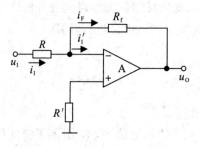

图 7.3 - 2　例 7.3 - 2 电路图

解

(1) 确定组态：R_f 引入的是电压并联负反馈。

(2) 确定参与计算的变量类型：

$$\dot{X}_i = \dot{I}_i, \ \dot{X}_f = \dot{I}_f, \ \dot{X}_o = \dot{U}_o$$

(3) 求解 $\dot{F}$：

由"虚短"、"虚断"，有

$$\dot{I}_f = -\frac{\dot{U}_o}{R_f}$$

$$\dot{F}_g = \frac{\dot{X}_f}{\dot{X}_o} = \frac{\dot{I}_f}{\dot{U}_o} = -\frac{1}{R_f}$$

由上式可以看出，电压并联负反馈电路的反馈系数是电流与电压之比，其量纲为西门子，称为互导反馈系数，其下标用 g 表示。

(4) 求解闭环增益 $\dot{A}_f$：

$$\dot{A}_{rf} = \frac{\dot{X}_o}{\dot{X}_i} = \frac{\dot{U}_o}{\dot{I}_i} = \frac{\dot{U}_o}{\dot{I}_f} = \frac{1}{\dot{F}_g} = -R_f$$

由上式可以看出，电压并联负反馈电路的闭环增益为电压与电流之比，其量纲为欧姆，称为闭环互阻增益，用下标 r 表示。

(5) 求解闭环电压增益 $\dot{A}_{uf}$：

由图 7.3 - 2，依据"虚断"，有

$$\dot{U}_i = R\dot{I}_i$$

所以

$$\dot{A}_{uf} = \frac{\dot{U}_o}{\dot{U}_i} = \frac{\dot{U}_o}{R\dot{I}_i} = \frac{1}{R}\dot{A}_{rf} = -\frac{R_f}{R}$$

从上述结果可以看出，该电路运用深度负反馈条件计算得到结果与运用理想运放条件计算的结果是一致的。

从上面的计算过程中可以看出，计算闭环电压增益的关键是建立闭环电压增益与闭环增益的关系。

【**例 7.3 - 3**】　电路如图 7.3 - 3 所示，试求该电路的闭环增益和闭环电压增益(满足深度负反馈条件)。

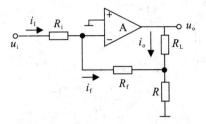

图 7.3 - 3　例 7.3 - 3 电路图

解

(1) 确定组态：R_f 引入的是电流并联负反馈。

(2) 确定参与计算的变量类型：

$$\dot{X}_i = \dot{I}_i, \ \dot{X}_f = \dot{I}_f, \ \dot{X}_o = \dot{I}_o$$

(3) 求解 $\dot{F}$：

由"虚短"，有

$$\dot{I}_f = -\frac{R}{R + R_f}\dot{I}_o$$

$$\dot{F}_i = \frac{\dot{X}_f}{\dot{X}_o} = \frac{\dot{I}_f}{\dot{I}_o} = -\frac{R}{R + R_f}$$

由上式可以看出，电流并联负反馈电路的反馈系数是电流比，称为电流反馈系数，其下标用 i 表示。

(4) 求解闭环增益 $\dot{A}_f$：

$$\dot{A}_{if} = \frac{\dot{X}_o}{\dot{X}_i} = \frac{\dot{I}_o}{\dot{I}_i} = \frac{\dot{I}_o}{\dot{I}_f} = \frac{1}{\dot{F}_i} = -\left(1 + \frac{R_f}{R}\right)$$

由上式可以看出，电流并联负反馈电路的闭环增益为电流之比，称为闭环电流增益，用下标 i 表示。

(5) 求解闭环电压增益 $\dot{A}_{uf}$：

由图 7.3 - 3，由"虚短"、"虚断"有

$$\dot{U}_i = R_1\dot{I}_i$$

$$\dot{U}_o = R_L\dot{I}_o$$

所以

$$\dot{A}_{uf} = \frac{\dot{U}_o}{\dot{U}_i} = \frac{R_L\dot{I}_o}{R_1\dot{I}_i} = \frac{R_L}{R_1}\dot{A}_{if} = -\frac{R_L}{R_1}\left(1 + \frac{R_f}{R}\right)$$

【**例 7.3 - 4**】　在如图 7.3 - 4 所示电路中，R_f 引入了深度负反馈，试求该电路的闭环增益和闭环电压增益(满足深度负反馈条件)。

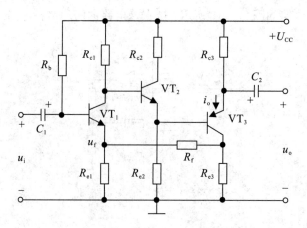

图 7.3 - 4 例 7.3 - 4 电路图

解

（1）确定组态：R_f 引入的是电流串联负反馈。

（2）确定参与计算的变量类型：

$$\dot{X}_i = \dot{U}_i,\ \dot{X}_f = \dot{U}_f,\ \dot{X}_o = \dot{I}_o$$

（3）求解 $\dot{F}$：

由"虚断"有

$$\dot{U}_f = R_{e1} \times \frac{R_{e3}}{R_{e3} + R_f + R_{e1}} \times \dot{I}_o$$

$$\dot{F}_r = \frac{\dot{X}_f}{\dot{X}_o} = \frac{\dot{U}_f}{\dot{I}_o} = R_{e1} \times \frac{R_{e3}}{R_{e3} + R_f + R_{e1}}$$

由上式可以看出，电流串联负反馈电路的反馈系数是电压与电流之比，量纲为欧姆，称为互阻反馈系数，其下标用 r 表示。

（4）求解闭环增益 $\dot{A}_f$：

$$\dot{A}_{gf} = \frac{\dot{X}_o}{\dot{X}_i} = \frac{\dot{I}_o}{\dot{U}_i} = \frac{\dot{I}_o}{\dot{u}_f} = \frac{1}{\dot{F}_r} = \frac{R_{e3} + R_f + R_{e1}}{R_{e1} R_{e3}}$$

由上式可以看出，电流串联负反馈电路的闭环增益为电流与电压之比，称为闭环互导增益，用下标 gf 表示。

（5）求解闭环电压增益 $\dot{A}_{uf}$：

由图 7.3 - 4，根据"虚断"有

$$\dot{U}_i = \dot{U}_f$$

$$\dot{U}_o = - R_{c3} \dot{I}_o$$

所以

$$\dot{A}_{uf} = \frac{\dot{U}_o}{\dot{U}_i} = \frac{- R_{c3} \dot{I}_o}{\dot{U}_i} = - R_{c3} \dot{A}_{gf} = \frac{- R_{c3}(R_{e3} + R_f + R_{e1})}{R_{e1} R_{e3}}$$

7.4　负反馈对放大电路性能的影响

放大电路中引入直流负反馈后，可以稳定电路的静态工作点。放大电路中引入交流负反馈后，其性能会得到多方面的改善。例如，可以稳定放大倍数、改变输入电阻和输出电阻、展宽频带、减小非线性失真等。

7.4.1　提高闭环增益 A_f 的稳定性

由于电路元器件参数的变化、环境温度的变化、电源电压的变化、负载大小的变化，放大电路的增益可能受到影响而不稳定。引入适当的负反馈以后，可提高闭环增益的稳定性。

当满足深度负反馈条件时，有

$$\dot{A}_f = \frac{\dot{A}}{1 + \dot{A}\dot{F}} \approx \frac{1}{\dot{F}}$$

这就是说，引入深度负反馈后，放大电路的增益决定于反馈网络的系数，而与基本放大电路几乎无关。反馈网络一般由稳定性能优于半导体三极管的无源线性元件（如 R、C）组成。因此，闭环增益是比较稳定的。

在一般情况下，增益的稳定性常用有、无反馈时增益的相对变化量之比来衡量。用 dA/A 和 dA_f/A_f 分别表示开环和闭环增益的相对变化量。当只考虑幅值时有 $A_f = \dfrac{A}{1 + AF}$，对 A_f 求 A 导数，得

$$\frac{dA_f}{dA} = \frac{(1 + AF) - AF}{(1 + AF)^2} = \frac{1}{(1 + AF)^2}$$

或

$$dA_f = \frac{dA}{(1 + AF)^2} \tag{7.4-1}$$

将式（7.4-1）两边分别除以 $A_f = \dfrac{A}{1 + AF}$，得

$$\frac{dA_f}{dA} = \frac{1}{1 + AF}\frac{dA}{A} \tag{7.4-2}$$

该式表明，引入负反馈后，增益的相对变化量为开环增益相对变化量的 $\dfrac{1}{1 + AF}$，即闭环增益的相对稳定度提高了，$1 + AF$ 越大，即负反馈越深，dA_f/A_f 越小，闭环增益的稳定性越好。

【例 7.4-1】　设某放大电路的开环增益 $A = 1000$，由于环境温度的变化，使增益下降为 900，引入负反馈后，反馈系数 $F = 0.099$。求闭增益的相对变化量。

解　无反馈时，增益的相对变化量为

$$\frac{dA}{A} = \frac{1000 - 900}{1000} = 10\%$$

反馈深度为

$$1 + AF = 1 + 1000 \times 0.099 = 100$$

有反馈时,闭环增益的相对变化量为

$$\frac{\mathrm{d}A_{\mathrm{f}}}{A_{\mathrm{f}}} = \frac{1}{1 + AF} \frac{\mathrm{d}A}{A} = \frac{1}{100} \times 10\% = 0.1\%$$

式中,

$$A_{\mathrm{f}} = \frac{A}{AF} = \frac{1000}{100} = 10$$

显而易见,引入负反馈后,放大电路的闭环增益虽然降低了,但增益稳定度得到了提高。不过有两点值得注意:

(1) 负反馈不能使输出量保持不变,只能使输出量趋于不变,而且只能减小由开环增益变化而引起的闭环增益的变化。如果反馈系数发生变化而引起闭环增益变化,则负反馈是无能为力的。所以,反馈网络一般都由无源元件组成。

(2) 不同类型的负反馈能稳定的增益不同,如电压串联负反馈只能稳定闭环电压增益,而电流串联负反馈只能稳定闭环互导增益。

7.4.2 展宽通频带,减小频率失真

放大电路引入负反馈后,各种原因引起的放大倍数的变化都将减小,当然也包括因信号频率变化而引起的放大倍数的变化。因此,通频带得到了展宽。

为了简化问题,设反馈网络为纯电阻网络,且在放大电路波特图的低频段和高频段各仅有一个拐点。基本放大电路的中频放大倍数为 $\dot{A}_{\mathrm{m}}$,上限频率为 f_{h},下限频率为 f_{l},因此高频段放大倍数的表达式为

$$\dot{A}_{\mathrm{h}} = \frac{\dot{A}_{\mathrm{m}}}{1 + \mathrm{j}\dfrac{f}{f_{\mathrm{h}}}}$$

引入负反馈后,电路的高频段放大倍数为

$$\dot{A}_{\mathrm{hf}} = \frac{\dot{A}_{\mathrm{h}}}{1 + \dot{A}_{\mathrm{h}}\dot{F}} = \frac{\dfrac{\dot{A}_{\mathrm{m}}}{1 + \mathrm{j}\dfrac{f}{f_{\mathrm{h}}}}}{1 + \dfrac{\dot{A}_{\mathrm{m}}}{1 + \mathrm{j}\dfrac{f}{f_{\mathrm{h}}}} \times \dot{F}} = \frac{\dot{A}_{\mathrm{m}}}{1 + \mathrm{j}\dfrac{f}{f_{\mathrm{h}}} + \dot{A}_{\mathrm{m}}\dot{F}}$$

将分子和分母均除以 $1 + A_{\mathrm{m}}F$,可得

$$\dot{A}_{\mathrm{hf}} = \frac{\dfrac{\dot{A}_{\mathrm{m}}}{1 + \dot{A}_{\mathrm{m}}\dot{F}}}{1 + \mathrm{j}\dfrac{f}{(1 + \dot{A}_{\mathrm{m}}\dot{F})f_{\mathrm{h}}}} = \frac{\dot{A}_{\mathrm{mf}}}{1 + \mathrm{j}\dfrac{f}{f_{\mathrm{hf}}}}$$

式中,A_{mf} 为负反馈放大电路的中频放大倍数,f_{hf} 为其上限频率,故

$$f_{\mathrm{hf}} = (1 + \dot{A}_{\mathrm{m}}\dot{F})f_{\mathrm{h}} \qquad\qquad (7.4-3)$$

该式表明引入负反馈后上限频率增大到基本放大电路的 $1 + AF$ 倍。但是,由于不同组

态负反馈电路放大倍数的物理意义不同，因而式(7.4-3)具有的含义也不同。例如，对于电压串联负反馈电路，式(7.4-3)表示将电压放大倍数的上限频率增大到基本放大电路的$1+AF$倍；对于电流并联负反馈电路，式(7.4-3)表示将电流放大倍数的上限频率增大到基本放大电路的$1+AF$倍。可见针对不同的反馈组态，式(7.4-3)表示将不同的放大倍数的上限频率增大到基本放大电路的$1+AF$倍。

利用上述推导方法可以得到负反馈放大电路下限频率的表达式：

$$f_{1f} = \frac{f_1}{1 + \dot{A}_m \dot{F}} \tag{7.4-4}$$

可见，引入负反馈后，下限频率减小到基本放大电路的$1/(1+AF)$。与上限频率的分析类似，对于不同的反馈组态，$\dot{A}_m$的物理意义不同，因而式(7.4-4)的含义也不同。

一般情况下，$f_h \gg f_1 \gg f_{hf} \gg f_{1f}$。因此，基本放大电路和负反馈放大电路的通频带分别可近似表示为

$$f_{BW} = f_h - f_1 \approx f_h$$
$$f_{BWf} = f_{hf} - f_{1f} \approx f_{hf}$$

即引入负反馈使频带展宽到基本放大电路的$1+AF$倍。

当放大电路的波特图中有多个拐点，且反馈网络不是纯电阻网络时，问题就比较复杂了，但是频带展宽的趋势不变。

7.4.3　减小非线性失真，抑制干扰及噪声

多级放大电路中输出级的输入信号幅度较大，在动态过程中，放大器件可能工作到其传输特性的非线性部分，因而使输出波形产生非线性失真。引入负反馈后，可使这种非线性失真减小，现以下例说明。

某电压放大电路的开环电压传输特性如图7.4-1所示，该曲线斜率的变化反映了增益随输入信号的大小而变化。U_o与U_i之间的这种非线性关系说明：若输入信号幅度较大，输出会产生非线性失真。引入深度负反馈后，闭环增益近似为$1/F$，所以该电压放大电路的闭环电压传输特性可近似为一条直线，如图7.4-1所示。在输出电压幅度相同的情况下，斜率(即增益)虽然变小了，但增益因输入信号而改变的程度却大为减小，这说明U_o与U_i之间几乎呈线性关系，亦即减小了非线性失真。负反馈减小非线性失真的程度与反馈深度$1+AF$有关。

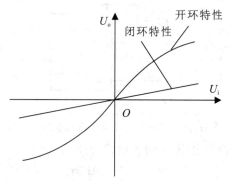

图 7.4-1　放大电路的传输特性

应当注意的是：

（1）只有信号源有足够的潜力，能使电路闭环后基本放大电路的净输入电压与开环时相等，即输出量在闭环前、后保持基波成分不变，非线性失真才能减小到基本放大电路的 $1/(1+AF)$。

（2）非线性失真产生于电路内部，引入负反馈后才被抵制。换言之，当非线性信号混入输入量或干扰来源于外界时，输入波形本身就是失真的，引入负反馈将无济于事，必须采用信号处理（如有源滤波）或屏蔽等方法才能解决。

（3）当非线性失真非常严重时，是不能用负反馈的方法来减小的，因为大量的高次谐波受到基本放大电路带宽的限制而不能通过，从而达不到削弱输出端谐波成分的目的。

根据上述原理，负反馈同样能减小放大电路输出的内部噪声。因为内部噪声同样可视为某种内部因素引起输出信号的一个变化，而负反馈可以使这一变化受到削弱。但必须注意，负反馈使输出噪声减小为原来的 $1/(1+AF)$，同时也使输出信号减小为原来的 $1/(1+AF)$，因而信噪比并未提高。要提高信噪比还必须通过增加信号源电压来提高输出信号的电平，而负反馈为此创造了前提，否则可能会因过载而造成严重的非线性失真。若噪声或干扰来自反馈环外，则引入负反馈也无济于事。

7.4.4　负反馈对放大电路输入电阻和输出电阻的影响

负反馈对输入电阻的影响与输入端的连接方式有关，即取决于输入端引入的是串联负反馈还是并联负反馈；负反馈对输出电阻的影响与输出端的连接方式有关，即取决于输出端采用的是电压负反馈还是电流负反馈。

1. 对输入电阻的影响

图 7.4-2 所示的串联负反馈放大电路中，反馈信号总是以反馈电压的方式叠加在输入端，使得基本放大电路的净输入电压 $\dot{U}_i' = \dot{U}_i - \dot{U}_f$ 减小。因此，串联负反馈的存在使得信号源 $\dot{U}_i$ 提供的输入电流 $\dot{I}_i$ 减小，增大了输入电阻 r_{if}。

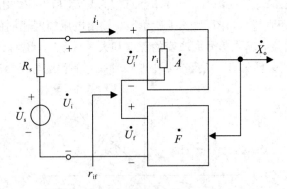

图 7.4-2　串联负反馈对输入电阻的影响

串联负反馈放大电路输入电阻 r_{if} 的表达式为

$$r_{if} = (1+AF)r_i \tag{7.4-5}$$

表明输入增大到 r_i 的 $1+AF$ 倍。应当指出，在某些负反馈放大电路中，有些电阻并不在反

馈环内，如基极电阻 R_b，反馈对它不产生影响。这类电路的框图如图 7.4-3 所示，可以看出

$$r'_{if} = (1 + AF)r_i$$

而整个电路的输入电阻

$$r_{if} = R_b \; /\!/ \; r'_{if}$$

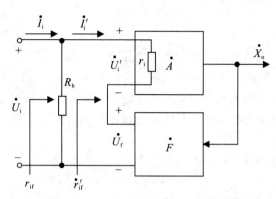

图 7.4-3 R_b 不在反馈环时串联反馈电路的框图

因此，更确切地说，引入串联负反馈，使引入反馈的支路的等效电阻增大到基本放大电路输入电阻的 $1 + AF$ 倍。但是，无论哪种情况，引入串联负反馈都将增大输入电阻。

图 7.4-4 所示的并联负反馈放大电路中，反馈信号总是以反馈电流的方式叠加在输入端，信号源电流 $\dot{I}_i$ 除供给 $\dot{I}'_i$ 外，还要供给反馈电流 $\dot{I}_f$，因此并联负反馈的存在使得信号源 $\dot{U}_i$ 提供的输入电流 $\dot{I}_i$ 增大，减小了输入电阻 r_{if}。

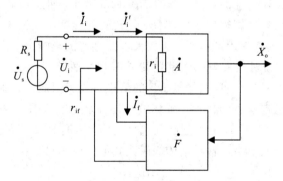

图 7.4-4 并联负反馈对输入电阻的影响

并联负反馈放大电路输入电阻 r_{if} 的表达式为

$$r_{if} = \frac{r_i}{1 + AF} \tag{7.4-6}$$

表明引入并联负反馈后，输入电阻仅为基本放大电路输入电阻的 $1/(1 + AF)$。

从图 7.4-3 所示框图可以进一步推导出，当并联负反馈电路加恒压源输入时，基本放大电路的净输入电流 $\dot{I}_i$ 将为常量，即反馈网络参数的变化仅改变信号源所提供的电流 $\dot{I}_i$，而不能改变 $\dot{I}'_i$，即反馈不再起作用。

2. 对输出电阻的影响

放大电路输出端引入电压负反馈，可以使输出电压基本保持恒定，因此对于负载而言，可将电压负反馈放大电路近似看做恒压源，其输出电阻（恒压源内阻）必然很小，说明电压负反馈电路使输出电阻减小。

电压负反馈放大电路输出电阻的表达式为

$$r_{of} = \frac{r_o}{1 + AF} \tag{7.4-7}$$

表明引入负反馈后输出电阻仅为其基本放大电路输出电阻的 $1/(1 + AF)$。当 $1 + AF$ 趋于无穷大时，r_{of} 趋于零，因此电压负反馈电路的输出可近似认为是恒压源。

放大电路输出端引入电流负反馈，可以使输出电流基本保持恒定。因此，对于负载而言，可以把电流负反馈放大电路近似看做恒流源，则输出电阻（恒流源内阻）必然很大，说明电流负反馈使输出电阻增大。

电流负反馈放大电路输出电阻的表达式为

$$r_{of} = (1 + AF)r_o \tag{7.4-8}$$

说明 r_{of} 增大到 r_o 的 $1 + AF$ 倍。当 $1 + AF$ 趋于无穷大时，r_{of} 也趋于无穷大，电路的输出等效为恒流源。

需要注意的是，与图 7.4-3 所示框图中的 R_b 类似，在一些电路中有的电阻并联在反馈环之外，反馈的引入对它们所在支路没有影响。因此，对这类电路，电流负反馈仅仅稳定了引出反馈的支路的电流，并使该支路的等效电阻增大到基本放大电路的 $1 + AF$ 倍。

综上分析，可以得到这样的结论：负反馈之所以能够改善放大电路多方面的性能，归根结底是由于将电路的输出量引回到输入端与输入量进行比较，从而随时对输出量进行调整。前面研究过的增益稳定性的提高、非线性失真的减小、抑制噪声以及对输入电阻和输出电阻的影响，均可用自动调整作用来解释，其改善的程度由反馈深度来确定。反馈越深，即 $1 + AF$ 的值越大，调整作用就越强，对放大电路性能的影响也越大，但是闭环增益下降越多。由此可知，负反馈对放大电路性能的影响是以牺牲增益为代价的。另一方面，也必须注意到，反馈深度 $1 + AF$ 或环路增益 AF 的值也不能无限制地增加，否则在多级放大电路中，将容易产生不稳定现象（自激），破坏放大工作状态，这一问题将在后面讨论。鉴于上述原因，在采用负反馈时，反馈深度必须选择恰当。有时放大器中也会引入适量正反馈，目的在于提高增益或改变输入、输出电阻，而让其他指标作出牺牲。

7.5　放大电路引入负反馈的一般原则

通过以上分析可知，负反馈对放大电路性能方面的影响，均与反馈深度 $1 + AF$ 有关。应当指出，以上的定量分析是为了更好地理解反馈深度与电路各性能指标的定性关系。从某种意义上讲，对负反馈放大电路的定性分析比定量计算更重要，这是因为在分析实用电路时，几乎均可认为它们引入的是深度负反馈，如当基本放大电路为集成运放时，便可认为 $1 + AF$ 趋于无穷大，即使需要精确分析电路的性能指标，也不需要利用框图进行手工计算，而会采用计算机辅助分析和设计软件进行各种分析。

引入负反馈可以改善放大电路多方面的性能，而且反馈组态不同，所产生的影响也各不相同。因此，在设计放大电路时，应根据需要和目的，引入合适的反馈，那么，为了得到某些性能指标高的放大器，如何引入负反馈呢?下面作一些原则性的提示：

（1）为了稳定静态工作点，应引入直流负反馈；为了改善电路的动态性能，应引入交流负反馈。

（2）根据信号源的性质决定引入串联负反馈或并联负反馈。当信号源为恒压源或内阻较小的电压源时，为增大放大电路的输入电阻，以减小信号源的输出电流和内阻上的压降，应引入串联负反馈；当信号源为恒流源或内阻较大的电压源时，为减小放大电路的输入电阻，使电路获得更大的输入电流，应引入并联负反馈。

（3）根据负载对放大电路输出量的要求，即负载对其信号源的要求，决定引入电压负反馈或电流负反馈。当负载需要稳定的电压信号时，应在放大电路中引入电压并联负反馈；若将电压信号转换成电流信号，应在放大电路中引入电流串联负反馈；等等。

7.6　自激振荡及其消除

在放大器中引入交流负反馈后，以牺牲增益为代价换来其他各项性能的改善，其改善的程度都与反馈深度 $1+AF$ 有关。一个实际的反馈放大器总是设计成具有深度负反馈，这是因为反馈越深，性能改善得越好，这时的闭环增益 $A_f \approx \dfrac{1}{F}$。为获得一定的闭环增益，反馈系数 F 的增大必须由多级放大电路组成。但是，有时会事与愿违，如果电路的组成不合理，反馈过深，那么在输入量为零时，输出将产生一定频率和一定幅值的信号，称电路产生了自激振荡，此时电路不能正常工作，不具有稳定性。

本节先分析产生自激振荡的原因，研究负反馈放大电路稳定工作的条件，然后介绍消除自激振荡的方法。

7.6.1　产生自激振荡的原因

前面讨论的负反馈放大电路都是假定其工作在中频区，这时电路中各个电抗性元件的影响均可忽略。按照定义，引入负反馈后，放大电路的净输入信号 $\dot{X_i'}$ 将减小，因此，$\dot{X_f}$ 与 $\dot{X_i}$ 必然是同相的，即有 $\varphi_A + \varphi_F = 2n \times 180°$，$n = 1, 2, \cdots$（$\varphi_A$、$\varphi_F$ 分别是 $\dot{A}$、$\dot{F}$ 的相角）。可是，在高频区或低频区，电路中各种电抗性元件的影响不能再被忽略。$\dot{A}$、$\dot{F}$ 是频率的函数，它们的幅值和相位都会随频率而变化。相位的改变，使 $\dot{X_f}$ 与 $\dot{X_i}$ 不再同相，产生了附加相移（$\Delta\varphi_A + \Delta\varphi_F$）。在某一频率下，$\dot{A}$、$\dot{F}$ 的附加相移可能达到 $180°$，使 $\varphi_A + \varphi_F = (2n+1) \times 180°$，$n = 0, 1, 2, \cdots$。这时，$\dot{X_f}$ 与 $\dot{X_i}$ 必然由中频区的同相变为反相，使放大电路的净输入信号由中频时的减小而变为增大，放大电路就由负反馈变成了正反馈。

若正反馈较强以至于 $\dot{X_i'} = -\dot{X_f} = -\dot{A}\dot{F}\dot{X_i'}$，即

$$\dot{A}\dot{F} = -1 \tag{7.6-1}$$

那么，即使输入端不加输入信号，输出端也会产生输出信号，电路产生自激振荡，简称自

激，如图 7.6-1 所示，这时电路变成了振荡电路，会失去正常的放大作用。

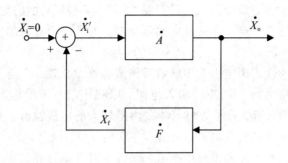

图 7.6-1　负反馈放大电路的自激振荡现象

7.6.2　产生自激振荡的条件

从图 7.6-1 可以看出，在电路产生自激振荡时，由于 $\dot{X}_o$ 与 $\dot{X}_f$ 相互维持，所以 $\dot{X}_o = \dot{A}\dot{X}_i' = -\dot{A}\dot{F}\dot{X}_o$，即 $\dot{A}\dot{F} = -1$。

可写成模及相角形式：

$$|\dot{A}\dot{F}| = 1 \qquad\qquad (7.6-2)$$

$$\varphi_A + \varphi_F = (2n+1)\pi \quad (n \text{ 为整数}) \qquad\qquad (7.6-3)$$

式(7.6-2)为自激振荡的幅值平衡条件，式(7.6-3)为相位平衡条件。只有同时满足上述两个条件，电路才会产生自激振荡。在起振过程中，$|\dot{X}_o|$ 有一个从小到大的过程，故起振条件为

$$|\dot{A}\dot{F}| > 1 \qquad\qquad (7.6-4)$$

7.6.3　负反馈放大电路的稳定性分析和判断

1. 负反馈放大电路稳定性的定性分析

设放大电路采用直接耦合方式，且反馈网络为纯电阻网络，则电路只可能产生高频振荡，且附加相移仅产生于放大电路。

在上述条件下，在单管放大电路中引入负反馈，因其产生的最大附加相移为 $-90°$，不存在满足相位的频率，故不可能产生自激振荡。在两级放大电路中引入负反馈，当频率从零变化到无穷大时，附加相移从 $0°$ 变化到 $-180°$。虽然在理论上存在满足相位条件的频率 f_o，但 f_o 趋于无穷大，且当 $f = f_o$ 时 $\dot{A}$ 的值为零，不满足幅值条件，故不可能产生自激振荡。在三级放大电路中引入负反馈，当频率从零变化到无穷大时，附加相移从 $0°$ 变化到 $-270°$，因而存在使 $\varphi_A' = -180°$ 的频率 f_o，且当 $f = f_o$ 时 $|\dot{A}| > 0$，有可能满足幅值条件，故可能产生自激振荡。可以推论，四级、五级放大电路更易产生自激振荡，因为它们一定存在 f_o，且更易满足幅值条件。因此，实用电路中以三级放大电路最常见。

由以上分析可知，放大电路级数越多，引入负反馈后越容易产生高频振荡。与上述分

析类似,放大电路中耦合电容、旁路电容等越多,引入负反馈后,越容易产生低频振荡。而且 $1+AF$ 越大,即反馈越深,满足幅值条件的可能性越大,产生自激振荡的可能性就越大。

应当指出,电路的自激振荡是由其自身条件决定的,不因其输入信号的改变而消除。要消除自激振荡,就必须破坏产生振荡的条件;而只有消除了自激振荡,放大电路才能稳定地工作。

2. 负反馈放大电路稳定性的判断

利用负反馈放大电路环路增益频率特性,可以判断电路闭环后是否产生自激振荡,即电路是否稳定。

图 7.6-2 所示为两个电路环路增益的频率特性,可以看出它们均为直接耦合放大电路。图中,满足自激振荡相位条件即式(7.6-3)时的频率为 f_o,满足幅值条件即式(7.6-2)时的频率为 f_c。

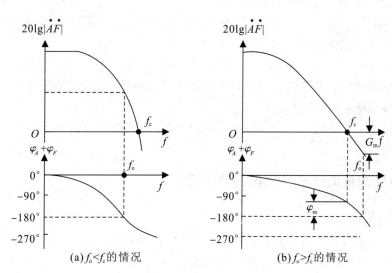

图 7.6-2　两个负反馈电路环路增益的频率特性

在图 7.6-2(a) 所示曲线中,使 $\varphi_A + \varphi_F = -180°$ 的频率为 f_o,使 $20\lg|\dot{A}\dot{F}| = 0 \text{ dB}$ 的频率为 f_c。因为当 $f = f_o$ 时,$20\lg|\dot{A}\dot{F}| > 0 \text{ dB}$,即 $|\dot{A}\dot{F}| > 1$,说明满足式(7.6-4)所示的起振条件,所以具有图 7.6-2(a) 所示环路增益频率特性的放大电路闭环后必然产生自激振荡,振荡频率为 f_o。

在图 7.6-2(b) 所示曲线中,使 $\varphi_A + \varphi_F = -180°$ 的频率为 f_o,使 $20\lg|\dot{A}\dot{F}| < 0 \text{ dB}$ 的频率为 f_c。因为当 $f = f_o$ 时,$20\lg|\dot{A}\dot{F}| < 0 \text{ dB}$,即 $|\dot{A}\dot{F}| < 1$,说明不满足式(7.6-4)所示的起振条件,所以具有图 7.6-2(b) 所示环路增益频率特性的放大电路闭环后不可能产生自激振荡。

综上所述,在已知环路增益频率特性的条件下,判断负反馈放大电路是否稳定的方法如下:

(1) 若不存在 f_0，则电路稳定。

(2) 若存在 f_0，且 $f_0 \leqslant f_c$，则电路不稳定，必然产生自激振荡；若存在 f_0，但 $f_0 > f_c$，则电路稳定，不会产生自激振荡。

3. 负反馈放大电路的稳定裕度

虽然根据负反馈放大电路稳定性的判断方法，只要 $f_0 > f_c$，电路就能稳定，但是为了使电路具有足够的可靠性，还规定电路应具有一定的稳定裕度。

负反馈放大电路的稳定裕度包括幅值裕度和相位裕度。

$f = f_0$ 时，$20 \lg |\dot{A}\dot{F}|$ 的值称为幅值裕度 G_m，如图 7.6-2(a) 所示幅频特性中的标注，G_m 的表达式为

$$G_m = 20 \lg |\dot{A}\dot{F}| \mid_{f=f_0} \qquad (7.6-5)$$

稳定的负反馈放大电路的 $G_m < 0$，而且 $|G_m|$ 越大，电路越稳定。通常认为 $G_m \leqslant -10 \text{ dB}$，电路就具有足够的幅值稳定裕度。

$f = f_c$ 时，$|\varphi_A + \varphi_F|$ 与 $180°$ 的差值称为相位裕度 φ_m，如图 7.6-2(b) 所示相频特性中所标注，φ_m 的表达式为

$$\varphi_m = 180° - |\varphi_A + \varphi_F| \mid_{f=f_c} \qquad (7.6-6)$$

稳定的负反馈放大电路的 $\varphi_m > 0$，而且 φ_m 越大，电路越稳定。通常认为 $\varphi_m \geqslant 45°$，电路就具有足够的相位稳定裕度。

综上所述，只有当 $G_m \leqslant -10 \text{ dB}$ 且 $\varphi_m \geqslant 45°$ 时，才认为负反馈放大电路具有可靠的稳定性。

7.6.4　负反馈放大电路自激振荡的消除

1. 自激的防止

在设计一个负反馈放大电路时，为了防止产生自激振荡，应设法使电路不易同时满足自激振荡的相位条件和幅度条件。常采用的措施有以下几种：

(1) 环路内包含的放大电路最好小于三级，即尽可能采用单级和两级负反馈，这样在理论上可以保证不产生自激振荡。

(2) 在不得不采用三级以上的负反馈时，应尽可能使各级电路参数分散。分析证明，放大电路在级数相同的情况下，各级电路参数越接近，电路越不稳定。

(3) 减小反馈系数或反馈深度，使之不满足自激的幅值条件。这种方法的缺点是不利于放大电路其他方面性能的改善，而且对于必须有深度负反馈的放大电路等系统来说是不允许的，这时就需要采用相位补偿(校正)的办法。

2. 自激的消除

负反馈放大电路一旦出现自激振荡，通常采用的措施是在电路中加入补偿电容或 RC 补偿电路(也叫消振电路)来改变电路的频率特性，消除自激振荡，这就是相位补偿(校正)，如图 7.6-3 所示。在这些电路中，通过引入补偿电路而改变放大电路原有的频率响应，从而破坏自激振荡的条件，达到消振的目的。但是补偿电路的引入会使放大电路的频带宽度有所减小，这就是相位补偿付出的代价。

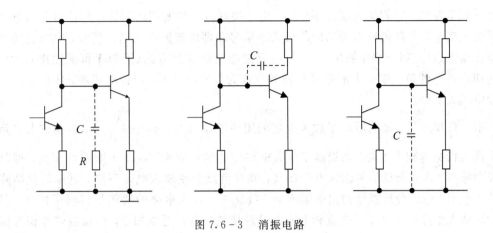

图 7.6 – 3　消振电路

本 章 小 结

几乎在所有实用的放大电路中都需要引入负反馈。反馈是指把输出电压或输出电流的一部分或全部通过反馈网络，用一定的方式回送到放大电路的输入回路，以影响输入电量的过程。反馈网络与基本放大电路一起组成一个闭合环路。通常假设反馈环内的信号是单向传输的，即信号从输入到输出的正向传输只经过基本放大电路，反馈网络的正向传输作用被忽略；而信号从输出到输入的反向传输只经过反馈网络，基本放大电路的反向传输作用被忽略，判断、分析、计算反馈放大电路时都要用到这个合理的设定。

在熟练掌握反馈基本概念的基础上，能对反馈进行正确判断尤为重要，它是正确分析和设计反馈放大电路的前提。

有无反馈的判断方法是：看放大电路的输出回路之间是否存在反馈网络（或反馈通路），若有则存在反馈，电路为闭环的形式；否则就不存在反馈，电路为开环的形式。

交、直流反馈的判断方法是：存在于放大电路交流通路中的反馈为交流反馈，引入交流负反馈是为了改善放大电路的性能；存在于直流通路中的反馈为直流反馈，引入直流负反馈的目的是稳定放大电路的静态工作点。

反馈极性的判断采用瞬时变化极性法，即假设输入信号在某瞬时的极性为"＋"，再根据各类放大电路输出信号与输入信号间的相位关系，逐级标出电路中各有关点电位的瞬时极性或各有关支路电流的瞬时流向，最后看反馈信号是削弱还是增强了净输入信号，若是削弱了净输入信号，则为负反馈；反之则为正反馈。实际放大电路中主要引入负反馈。

电压、电流判断采用输出短路法，即设 $R_L = 0$ 或 $U_o = 0$，若反馈信号不存在了，则是电压反馈；若反馈信号仍然存在，则为电流反馈。电压负反馈能稳定输出电压，电流负反馈能稳定输出电流。

串联、并联反馈的判断方法是：根据反馈信号与输入信号在放大电路输入回路中的求和方式判断。若 X_f 与 X_i 以电压形式求和，则为串联反馈；若 X_f 与 X_i 以电流形式求和，则为并联反馈。为了使负反馈的效果更好，当信号源内阻较小时，宜采用串联负反馈；当信号源内阻较大时，宜采用并联负反馈。

负反馈放大电路有四种类型：电压串联负反馈、电压并联负反馈、电流串联负反馈及电流并联负反馈，它们的性能各不相同。由于串联负反馈要用内阻较小的信号源即电压源提供输入信号，并联负反馈要用内阻较大的信号源即电流源提供输入信号，电压负反馈能稳定输出电压（近似于恒压输出），电流负反馈能稳定输出电流（近似于恒流输出），因此，上述四种组态的负反馈放大电路又常被对应称为压控电压源、流控电压源、压控电流源和流控电流源电路。

引入负反馈后，虽然减小了放大电路的闭环增益 $A_\mathrm{f}(A_\mathrm{f} = \dfrac{A}{1 + AF})$，但是放大电路的许多性能指标得到了改善，如提高了放大电路增益的稳定性，减小了非线性失真，抑制了干扰和噪声，串联负反馈使输入电阻提高，并联负反馈使输入电阻下降，电压负反馈降低了输出电阻，电流负反馈使输出电阻增加。负反馈使放大电路的通频带得到了扩展，但一个给定放大电路的闭环增益带宽积和它的开环增益带宽积近似相等，即增益带宽积近似为常量。负反馈对放大电路所有性能的影响程度均与反馈深度 $1 + AF$ 有关。实际应用中，可依据负反馈的上述作用引入符合设计要求的负反馈。

引入负反馈可以改善放大电路的许多性能，而且反馈越深，性能改善越显著。但由于电路中存在电容等电抗性元件，它们的阻抗随信号频率而变化，因而使 AF 的大小和相位都随频率而变化，当幅值条件 $|\dot{A}\dot{F}| \geqslant 1$ 及相位条件 $\varphi_A + \varphi_F = (2n+1) \times \pi$ 同时满足时，电路就会从原来的负反馈变成正反馈而产生自激振荡。

负反馈放大电路的级数愈多，反馈愈深，产生自激振荡的可能性愈大，因此实用的负反馈放大电路以三级最常见。在已知环路增益的波特图的情况下，可以根据 f_0 和 f_c 的关系判断电路的稳定性，若 $f_0 \leqslant f_c$，则电路不稳定，会产生自激振荡；若 $f_0 > f_c$，则电路稳定，不会产生自激振荡。为使电路具有足够的稳定性，幅值裕度应不小于 10 dB，相位裕度就不小于 $45°$。

当产生自激振荡时，必须在放大电路合适的位置加小容量电容或电阻和电容的串联电路消振。

思考与练习

7-1 填空题：

(1) 具有反馈网络的放大电路称为（　　）。

(2) （　　）称为放大电路的反馈深度，它反映了反馈对放大电路影响的程度。

(3) 反馈信号的大小与输出电压成比例的反馈称为（　　）；反馈信号的大小与输出电流成比例的反馈称为（　　）。

(4) 交流负反馈有四种组态，分别为（　　）、（　　）、（　　）、（　　）。

(5) 电压串联负反馈可以稳定（　　），使输出电阻（　　），输入电阻（　　），电路的带负载能力（　　）。

(6) 电流串联负反馈可以稳定（　　），输出电阻（　　）。

(7) 电路中引入直流负反馈，可以（　　）静态工作点；引入（　　）负反馈，可以改善电路的动态性能。

(8) 交流负反馈的引入可以（　　）放大倍数的稳定性，（　　）非线性失真，（　　）

频带。

(9) 放大电路若要提高电路的输入电阻,应该引入(　　　)负反馈;若要减小输出电阻,应该引入(　　　)负反馈。

7-2 选择题:

(1) 引入负反馈可以使放大电路的放大倍数(　　　)。

A. 增大　　　　　　　　　　B. 减小　　　　　　　　　　C. 不变

(2) 已知 $A=100$,$F=0.2$,则有 $A_f=$(　　　)。

A. 20　　　　　　　　　　　B. 5　　　　　　　　　　　　C. 100

(3) 深度负反馈下,闭环增益 A_f(　　　)。

A. 仅与 F 有关　　　　　　B. 仅与 A 有关　　　　　　C. 与 A、F 均无关

(4) 反馈电路引入交流负反馈可以减小(　　　)。

A. 环路内的非线性失真　　　B. 环路外的非线性失真　　　C. 输入信号的失真

7-3 判断题:

(1) 交流负反馈不能稳定电路的静态工作点;直流负反馈不能改善电路的动态性能。(　　　)

(2) 交流负反馈可以改善放大电路的动态性能,且改善的程度与反馈深度有关,所以负反馈的反馈深度越深越好。(　　　)

(3) 如果输入信号本身含有一定的噪声干扰信号,可以通过在放大电路中引入负反馈来减小该噪声干扰信号。(　　　)

7-4 判断题 7-4 图所示各电路中是否引入了反馈,是直流反馈还是交流反馈?是正反馈是负反馈?设图中所有电容对交流信号均可视为短路。

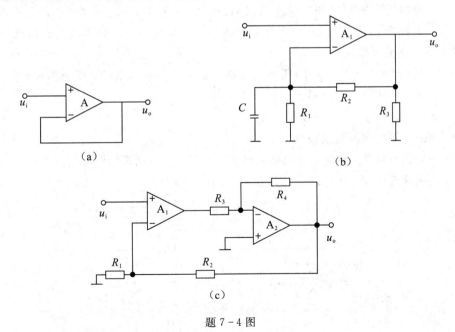

题 7-4 图

7-5 电路如题 7-5 图所示,要求同题 7-4。

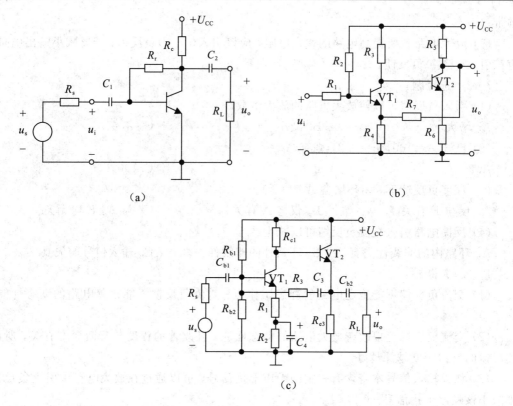

(a)

(b)

(c)

题 7-5 图

7-6 分别判断题 7-4 图中(a)、(b)、(c)所示各电路中引入了哪种组态的交流负反馈。

7-7 分别判断题 7-5 图中(a)、(b)、(c)所示各电路中引入了哪种组态的交流负反馈。

7-8 设题 7-4 图(a)所示的电路满足深度负反馈条件,试分别求它们的反馈系数、闭环增益和闭环电压增益。

7-9 设题 7-5 图(a)和(b)所示的电路满足深度负反馈条件,试分别求它们的反馈系数、闭环增益和闭环电压增益。

7-10 电路如题 7-10 图所示。

(1) 判断电路的级间反馈极性和组态;

(2) 如果是负反馈,在深度负反馈条件下求反馈系数、闭环增益和闭环电压增益;

(3) 说明该反馈对放大电路输入输出电阻的影响。

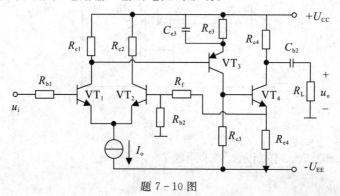

题 7-10 图

7-11　电路如题 7-11 图所示。

（1）试判断电路中的级间反馈组态和极性；

（2）求反馈系数和闭环电压增益。

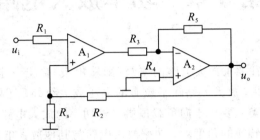

题 7-11 图

7-12　由运放组成的同相放大电路中，运放的 $A_{uo} = 10^6$，$R_f = 47 \text{ k}\Omega$，$R_1 = 5.1 \text{ k}\Omega$，求反馈系数 F_u 和闭环电压增益 A_{uf}。

7-13　已知一个电压串联负反馈放大电路的电压放大倍数 $A_{uf} = 20$，其基本放大电路的电压放大倍数 A_u 的相对变化率为 10%，A_{uf} 的相对变化率小于 0.1%，试问：F 和 A_u 各为多少？

7-14　以集成运放作为放大电路，引入合适的负反馈，分别达到下列目的，要求画出电路图。

（1）实现电流-电压转换电路；

（2）实现电压-电流转换电路；

（3）实现输入电阻高、输出电压稳定的电压放大电路；

（4）实现输入电阻低、输出电流稳定的电流放大电路。

7-15　某负反馈放大电路的高频区波特图如题 7-15 图所示。已知 $20\lg|\dot{A}| = 100 \text{ dB}$，$20\lg\left|\dfrac{1}{\dot{F}}\right| = 40 \text{ dB}$。试判断：该电路是否会产生自激振荡？如果产生，反馈系数 $\dot{F}$ 的值应该在什么范围内，电路才能稳定工作？

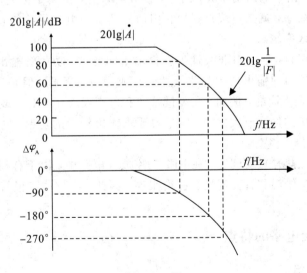

题 7-15 图

第8章　功率放大电路

在实际电路中,往往要求放大电路的末级(即输出级)输出一定的功率,以驱动负载,如扬声器、电机等。因此,放大电路除了应有的电压放大级外,还要求有一个能输出一定信号功率的输出级。这类主要用于向负载提供足够功率的放大电路称为功率放大电路,简称功放。从能量控制和转换的角度看,功率放大电路与其他放大电路在本质上没有根本的区别,只是功放既不是单纯追求输出高电压,也不是单纯追求输出大电流,而是追求在电源电压确定的情况下,输出尽可能大的功率。因此,从功放电路的组成和分析方法,到其元器件的选择,都与小信号放大电路有着明显的区别。

本章主要讨论低频功率放大电路的基本概念、互补对称功率放大电路、集成功率放大电路等。

8.1　概　述

前面已指出,对电压放大电路的要求是使负载得到不失真的电压波形,讨论的主要指标是电压增益、输入阻抗和输出阻抗等,而对输出功率没有特定要求。功率放大电路则不同,它的主要要求是获得一定的不失真(或轻度失真)的输出功率。因此,功率放大电路包含着一系列的电压放大电路中没有出现过的特殊问题,这些问题是:

(1) 尽可能获得大的输出功率。为了获得大的输出功率,功放管的电压和电流都要有足够大的输出幅度,往往在接近极限状态下工作,因此,功率放大电路是一种大信号工作放大电路。

(2) 效率要高。由于输出功率大,因此,直流电源消耗的功率也大,效率问题就成为一个重要问题。所谓效率,就是负载得到的有用信号功率与电源供给的直流功率的比值。这个比值越大,表示效率较高。

(3) 根据应用场合不同,对非线性失真提出不同要求。功放管输出功率越大,往往非线性失真越严重,这就使输出功率和非线性失真成为一对矛盾。但是,在不同场合下,对非线性失真的要求是不同的,例如,在测量系统和电声设备中,对非线性失真有很高的要求,而在控制电动机的伺服放大器中,则主要要求输出较大的功率,对非线性失真的要求就降为次要问题了。

(4) 功率管的散热是重要问题。在 BJT 功率放大电路中,由于有相当大的功率消耗在功放管的集电结上,结温和管壳温度会变得很高,因此,半导体三极管的散热就成为一个重要问题。

8.1.1　功率放大电路的特点

1. 主要技术指标

功率放大电路的主要技术指标为最大输出功率和转换效率。

（1）最大输出功率 P_{om}，功率放大电路提供给负载的信号功率称为输出功率。在输入为正弦波且输出基本不失真条件下，输出功率是交流功率，表达式为 $P_o = I_o U_o$，式中 I_o 和 U_o 均为交流有效值。最大输出功率 P_{om} 是在电路参数确定的情况下负载上可能获得的最大交流功率。

（2）转换效率 η，功率放大电路的最大输出功率与电源所提供的功率之比称为转换效率。电源提供的功率是直流功率，其值等于电源输出电流平均值及其电压之积。通常功放输出的功率大，电源消耗的直流功率也就多。因此，在一定的输出功率下，减小直流电源的功耗，就可以提高电路的效率。

2. 功率放大电路中的晶体管

在功率放大电路中，为使输出功率尽可能大，要求晶体管工作在极限状态，即晶体管集电极电流最大时接近 I_{CM}，管压降最大时接近 $U_{(BR)CEO}$，耗散功率最大时接近 P_{CM}。I_{CM}、$U_{(BR)CEO}$ 和 P_{CM} 分别是晶体管的极限参数：最大集电极电流、c-e 间能承受的最大管压降和集电极最大耗散功率。因此，在选择功放管时，要特别注意极限参数的选择，以保证管子安全工作。

应当指出，因功放管通常为大功率管，查阅手册时要特别注意其散热条件，使用时必须安装合适的散热片，有时还要采取各种保护措施。

3. 功率放大电路的分析方法

因为功率放大电路的输出电压和输出电流幅值均很大，功放管特性的非线性不可忽略，所以在分析功放电路时，不能采用仅适用于小信号的交流等效电路法，而应采用图解法。

此外，由于功放的输入信号较大，输出波形容易产生非线性失真，电路中应采用适当方法改善输出波形，如引入交流负反馈。

8.1.2　功率放大电路工作状态分类

在功率放大电路中，可以根据晶体管静态工作点的不同（功放管导通状态的不同）来进行分类。功率放大电路按其晶体管导通时间的不同，可分为甲类、乙类、甲乙类、丙类等。

1. 甲类

甲类功率放大电路的特征是在输入信号的整个周期内，晶体管均导通。

当 Q 点的选择使得晶体管在整个输入信号周期内都能导通时，称为甲类功放，如图 8.1-1 所示。以前学习的基本放大电路都属于甲类功放。由于静态电流和静态管耗的存在，甲类功放的效率很低，理想情况下最高也只能达到 50%。

2. 乙类

乙类功率放大电路的特征是在输入信号的整个周期内，晶体管仅在半个周期内导通。

当 Q 点的选择使得晶体管只能在半个输入信号周期内导通，称为乙类功放，如图 8.1-2 所示。它的特点是 $I_{BQ} = 0$，所以不加交流输入信号的时候没有静态管耗，这样乙类功放的效率可以做得很高，理想情况下最高能达到 78.5%。由于乙类功放中的三极管只能放大半个周期，所以乙类功放需要两个三极管来分别放大半个周期。

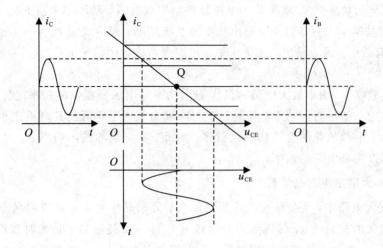

图 8.1-1 甲类功率放大电路的 Q 点设置及输入输出波形示意

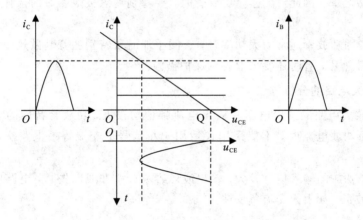

图 8.1-2 乙类功率放大电路的 Q 点设置及输入输出波形示意图

3. 甲乙类

甲乙类功率放大电路的特征是在输入信号的整个周期内，晶体管导通时间大于半个周期而小于整个周期。

由于乙类功放 $I_{BQ} = 0$ 提高了效率，但是实际的三极管都存在截止区，Q 点会因此进入截止区，从而导致功放失去放大能力并且造成失真。因此，实际的 Q 点都选择在稍高于截止线上，使得晶体管在输入信号的大半个周期内导通，称为甲乙类功放，如图 8.1-3 所示。所以从本质上讲，甲乙类功放是乙类的改进型，是现实生活中的理想乙类功放。它的分析计算完全参照乙类功放。

综上所述，功率放大电路可按其晶体管在信号的整个周期内的导通角度划分为甲类、乙类、甲乙类、丙类等。

8.1.3 功率放大电路的组成

在电源电压确定后，输出尽可能大的功率和提高转换效率始终是功率放大电路要研究的主要问题。因而围绕这两个性能指标的改善，可组成不同电路形式的功放。

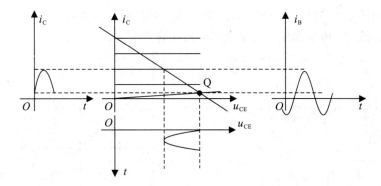

图 8.1-3 甲乙类功率放大电路的 Q 点设置及输入输出波形示意图

1. 共射放大电路不宜用作功率放大电路

图 8.1-4(a) 所示为小功率共射放大电路,其图解分析如图 8.1-4(b) 所示。静态时,若晶体管的基极电流可忽略不计,直流电源提供的直流功率约为 $I_{CQ}U_{CC}$,即图中矩形 ABCO 的面积;集电极电阻 R_c 的功率损耗为 $I_{CQ}R_c$,即矩形 QBCD 的面积;晶体管集电极耗散功率为 $I_{CQ}U_{CEQ}$,即矩形 AQDO 的面积。

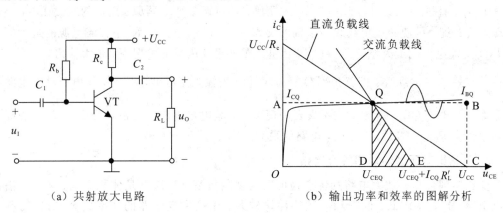

(a) 共射放大电路   (b) 输出功率和效率的图解分析

图 8.1-4 小功率共射放大电路的输出功率和效率的分析

在输入信号为正弦波时,集电极交流电流也为正弦波,如图中所画,则电源输出的平均电流为 I_{CQ},因而电源提供的功率不变。交流负载线如图中所画,集电极电流交流分量的最大幅值为 I_{CQ},管压降交流分量的最大幅值为 $I_{CQ}(R_c /\!/ R_L)$,有效值为 $I_{CQ}(R_c /\!/ R_L)/\sqrt{2}$,所以 $R_L'=(R_c /\!/ R_L)$ 上可能获得的最大交流功率 P_{om}' 为 $P_{om}'=\left(\dfrac{I_{CQ}}{\sqrt{2}}\right)^2 R_L'=\dfrac{1}{2}I_{CQ}(I_{CQ}R_L')$,即图中三角形 QDE 的面积。负载电阻 R_L 上所获得的功率(即输出功率)P_o 仅为 P_o' 的一部分,P_o 小于 P_o'。从图解分析可知,若 R_L 数值很小,比如扬声器,仅为几欧,交流负载线很陡,则 $I_{CQ}R_L'$ 必然很小,因而图 8.1-4(a) 所示电路不但输出功率很小,而且由于电源提供的功率始终不变,使得效率也很低,可见其不宜作为功率放大电路。

2. 变压器耦合功率放大电路

传统的功率放大电路为变压器耦合电路。图 8.1-5(a) 所示为单管变压器耦合功率放大电路,因为变压器原边线圈电阻可忽略不计,所以直流负载线是垂直于横轴且过(U_{CC},

0) 的直线，如图 8.1-5(b) 中所画。若忽略晶体管基极回路的损耗，则电源提供的功率为 $P_U = I_{CQ}U_{CC}$，此时，电源提供的功率全部消耗在管子上。

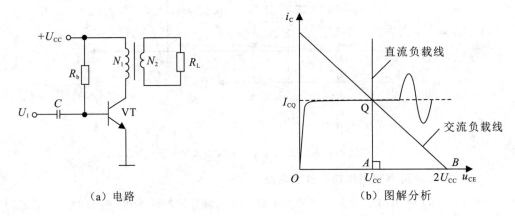

（a）电路 （b）图解分析

图 8.1-5 单管变压器耦合功率放大电路

从变压器原边向负载方向看的交流等效电阻为 $R'_L = \left(\dfrac{N_1}{N_2}\right)^2 R_L$，故交流负载线的斜率为 $-1/R'_L$，且过 Q 点，如图 8.1-5(b) 中所画。通过调整变压器原、副边的匝数比 N_1/N_2，实现阻抗匹配，可使交流负载线与横轴的交点约为 $2U_{CC}$。此时，R'_L 中交流电源的最大幅值为 I_{CQ}，交流电压的最大幅值约为 U_{CC}。因此，在理想变压器的情况下，最大输出功率为 $P_{om} = \dfrac{I_{CQ}}{\sqrt{2}} \cdot \dfrac{U_{CC}}{\sqrt{2}} = \dfrac{1}{2}I_{CQ}U_{CC}$，即三角形 QAB 的面积。当输入正弦波电压时，集电极动态电源的波形如图 8.1-5(b) 中所画。在不失真的情况下，集电极电流平均值仍为 I_{CQ}，故电源提供的功率仍为 $P_U = I_{CQ}U_{CC}$。可见，电路的最大效率 P_{om}/P_U 为 50%。

3. 无输出变压器的功率放大电路

变压器耦合功率放大电路的优点是可以实现阻抗变换，缺点是体积庞大、笨重、消耗有色金属，且效率较低，低频和高频特性均较差。无输出变压器的功率放大电路（简称为 OTL(Output Transformer Less) 电路）用一个大容量电容取代了变压器，如图 8.1-6 所示。虽然图中 VT_1 为 NPN 型管，VT_2 为 PNP 型管，但是它们的特性对称。

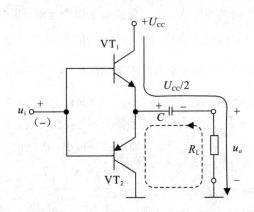

图 8.1-6 OTL 电路

　　静态时，前级电路应使基极电位为 $U_{cc}/2$，由于 VT_1 和 VT_2 特性对称，发射结电位也为 $U_{cc}/2$，故电容上的电压为 $U_{cc}/2$，极性如图 8.1-6 所标注。设电容容量足够大，对交流信号可视为短路；晶体管 b-e 间的开启电压可忽略不计；输入电压为正弦波。当 $u_i > 0$ 时，VT_1 管导通，VT_2 管截止，电流如图 8.1-6 中实线所示，由 VT_1 和 R_L 组成的电路为射极输出形式，$u_o \approx u_i$；当 $u_i < 0$ 时，VT_2 管导通，VT_1 管截止，电流如图 8.1-6 中虚线所示，由 VT_2 和 R_L 组成的电路也为射极输出形式，$u_o \approx u_i$；故电路输出电压跟随输入电压。

　　由于一般情况下功率放大电路的负载电流很大，电容容量常选为几千微法，且为电解电容。电容容量愈大，电路低频特性将愈好。但是，当电容容量增大到一定程度时，由于两个极板面积很大，且卷制而成，电解电容不再是纯电容，而存在漏阻和电感效应，使得低频特性不会明显改善。

4. 无输出电容的功率放大电路

　　如图 8.1-7 所示，称为无输出电容的功率放大电路，简称 OCL(Output Capacitor Less) 电路。

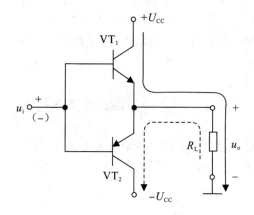

图 8.1-7　OCL 电路

　　在 OCL 电路中，VT_1 和 VT_2 特性对称，采用了双电源供电。静态时，VT_1 和 VT_2 均截止，输出电压为零。设晶体管 b-e 间的开启电压可忽略不计；输入电压为正弦波。当 $u_i > 0$ 时，VT_1 管导通，VT_2 管截止，正电源供电，电流如图 8.1-7 中实线所示，电路为射极输出形式，$u_o \approx u_i$；当 $u_i < 0$ 时，VT_2 管导通，VT_1 管截止，负电源供电，电流如图 8.1-7 中虚线所示，电路也为射极输出形式，$u_o \approx u_i$；可见电路实现了"VT_1 和 VT_2 交替工作，正、负电源交替供电，输出与输入之间双向跟随"。不同类型的两只晶体管（VT_1 和 VT2）交替工作且均组成射极输出形式的电路称为"互补"电路，两只管子的这种交替工作方式称为"互补"工作方式。

5. 桥式推挽功率放大电路

　　在 OCL 电路中采用了双电源供电，虽然就功放而言没有了变压器和大电容，但是在制作负电源时仍需用变压器或带铁芯的电感、大电容等，所以就整个电路系统而言未必是最佳方案。为了实现单电源供电，且不用变压器和大电容，可采用桥式推挽功率放大电路，简称 BTL(Balanced Transformer Less) 电路，如图 8.1-8 所示。

　　图中四只管子特性对称，静态时均处于截止状态，负载上电压为零。设晶体管 b-e 间的开启电压可忽略不计；输入电压为正弦波，假设正方向如图中所标注。当 $u_i > 0$ 时，VT_1 和 VT_4 管导管，VT_2 和 VT_3 管截止，电流如图 8.1-8 中实线所示，负载上获得正半周电压；当 $u_i < 0$ 时，VT_2 和 VT_3 管导通，VT_1 和 VT_4 管截止，电流如图 8.1-8 中虚线所示，负载上获得负半周电压，因而负载上获得交流功率。

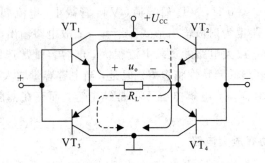

图 8.1-8 BTL 电路

BTL 电路所用管子数量最多，难于做到四只管子特性理想对称；且管子的总损耗大，必然使得转换效率降低；电路的输入和输出均无接地点，因此有些场合不适用。

综上所述，OTL、OCL 和 BTL 电路中晶体管均工作在乙类状态，它们各有优缺点，且均有集成电路，使用时应根据需要合理选择。

8.2 互补功率放大电路

目前使用最广泛的是无输出变压器的功率放大电路（OTL 电路）和无输出电容的功率放大电路（OCL 电路）。本节以 OCL 电路为例，介绍功率放大电路最大输出功率和转换效率的分析计算。

8.2.1 OCL 电路的组成及工作原理

1. 电路组成

对于基本 OCL 电路，若考虑晶体管 b-e 间的开启电压 U_{on}，则当输入电压的数值 $|u_i| < U_{on}$ 时，VT_1 和 VT_2 管均处于截止状态，输出电压 $u_o = 0$；只有当 $|u_i| > U_{on}$ 时，VT_1 或 VT_2 管才导通，它们的基极电流失真，如图 8.2-1 所示，因而输出电压波形产生交越失真。

为了消除交越失真，应当设置合适的静态工作点，使两只晶体管均工作在临界导通或微导通状态。消除交越失真的 OCL 电路如图 8.2-1 所示。

2. 工作原理

在图 8.2-2 所示电路中，静态时，从 +

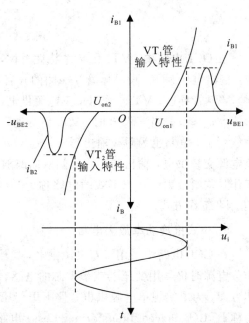

图 8.2-1 交越失真的产生

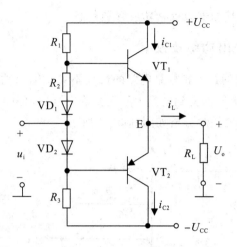

图 8.2 - 2　消除交越失真的 OCL 电路

U_{CC} 经过 R_1、R_2、VD_1、VD_2、R_3 到 $-U_{CC}$ 有一个直流电流，它在 VT_1 和 VT_2 管两个基极之间所产生的电压为 $U_{B1B2} = U_{R_1} + U_{D_1} + U_{D_2}$，使 U_{B1B2} 略大于 VT_1 管发射结和 VT_2 管发射结开启电压之和，从而使两只管子均处于微导通状态，即都有一个微小的基极电流，分别为 I_{B1} 和 I_{B2}。静态时应调节 R_2，使发射极电位 $U_E = 0$，即输出电压 $u_o = 0$。

当所加信号按正弦规律变化时，由于二极管 VD_1、VD_2 的动态电阻很小，而且 R_2 的阻值也较小，所以可以认为 VT_1 管基极电位的变化与 VT_2 管基极电位的变化近似相等，即 $u_{B1} \approx u_{B2} \approx u_i$。也就是说，可以认为两管基极之间电位差基本是一恒定值，两个基极的电位随 u_i 产生相同变化。这样，当 $u_i > 0$ 且逐渐增大时，u_{BE1} 增大，VT_1 管基极电流 I_{B1} 随之增大，发射极电流 I_{E1} 也必然增大，负载电阻 R_L 上得到正方向的电流；与此同时，u_i 的增大使 u_{BE2} 减小，当减小到一定数值时，VT_2 管截止。同样道理，当 $u_i < 0$ 且逐渐减小时，使 u_{BE2} 逐渐增大，VT_2 管的基极电流 I_{B2} 随之增大，发射极电流 I_{E2} 也必然增大，负载电阻 R_L 上得到负方向的电流；

与此同时，u_i 的减小，使 u_{BE1} 减小，当减小到一定数值时，VT_1 管截止。这样，即使 u_i 很小，总能保证至少有一只晶体管导通，因而消除了交越失真。VT_1 和 VT_2 管在 u_i 作用下，其输入特性中的图解分析如图 8.2 - 3 所示。综上所述，输入信号的正半周主要是 VT_1 管发射极驱动负载，而负半周主要是 VT_2 管发射极驱动负载，而且两管的导通时间都比输入信号的半个周期长，即在信号电压很小时，两只管子同时导通，因而它们工作在甲乙类状态。

值得注意的是，若静态工作点失调，例如 R_2、VD_1、VD_2 中任意一个元件虚焊，则从 $+U_{CC}$ 经过 R_1、VT_1 管发射结、VT_2 管发射结、R_3 到 $-U_{CC}$ 形成一个通路，有较大的基极电流 I_{B1} 和 I_{B2} 流过，从而导致 VT_1 管和 VT_2 管有很大的集电极直流电流，以至于 VT_1 管和 VT_2 管可能因功耗过大而损坏。因

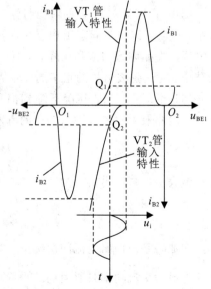

图 8.2 - 3　VT_1 管和 VT_2 管在 u_i 作用下输入特性的图解分析

此，常在输出回路中接入熔断器以保护功放管和负载。

8.2.2 OCL 电路的输出功率及效率

功率放大电路最重要的技术指标是电路的最大不失真输出功率 P_{om} 及效率 η。为了求解 P_{om}，需首先求出负载上能够得到的最大不失真输出电压幅值。当输入电压足够大，且又不产生饱和失真时，电路的图解分析如图 8.2 - 4 所示。

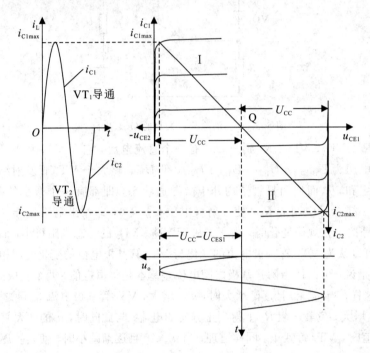

图 8.2 - 4　OCL 电路的图解分析

图中 Ⅰ 区为 VT_1 管的输出特性，Ⅱ 区为 VT_2 管的输出特性。因两只管子的静态电流很小，所以可以认为静态工作点在横轴上，如图中所标注，因而最大输出电压幅值等于电源电压减去晶体管的饱和压降，即（$U_{CC} - U_{CES1}$）。实际上，即使不画出图来，也能得到同样的结论。在正弦波信号的正半周，u_i 从零逐渐增大时，输出电压随之逐渐增大，VT_1 管压降必然逐渐减小，当管压降下降到饱和管压降时，输出电压达到最大幅值，其值为 $U_{CC} - U_{CES1}$，因此最大不失真输出电压的有效值为

$$U_{om} = \frac{U_{CC} - U_{CES}}{\sqrt{2}}$$

最大不失真输出功率为

$$P_{om} = \frac{U_o^2}{R_L} = \frac{U_{om}^2}{2R_L} = \frac{(U_{CC} - U_{CES})^2}{2R_L} \qquad (8.2 - 1)$$

在忽略基极回路电流的情况下，电源 U_{CC} 提供的电流 $i_C = \dfrac{U_{CC} - U_{CES}}{R_L}\sin\omega t$，电源在负载获得最大交流功率时所消耗的平均功率等于其平均电流与电源电压之积，其表达式为

$$P_U = \frac{1}{\pi}\int_0^\pi \frac{U_{CC} - U_{CES}}{R_L}\sin\omega t \cdot U_{CC}\,d\omega t$$

整理后可得

$$P_U = \frac{2}{\pi} \cdot \frac{U_{CC}(U_{CC} - U_{CES})}{R_L} \tag{8.2-2}$$

因此,转换效率为

$$\eta = \frac{P_{om}}{P_U} = \frac{\pi}{4} \cdot \frac{U_{CC} - U_{CES}}{U_{CC}} \tag{8.2-3}$$

在理想情况下,即饱和管压降可忽略不计的情况下:

$$P_{om} = \frac{U_o^2}{R_L} = \frac{U_{om}^2}{2R_L} = \frac{U_{CC}^2}{2R_L}$$

$$P_U = \frac{2}{\pi} \cdot \frac{U_{CC}^2}{2R_L} \tag{8.2-4}$$

$$\eta = \frac{\pi}{4} \approx 78.5\%$$

应当指出,大功率管的饱和管压降常为 $2 \sim 3$ V,因而一般情况下都不能忽略饱和管压降,即不能用式(8.2-4)计算电路的最大输出功率和效率。

【例 8.2-1】　在图 8.2-2 所示电路中,已知 $U_{CC} = 15$ V,输入电压为正弦波,晶体管的饱和管压降 $|U_{CES}| = 3$ V,电压放大倍数约为 1,负载电阻 $R_L = 4$ Ω。

(1) 求解负载上可能获得的最大不失真功率和效率;

(2) 若输入电压有效值为 8 V,则负载上能够获得的功率为多少?

解　(1) 根据式(8.2-1),有

$$P_{om} = \frac{(U_{CC} - U_{CES})^2}{2R_L} = \frac{(15 - 3)^2}{2 \times 4} = 18 \text{ W}$$

根据式(8.2-3),有

$$\eta = \frac{\pi}{4} \cdot \frac{U_{CC} - U_{CES}}{U_{CC}} \approx \frac{12 - 3}{12} \times 78.5\% = 62.8\%$$

(2) 因为 $U_o \approx U_i$,所以 $U_o = 8$ V。最大输出功率为

$$P_{om} = \frac{U_o^2}{R_L} = 16 \text{ W}$$

从例 8.2-1 的分析可知,功率放大电路的最大输出功率除了决定于功放自身的参数外,还与输入电压是否足够大有关。

8.3　集成功率放大电路

OTL、OCL 和 BTL 电路均有各种不同输出功率和不同电压增益的多种型号的集成电路。应当注意,在使用 OTL 电路时,需外接输出电容。为了改善频率特性,减小非线性失真,很多电路内部还引入深度负反馈。本节以低频功放为例,讲述集成功放的电路组成、工作原理、主要性能指标和典型应用。

8.3.1　集成功率放大电路分析

LM386 是一种音频集成功放,具有自身功耗低、电压增益可调整、电源电压范围大、外接元件少和总谐波失真小等优点,广泛应用于录音机和收音机之中。

1. LM386 内部电路

LM386 内部电路原理图如图 8.3-1 所示，与通用型集成运放类似，它是一个三级放大电路，如点划线所划分。

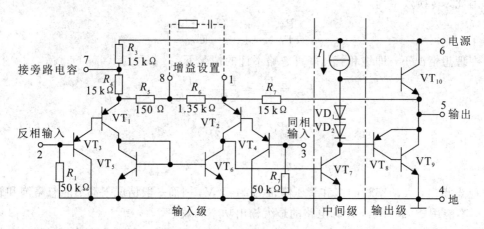

图 8.3-1　LM386 内部电路原理图

第一级为差分放大电路，VT_1 和 VT_3 管、VT_2 和 VT_4 管分别构成复合管，作为差分放大电路的放大管；VT_5 和 VT_6 管组成镜像电流源作为 VT_1 和 VT_2 管的有源负载；信号从 VT_3 和 VT_4 管的基极输入，从 VT_2 管的集电极输出，为双端输入单端输出差分电路。

第二级为共射放大电路，VT_7 为放大管，恒流源作有源负载，以增大放大倍数。

第三级中的 VT_8 和 VT_9 管复合成 PNP 型管，与 NPN 型管 VT_{10} 构成准互补输出级。二极管 VD_1 和 VD_2 为输出级提供合适的偏置电压，可以消除交越失真。

利用瞬时极性法可以判断出，引脚 2 为反相输入端，引脚 3 为同相输入端。电路由单电源供电，故为 OTL 电路。输出端(引脚 5) 应外接输出电容后再接负载。

电阻 R_7 从输出端连接到 VT_2 的发射极，形成反馈通路，并与 R_5 和 R_6 构成反馈网络，从而引入了深度电压串联负反馈，使整个电路具有稳定的电压增益。

2. LM386 的电压放大倍数

当引脚 1 和 8 之间开路时，由于在交流通路中 VT_1 管发射极近似为地，R_5 和 R_6 上的动态电压为反馈电压，近似等于同相输入端的输入电压，即为二分之一差模输入电压，于是可写出表达式 $\dot{U}_f = \dot{U}_{R_5} + \dot{U}_{R_6} \approx \dfrac{\dot{U}_i}{2}$，反馈系数 $F = \dfrac{\dot{U}_f}{\dot{U}_o} = \dfrac{R_5 + R_6}{R_5 + R_6 + R_7} \approx \dfrac{\dot{U}_i}{2\dot{U}_o}$，所以电路的电压放大倍数为

$$A_u = \frac{\dot{U}_i}{\dot{U}_o} \approx 2\left(1 + \frac{R_7}{R_5 + R_6}\right) \tag{8.3-1}$$

因为 $R_7 \gg (R_5 + R_6)$，所以

$$A_u \approx \frac{2R_7}{R_5 + R_6} \tag{8.3-2}$$

将 R_5、R_6 和 R_7 的数值代入，可得 $A_u \approx 20$。

当引脚 1 和 8 之间外接电阻为 R 时，

$$A_\text{u} \approx \frac{2R_7}{R_5 + R_6 /\!/ R} \qquad (8.3-3)$$

当引脚 1 和 8 之间对交流信号相当于短路时，

$$A_\text{u} \approx \frac{2R_7}{R_5} \qquad (8.3-4)$$

将 R_5 和 R_7 的数值代入，$A_\text{u} \approx 200$。所以，当引脚 1 和 8 外接不同的电阻时，A_u 的调节范围为 $20 \sim 200$，因而增益 $20\lg |A_\text{u}|$ 约为 $26 \sim 46$ dB。

实际上，在引脚 1 和 5（即输出端）之间外接电阻也可改变电路的电压放大倍数。设引脚 1 和 5 之间外接电阻为 R'，则

$$A_\text{u} \approx \frac{2(R_7 /\!/ R')}{R_5 + R_6} \qquad (8.3-5)$$

3. LM386 的引脚图

LM386 的外形和引脚的排列如图 8.3-2 所示。引脚 2 为反相输入端，3 为同相输入端；引脚 5 为输出端；引脚 6 和 4 分别为电源和地；引脚 1 和 8 为电压增益设定端；使用时在引脚 7 和地之间接旁路电容，通常取 $10\ \mu\text{F}$。

图 8.3-2 LM386 的外形和引脚的排列

8.3.2 集成功率放大电路的主要性能指标

集成功率放大电路的主要性能指标除最大输出功率外，还有电源电压范围、电源静态电流、电压增益、频带宽、输入阻抗、输入偏置电流、总谐波失真等。

对于同一负载，当电源电压不同时，最大输出功率的数值将不同；当然，对于同一电源电压，当负载不同时，最大输出功率的数值也将不同。已知电源的静态电流（可查阅相关手册）和负载电流最大值（通过最大输出功率和负载可求出），可求出电源的功耗，从而得到转换效率。几种典型产品的性能如表 8.3-1 所示。

表 8.3-1 几种集成功放的主要参数

型号	LM386-4	LM2877	TDA1514A	TDA1556
电路类型	OTL	OTL（双通道）	OCL	BTL（双通道）
电源电压范围/V	5.0~18	6.0~24	±10~±30	6.0~18
静态电源电流/mA	4	25	56	80
输入阻抗/kΩ	50		1000	120
输出功率/W	1	4.5	48	22
电压增益/dB	26~46	70（开环）	89（开环） 30（闭环）	26（闭环）
频带宽/kHz	300 （1、8 开路）		0.02~25	0.02~15
增益带宽积/kHz		65		
总谐波失真 /（%）（或 dB）	0.2 %	0.07 %	−90 dB	0.1 %

8.3.3 集成功率放大电路的应用

1. 集成 OTL 电路的应用

图 8.3 - 3 所示为 LM386 的一种基本用法，也是外接元件最少的一种用法，C_1 为输出电容。由于引脚 1 和 8 开路，集成功放的电压增益为 26 dB，即电压放大倍数为 20。利用 R_w 可调节扬声器的音量。R 和 C_2 串联构成校正网络用来进行相位补偿。

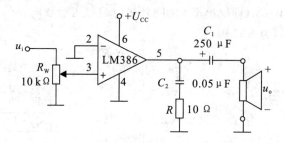

图 8.3 - 3 LM386 外接元件最少的用法

静态时输出电容上电压为 U_{CC}，LM386 的最大不失真输出电压的峰–峰值约为电源电压 U_{CC}。设负载电阻为 R_L，最大输出功率表达式为

$$P_{om} = \frac{\left(\dfrac{U_{CC}/2}{\sqrt{2}}\right)^2}{R_L} = \frac{U_{CC}^2}{8R_L} \tag{8.3-6}$$

此时的输入电压有效值的表达式为

$$U_{im} = \frac{\dfrac{U_{CC}/2}{\sqrt{2}}}{A_u} \tag{8.3-7}$$

当 $U_{CC} = 16$ V，$R_L = 32$ Ω 时，$P_{om} \approx 1$ W，$U_{im} \approx 283$ mV。

图 8.3 - 4 所示为 LM386 电压增益最大时的用法，C_3 使引脚 1 和 8 在交流通路中短路，使 $A_u \approx 200$；C_4 为旁路电容；C_5 为去耦电容，滤掉电源的高频交流成分。当 $U_{CC} = 16$ V，$R_L = 32$ Ω 时，与图 8.3 - 3 所示电路相同，P_{om} 仍约为 1 W；但是，输入电压的有效值 U_{im} 却仅需 28.3 mV。

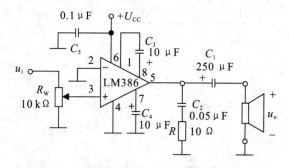

图 8.3 - 4 LM386 电压增益最大时的用法

图 8.3 - 5 所示为 LM386 的一般用法，R_2 改变了 LM386 的电压增益，读者可自行分析其 A_u、P_{om} 和 U_{im}。这里不再赘述。

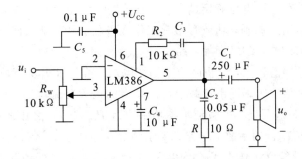

图 8.3 - 5　LM386 的一般用法

2. 集成 OCL 电路的应用

图 8.3-6 所示为 TDA1521 的基本用法。TDA1521 为 2 通道 OCL 电路，可作为立体声扩音机左、右两个声道的功放。其内部引入了深度电压串联负反馈，闭环电压增益为 30 dB，并具有待机、静噪功能以及短路和过热保护等。当 $\pm U_{cc} = \pm 16$ V，$R_L = 8\ \Omega$ 时，若要求总谐波失真为 0.5%，则 $P_{om} \approx 12$ W。由于最大输出功率的表达式为 $P_{om} = \dfrac{U_{om}^2}{R_L}$，可得最大不失真输出电压 $U_{om} \approx 9.8$ V，其峰值约为 13.9 V，可见功放输出电压的最小值约为 2.1 V。当输出功率为 P_{om} 时，输入电压有效值 $U_{im} \approx 327$ mV。

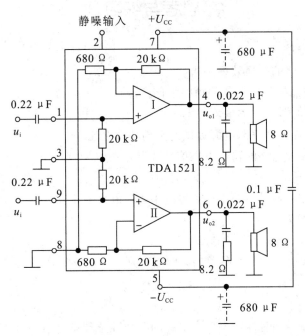

图 8.3 - 6　TDA1521 的基本用法

本 章 小 结

　　本章主要阐明功率放大电路的组成、最大输出功率和效率的估算以及集成功放的应用，归纳如下：

　　功率放大电路是在电源电压确定情况下，以输出尽可能大的不失真信号功率和具有尽可能高的转换效率为组成原则，功放管常常工作在极限应用状态。低频功放有变压器耦合乙类推挽电路、OTL、OCL、BTL 等电路。

　　功放的输入信号幅值较大，分析时应采用图解法。首先求出功率放大电路负载上可能获得的交流电压的幅值，从而得出负载上可能获得的最大交流功率，即电路的最大输出功率 P_{om}；同时求出此时电源提供的直流平均功率 P_U，P_{om} 与 P_U 之比即转换效率 η。

　　OCL 电路为直接耦合功率放大电路，为了消除交越失真，静态时应使功放管微导通；因而 OCL 电路中功放管常工作在甲乙类状态。在忽略静态电流的情况下，最大输出功率和转换效率分别为

$$P_{om} = \frac{U_{om}^2}{R_L} = \frac{(U_{CC} - U_{CES})^2}{2R_L}$$

$$\eta = \frac{\pi}{4} \cdot \frac{U_{CC} - U_{CES}}{U_{CC}}$$

所选用的功放管的极限参数就满足 $U_{(BR)CEO} > 2U_{CC}$，$I_{CM} > U_{CC}/R_L$，$P_{CM} > 0.2/P_{om}$。

　　OTL、OCL 和 BTL 均有不同性能指标的集成电路，只需外接少量元件，就可成为实用电路。在集成功放内部均有保护电路，以防止功放管过流、过压、过损耗或二次击穿。

思考与练习

8-1　选择填空题：

(1) 功率放大电路的转换效率是指（　　）。

A. 输出功率与晶体管所消耗的功率之比

B. 输出功率与电源提供的平均功率之比

C. 晶体管所消耗的功率与电源提供的平均功率之比

(2) 乙类功率放大电路的输出电压信号波形存在（　　）。

A. 饱和失真　　　　　　B. 交越失真　　　　　　C. 截止失真

(3) 乙类双电源互补对称功率放大电路中，若最大输出功率为 2 W，则电路中功放管的集电极最大功耗约为（　　）。

A. 0.1W　　　　　　B. 0.4W　　　　　　C. 0.2W

(4) 在选择功放电路中的晶体管时，应当特别注意的参数有（　　）。

A. β　　　　　　B. I_{CM}　　　　　　C. I_{CBO}

D. $U_{(BR)CEO}$　　　　　　E. P_{CM}

(5) 乙类双电源互补对称功率放大电路的转换效率理论上最高可达到（　　）。

A. 25%　　　　　　B. 50%　　　　　　C. 78.5%

(6) 乙类互补功放电路中的交越失真，实质上就是（　　）。

A. 线性失真　　　　　　B. 饱和失真　　　　　　C. 截止失真

(7) 功放电路的能量转换效率主要与（　　）有关。

A. 电源供给的直流功率　　B. 电路输出信号最大功率　　C. 电路的类型

(8) 功率放大电路的最大输出功率是在输入电压为正弦波时，输出基本不失真情况

下，负载上可能获得的最大_____。（交流功率　直流功率　平均功率）

（9）乙类互补推挽功率放大电路的能量转换效率最高是_____。若功放管的管压降为 U_{CES}，乙类互补推挽功率放大电路的输出电压幅值为_____，管子的功耗最小。乙类互补功放电路存在的主要问题是_____。

（10）为了消除交越失真，应当使功率放大电路工作在_____状态。

（11）单电源互补推挽功率放大电路中，电路的最大输出电压为_____。

（12）由于功率放大电路工作信号幅值_____，所以常常是利用_____分析法进行分析和计算的。

8-2　电路如题 8-2 图所示。已知电源电压 $U_{CC}=15$ V，$R_L=8$ Ω，$U_{CES}\approx 0$，输入信号是正弦波。试问：

（1）负载可能得到的最大输出功率和能量转换效率的最大值分别是多少？

（2）当输入信号 $u_i=10\sin\omega t$ V 时，求此时负载得到的功率和能量转换效率。

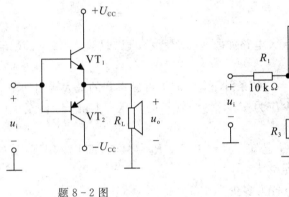

题 8-2 图

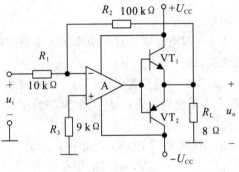

题 8-3 图

8-3　功率放大电路如题 8-3 图所示，假设运放为理想器件，电源电压为 ±12 V。

（1）试分析 R_2 引入的反馈类型；

（2）试求 $A_{uf}=u_o/u_i$ 的值；

（3）试求 $u_i=\sin\omega t$ V 时的输出功率 P_o，电源供给功率 P_E 及能量转换效率 η 的值。

8-4　功率放大电路如题 8-4 图所示。已知 $U_{CC}=12$ V，$R_L=8$ Ω，静态时的输出电压为零，在忽略 U_{CES} 的情况下，试问：

（1）电路的最大输出功率是多少？

（2）VT_1 和 VT_2 的最大管耗 P_{T1m} 和 P_{T2m} 是多少？

（3）电路的最大效率是多少？

（4）二极管 VD_1 和 VD_2 的作用是什么？

8-5　如题 8-5 图所示电路中，设 BJT 的 $\beta=100$，$U_{BE}=0.7$ V，$U_{CES}=0.5$ V，$I_{CEO}=0$，电容 C 对交流可视为短路。输入信号 u_i 为正弦波。

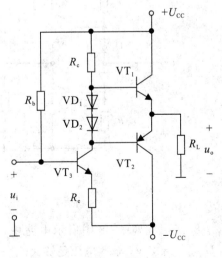

题 8-4 图

（1）计算电路可能达到的最大不失真输出功率 P_{om}。

（2）此时 R_B 应调节到什么数值？

（3）此时电路的效率 $\eta = ?$

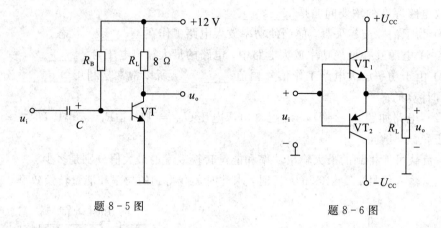

题 8-5 图　　　　　题 8-6 图

8-6　一双电源互补对称功率放大电路如题8-6图所示，已知 $U_{CC} = 12$ V，$R_L = 8$ Ω，u_i 为正弦波。

（1）在 BJT 的饱和管压降 $U_{CES} = 0$ 的条件下，负载上可能得到的最大输出功率 P_{om} 为多少？每个管子允许的管耗 P_{CM} 至少应为多少？每个管子的耐压 $|U_{(BR)CEO}|$ 至少应大于多少？

8-7　在题8-7图所示电路中，已知 $U_{CC} = 16$ V，$R_L = 4$ Ω，VT_1 和 VT_2 管的饱和管压降 $|U_{CES}| = 2$ V，输入电压足够大。

（1）最大输出功率 P_{om} 和效率 η 各为多少？

（2）晶体管的最大功耗 P_{Tm} 为多少？

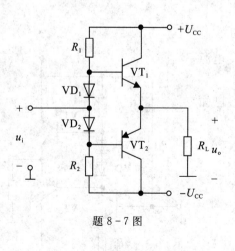

题 8-7 图

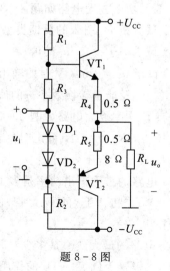

题 8-8 图

8-8　在题8-8图所示电路中，已知 $U_{CC} = 15$ V，VT_1 和 VT_2 管的饱和管压降 $|U_{CES}| = 2$ V，输入电压足够大。

（1）最大不失真输出电压的有效值是多少？

（2）负载电阻 R_L 上电流的最大值是多少？

（3）最大输出功率 P_{om} 和效率 η 各为多少？

8-9　一带前置推动级的甲乙类双电源互补对称功放电路如题 8-9 图所示，图中 $U_{CC} = 20$ V，$R_L = 8\ \Omega$，VT_1 和 VT_2 管的 $|U_{CES}| = 2$ V。

（1）当 VT_3 管输出信号 $U_{o3} = 10$ V（有效值）时，计算电路的输出功率、管耗、直流电源供给的功率和效率。

（2）计算该电路的最大不失真输出功率、效率和达到最大不失真输出时所需 U_{o3} 的有效值。

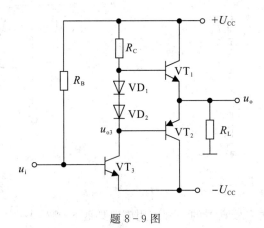

题 8-9 图

8-10　一乙类单电源互补对称（OTL）电路如题 8-10 图（a）所示，设 VT_1 和 VT_2 的特性完全对称，u_i 为正弦波，$R_L = 8\ \Omega$。

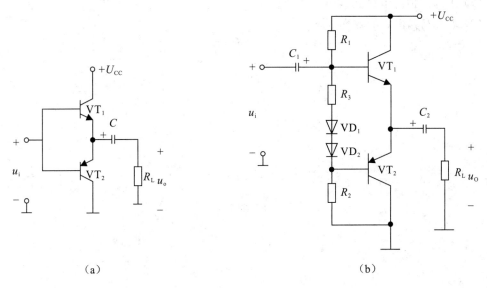

（a）　　　　　　　　　　　　　　　（b）

题 8-10 图

（1）静态时，电容 C 两端的电压应是多少？

（2）若管子的饱和管压降 U_{CES} 可以忽略不计。忽略交越失真，当最大不失真输出功率可达到 9 W 时，电源电压 U_{CC} 至少应为多少？

（3）为了消除该电路的交越失真，电路修改为题图 8-10(b) 所示，若此修改电路实际运行中还存在交越失真，应调整哪一个电阻？如何调？

8-11　某电路的输出级如题 8-11 图所示。试分析：

（1）R_3、R_4 和 VT$_3$ 电路组合有什么作用？

（2）电路中引入 VD$_1$、VD$_2$ 的作用。

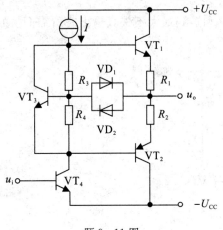

题 8-11 图

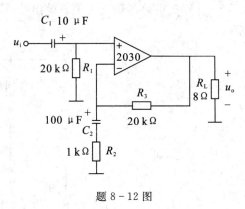

题 8-12 图

8-12　2030 集成功率放大器的一种应用电路如题 8-12 图所示，双电源供电，电源电压为正负 15 V，假定其输出级 BJT 的饱和管压降 U_{CES} 可以忽略不计，u_i 为正弦电压。

（1）指出该电路属于 OTL 还是 OCL 电路？

（2）求理想情况下最大输出功率 P_{om}。

（3）求电路输出级的效率 η。

第9章 直流电源

工业生产中的电解、电镀、电池充电和直流电动机等都需要直流电源供电,电子设备和自动控制装置中也需要稳定的直流电源供电。直流电源可以由直流发电机和干电池来提供,但是在大多数情况下都是将交流电经过整流、滤波和稳压后获得所需的直流电源。随着集成电路技术的发展,集成电路在直流稳压电源中得到了广泛的应用。

根据所提供的功率大小,可以将直流电源分为小功率稳压电源和开关稳压电源。本章根据稳压电源的组成原理,对其各个组成部分进行详细的阐述。

直流稳压电源由电源变压器、整流电路、滤波电路和稳压电路四部分组成,其组成框图及其各个部分的输出波形如图9.1所示。

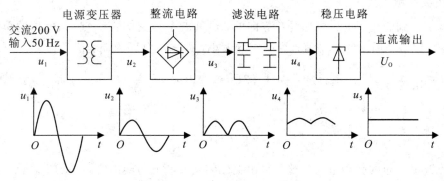

图 9.1 直流稳压电源的组成框图

直流电源的电源变压器的作用是将输入信号为220 V的电网电压(市电)u_1变换到电子线路所需要的交流电压范围u_2,同时它还可以起到直流电源与电网的隔离作用,可升压也可降压。变换后的电压u_2通过整流电路,利用二极管的单向导通性将其变为单向脉动直流电压u_3,再经过滤波电路,对整流输出的脉动直流u_3进行平滑处理,使之成为一个含纹波成分很小的直流电压u_4。由于滤波后输出直流电压受温度、负载、电网电压波动等因素的影响很大,所以最后通过稳压电路,对滤波输出的直流电压u_4进行调节,得到基本稳定的输出电压u_5。

9.1 整流电路

整流是指把大小、方向都随时间变化的交流电变换成直流电,完成这一任务的电路称为整流电路。常见的整流电路有单相半波整流电路、单相全波整流电路和单相桥式整流电路等。

9.1.1 单相半波整流电路

1. 电路结构与工作原理

利用二极管的单向导电特性,在电路中只用一只二极管就可以实现半波输出。具体的实现电路如图 9.1-1 所示。

如果输入信号为正弦波，令 $u_i = \sqrt{2}U_2\sin\omega t$ (U_2 为输入正弦信号的有效值)。由于二极管的单向导电性，当输入信号为正半周时，VD 导通，如果忽略二极管的导通压降，此时负载电阻 R_L 上的输出电压 u_O 等于变压器输出电压 u_2；在输入信号的负半周，二极管反向截止，负载电阻 R_L 上输出电压 u_O 为 0。图 9.1-2 为在负载上获得的输出电压波形。

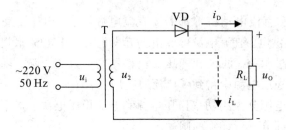 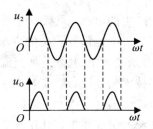

图 9.1-1　单相半波整流电路　　　　图 9.1-2　单相半波整流电路的输出波形

2. 主要参数计算

负载上得到的整流电压虽然是单方向的，但其大小是变化的，这就是所谓的单向脉动电压，通常用一个周期的平均值来说明它的大小，即输出电压的平均值为

$$U_{O(AV)} = \frac{1}{2\pi}\int_0^{2\pi} u_O\,\mathrm{d}(\omega t) = \frac{1}{2\pi}\int_0^{\pi}\sqrt{2}U_2\sin\omega t\,\mathrm{d}(\omega t) = \frac{\sqrt{2}}{\pi}U_2 = 0.45U_2 \qquad (9.1-1)$$

负载中通过的电流平均值为

$$I_O = \frac{U_O}{R_L} = 0.45\frac{U_2}{R_L} \qquad (9.1-2)$$

整流输出电压的脉动系数为整流输出电压的基波峰值与输出电压平均值之比，即

$$S = \frac{U_{om}}{U_{O(AV)}} \qquad (9.1-3)$$

所以，单相半波整流电路输出电压的脉动系数为

$$S = \frac{U_{om}}{U_{O(AV)}} = \frac{\dfrac{U_2}{\sqrt{2}}}{\dfrac{\sqrt{2}U_2}{\pi}} = \frac{\pi}{2} \approx 1.57 \qquad (9.1-4)$$

式(9.1-4)表明单相半波整流电路的输出脉动很大。

3. 二极管的选择

(1) 在选用二极管时要保证二极管的最大反向工作电压大于变压器次级电压的最大幅值，即

$$U_{RM} > \sqrt{2}U_2 \qquad (9.1-5)$$

(2) 二极管的最大整流电流 I_F 应大于负载电流 I_O，即

$$I_F > I_O \qquad (9.1-6)$$

一般情况下，允许电网电压有 $\pm10\%$ 的波动。因此，在实际选用二极管时，对于最高反向工作电压和最大整流平均电流应至少留有 10% 的富裕量，以保证二极管安全正常地

工作，即选取

$$U_{RM} > 1.1\sqrt{2}U_2 \qquad (9.1-7)$$

$$I_F > 1.1I_O \qquad (9.1-8)$$

虽然单相半波整流电路结构简单，但是输出电压低、交流分量大（即脉动大）、效率低。所以，这种电路仅适用于整流电流较小、对脉动要求不高的场合。

9.1.2 单相全波整流电路

1. 电路结构与工作原理

单相半波整流电路的缺点是只利用了电源的半个周期。若将两个半波整流电路组合起来，便可形成一个全波整流电路。单相全波整流电路如图 9.1-3(a) 所示，电路由带中心抽头的变压器和两个二极管组成。令 $u_2 = \sqrt{2}U_2\sin\omega t$（$U_2$ 为输入正弦信号的有效值）。在 u_2 的正半周，u_{D1} 正向导通，电流 i_{D1} 经 U_{D1} 流过 R_L 回到变压器的中心抽头，此时 U_{D2} 因反偏而截止；在 U_2 的负半周，U_{D2} 正向导通，电流 i_{D2} 经 U_{D2} 流过 R_L 回到变压器的中心抽头，此时 U_{D1} 因反偏而截止。由此可见全波整流电路在 u_2 的正、负半周中，U_{D1} 和 U_{D2} 轮流导通，负载 R_L 在 u_2 的正、负半波中均有电流通过，其电压波形如图 9.1-3(b) 所示。

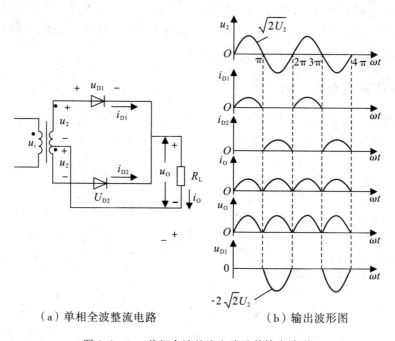

（a）单相全波整流电路 （b）输出波形图

图 9.1-3 单相全波整流电路及其输出波形

2. 主要参数计算

由输出波形可以看出，全波整流输出波形是半波整流时的两倍，所以输出电压的平均值也为半波时的两倍，即

$$U_{O(AV)} = \frac{1}{2\pi}\int_0^{2\pi} u_o \mathrm{d}(\omega t) = \frac{1}{2\pi} \times 2\int_0^\pi \sqrt{2}U_2\sin\omega t \, \mathrm{d}(\omega t) = \frac{2\sqrt{2}}{\pi}U_2 = 0.9U_2 \qquad (9.1-9)$$

通过负载的电流平均值为

$$I_{\mathrm{O}} = \frac{U_{\mathrm{O}}}{R_{\mathrm{L}}} = 0.9\frac{U_2}{R_{\mathrm{L}}} \tag{9.1-10}$$

通过谐波分析可得整流电路的基波峰值 U_{om}，故单相全波整流电路输出电压的脉动系数为

$$S = \frac{U_{\mathrm{om}}}{U_{\mathrm{O(AV)}}} = \frac{\dfrac{2}{3}\times\dfrac{2\sqrt{2}U_2}{\pi}}{\dfrac{2\sqrt{2}U_2}{\pi}} = \frac{2}{3} \approx 0.67 \tag{9.1-11}$$

与单相半波整流电路相比，单相全波整流电路的输出脉动减小了很多。

3. 二极管的选择

(1) 由于单相全波整流电路整流效率比单相半波整流电路高一倍，所以二极管所承受的最大反向电压 U_{RM} 比单相半波整流电路要高一倍，即二极管的最大反向工作电压大于变压器次级电压 U_2 的最大幅值的两倍：

$$U_{\mathrm{RM}} > 2\sqrt{2}U_2 \tag{9.1-12}$$

(2) 二极管的最大整流电流 I_{F} 应大于负载电流 I_{O} 的一半，即

$$I_{\mathrm{F}} > \frac{1}{2}I_{\mathrm{O}} \tag{9.1-13}$$

从上面的分析可以看出，单相全波整流电路整流电压的平均值比半波整流时增加了一倍，变压器利用率也提高了一倍，输出脉动也减小了很多。但是，二极管所承受的最大反向电压增大为变压器副边电压信号幅值的 $\sqrt{2}$ 倍。

9.1.3 单相桥式整流电路

在全波整流电路中，最常用的是单相桥式整流电路，它由四只二极管接成电桥的形式。桥式整流电路如图 9.1-4(a) 所示，图 9.1-4(b) 是它常用的简化画法。

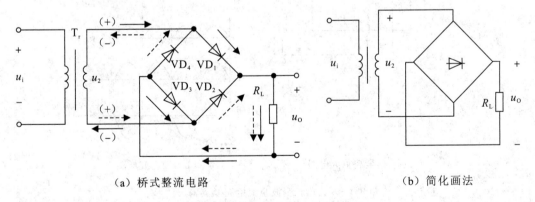

（a）桥式整流电路   （b）简化画法

图 9.1-4 单相桥式整流电路

令变压器副边电压 $u_2 = \sqrt{2}U_2\sin\omega t$，那么在信号电压的正半周，极性为上正、下负，则二极管 VD_1 和 VD_2 导通，VD_3 和 VD_4 截止，这时负载电阻上得到一个上正、下负的半波电压；在变压器副边电压的负半周，其极性为上负、下正，即二极管 VD_3 和 VD_4 导通，VD_1 和 VD_2 截止，这时负载电阻上仍得到一个上正、下负的半波电压，其输出波形如图 9.1-5 所示。此时，变压器次级绕组不需要中心抽头，而且在信号正、负两个半周期内都有电流

通过，提高了变压器的利用率。从图 9.1-5 中可以看出，经过整流后，负载电阻上电流的方向不变，但其大小仍发生周期性变化，故仍为脉动直流电压。

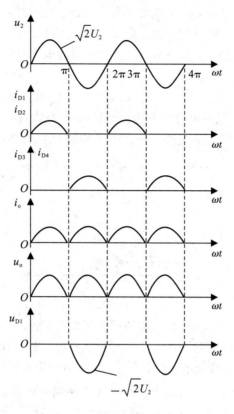

图 9.1-5　单相桥式整流电路的电压与电流波形

此时，单相桥式整流电路的主要参数的计算与式(9.1-9)、式(9.1-10)、式(9.1-11)相同。二极管所承受的最大反向电压为变压器副边电压信号的幅值，即

$$U_{RM} > \sqrt{2}U_2 \qquad\qquad (9.1-14)$$

二极管的最大整流电流 I_F 仍然应大于负载电流 I_O 的一半，即与式(9.1-13)相同。

综上所述，单相半波整流电路只用到一个二极管，结构简单，但是整流输出波形脉动大，直流输出电压低，变压器半周不导电，利用率低；单相全波整流电路输出波形中脉动成分相对较小，直流输出电压相对较高，但要求变压器有中心抽头，每个线圈只有半周导电，且二极管承受的反向电压高；单相桥式整流电路需要用到四个整流二极管，其输出电压与全波整流电路相同，但不需要变压器中心抽头，且二极管承受的反向电压不高，总体性能优于单相半波和全波整流，所以广泛用于直流电源之中。

9.2　滤　波　电　路

前面分析的整流电路虽然都可以把交流电转换为直流电，但是所得到的输出电压都是单向脉动电压。在一些设备的使用过程中可以允许这种脉动电压的存在，但是对大多数电子设备来说，该脉动电压必须进行滤波处理后，才能正常工作。

直流电源中的滤波电路均采用无源电路，主要利用电抗性元件对交、直流显现的阻抗不同可实现滤波，其中电容器 C 对直流阻抗大，对交流阻抗小，所以 C 应该并联在负载两端；而电感器 L 对直流阻抗小，对交流阻抗大，因此应与负载串联。通过整流电路得到的直流电经过滤波电路后，保留直流分量，滤掉一部分交流分量，减小电路的脉动系数，达到改善直流电压质量的目的。下面介绍几种常用的滤波器。

9.2.1 电容滤波电路

图 9.2-1 中与负载并联的电容器就是一个简单的滤波电路，它利用了电容两端电压在电路状态发生改变时不能突变的原理。下面分析该电路的工作情况。

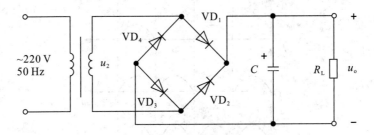

图 9.2-1 单相桥式电容滤波整流电路

空载（$R_L \rightarrow \infty$）时，设电容 C 两端的初始电压为零。接入交流电源后，当 u_2 为正半周时，VD_1、VD_3 导通，则 u_2 通过 VD_1、VD_3 对电容充电；当 u_2 为负半周时，VD_2、VD_4 导通，u_2 通过 VD_2、VD_4 对电容充电。由于充电回路等效电阻很小，所以充电很快，电容 C 迅速被充到交流电压 u_2 的最大值 $\sqrt{2}U_2$。此时二极管两端的正向电压差始终小于或等于零，故二极管均截止，电容不可能放电，故输出电压 u_2 恒为 $\sqrt{2}U_2$，其波形如图 9.2-2(a) 所示。

接入负载 R_L 后，设变压器副边电压 u_2 从 0 开始上升（即正半周开始）时接入负载 R_L，由于电容在负载未接入前充满了电，故刚接入负载时 $u_2 < u_C$（电容两端电压），二极管受反向电压作用而截止，电容 C 经 R_L 放电，此时，输出电压 $u_o = u_C$。电容放电过程的快慢取决于电路时间常数 τ_d（$\tau_d = R_L C$）的大小，τ_d 越大，放电过程越慢，输出电压越平稳。与此同时，交流电压 u_2 按正弦规律上升。当 $u_2 > u_C$ 时，二极管 VD_1、VD_3 受正向电压作用而导通，此时，u_2 经二极管 VD_1、VD_3 向电容 C 充电，并且向负载 R_L 提供电流，该充电时间常数很小（因为二极管的正向电阻很小），充电很快。充电进行的同时，u_2 按正弦规律下降，当 $u_2 < u_C$ 时，二极管被反向截止，电容 C 又经 R_L 放电，如此反复进行，在负载上得到如图9.2-2(b) 所示的一个近似锯齿波的电压，使负载电压的波动大为减少。

由以上分析可知，电容滤波电路具有如下特点：

(1) 在电容滤波电路中，整流二极管的导电时间缩短了，导电角小于 $180°$，且放电时间常数越大，导电角越小。由于电容滤波后输出直流的平均值提高了，而导电角却减小了，故整流二极管在短暂的导电时间内将流过一个很大的冲击电流，如图 9.2-2(c) 所示，这样易损坏整流管，所以选择整流二极管时，管子的最大整流电流应留有充分的裕量。

(2) 负载上输出的平均电压的高低和纹波特性都与放电时间常数 τ_d（$\tau_d = R_L C$）密切相关。$R_L C$ 越大，电容放电速度越慢，纹波越小，负载平均电压越高。一般地，当 $R_L C >$ $(3 \sim 5)T/2$ 时，$U_{O(AV)} \approx 1.2U_2$，其中 T 为电源交流电压周期。

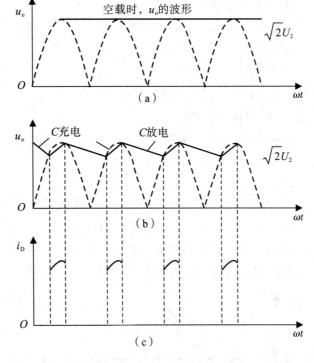

图 9.2－2　单相桥式电容滤波整流电路的电压、电流波形

负载上获得的平均电压 U_L 随负载电流 I_L 的变化关系称为输出特性或外特性，桥式整流电路的外特性如图 9.2－3 所示。负载电流 I_L 随着电压 U_L 的增大而出现较大的下降。可见，电容滤波电路的输出特性较差，适合于负载电流较小且变动范围不大的场合。

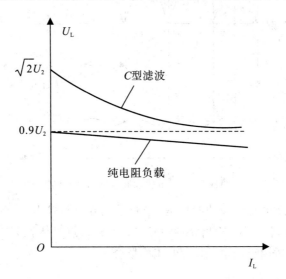

图 9.2－3　电容滤波整流电路及纯电阻负载的输出特性

9.2.2　电感滤波电路

电容滤波在大电流工作时滤波效果较差，当一些电气设备需要脉动小、输出电流大的

直流电时，往往利用储能元件电感器 L 上电流不能突变的性质，把电感器 L 与整流电路的负载 R_L 相串联，即采用电感滤波电路，也可以起到滤波的作用，如图 9.2-4 所示。

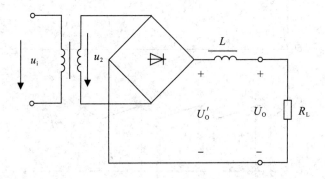

图 9.2-4 电感滤波电路

当忽略电感 L 的电阻时，负载上输出的电压平均值和纯电阻（不加电感）负载是基本相同的，即 $U_{O(AV)} \approx 0.9U_2$，其滤波波形如图 9.2-5 所示。

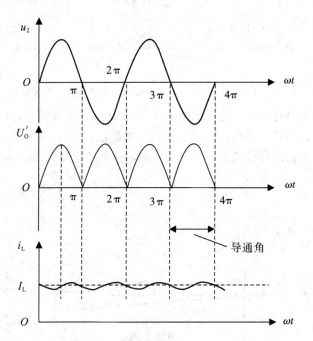

图 9.2-5 电感滤波电路的波形图

与电容滤波相比，电感滤波的特点是，整流管的导电角较大（电感 L 的反电势使整流管导电角增大），峰值电流很小，输出特性比较平坦。其缺点是体积大，易引起电磁干扰。因此，电感滤波一般只适用于低电压、大电流的场合。

9.2.3 复合滤波电路

当单独使用电容或电感进行滤波，效果依然不理想时，可以采用复合滤波电路。利用电容和电感对直流量和交流量呈现不同电抗特点，合理地接入电路都可以达到滤波的目的。如图 9.2-6(a) 所示为 LC 滤波电路，图 9.2-6(b)、图 9.2-6(c) 分别为 Ⅱ 型 LC 和 RC 滤波电路。

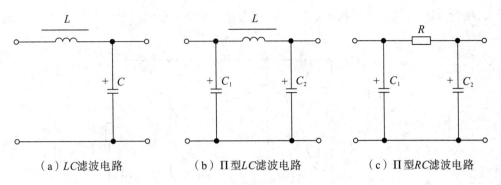

（a）LC滤波电路　　　（b）Π型LC滤波电路　　　（c）Π型RC滤波电路

图 9.2－6　复式滤波电路

表 9.2－1 列出了几种滤波电路的结构、特点以及使用场合。

表 9.2－1　各种滤波电路性能的比较

形　式	优　点	缺　点	适用场合
电容滤波	(1) 输出电压高； (2) 在小电流时滤波效果好	电源接通瞬间因充电电流很大，整流管要留有充分的裕量	负载电流较小的场合
电感滤波	(1) 负载能力较好； (2) 对变动的负载滤波效果较好； (3) 整流管不会受到浪涌电流的损害	(1)负载电流大时扼流圈铁芯要很大才能有较好的滤波作用； (2) 电感的反电动势可能击穿半导体器件	适宜于负载变动大、负载电流大的场合
T 形滤波	(1) 输出电流较大； (2) 负载能力较好； (3) 滤波效果好	电感线圈体积大、成本高	适宜于负载变动大、负载电流较大的场合
Π 形 LC 滤波	(1) 输出电压高； (2) 滤波效果好	(1) 输出电流较小； (2) 负载能力差	适宜于负载电流较小、要求稳定的场合
Π 型 RC 滤波	(1) 滤波效果较好； (2) 结构简单； (3) 能兼起降压限流作用	(1) 输出电流较小； (2) 负载能力差	适宜于负载电流小的场合

9.3　倍压整流电路

当负载电流很小时，利用滤波电容的存储作用，由若干个电容和二极管可以获得几倍于变压器副边电压的直流电压输出，具有这种功能的整流电路称为倍压整流电路。

9.3.1　二倍压整流电路

图 9.3－1 为二倍压整流电路。当电源电压为正半周时，变压器次级上端为正、下端为

负，二极管 VD_1 导通，VD_2 截止，电容 C_1 被充电，其值可充到 $\sqrt{2}U_2$（U_2 为 u_2 的有效值）。

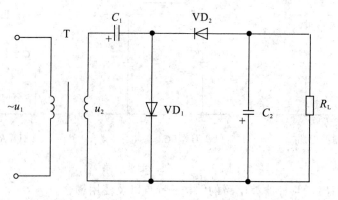

图 9.3-1　二倍压整流电路

分析此类电路时假设电路为空载，当电源电压为负半周时，变速器次级下端为正，上端为负，二极管 VD_1 截止，VD_2 导通，电容 C_2 被充电，其充电电压系变压器次级电压与电容 C_1 电压之和。如果电容 C_2 的容量足够大，则电容 C_2 上电压可充至 $2\sqrt{2}U_2$，为一般整流电路输出电压的两倍。这是因为当负载电阻 R_L 很大（负载电流较小）时，C_2 的放电时间常数 $\tau = R_L C_2 \gg T$（电源电压的周期），C_2 两端的压降在一个周期内下降的很小，输出电压为变压器副边电压峰值的两倍。

9.3.2　多倍压整流电路

多倍压整流电路如图 9.3-2 所示。假设电路为空载，根据前面的分析方法可得，C_1 端电压为 $\sqrt{2}U_2$，$C_2 \sim C_6$ 上的压降均为 $2\sqrt{2}U_2$。因此，以 C_1 两端为输出端，输出电压的值为 $\sqrt{2}U_2$；以 C_2 两端为输出端，输出电压的值为 $2\sqrt{2}U_2$；以 C_1 和 C_3 上电压和作为输出，输出电压的值为 $3\sqrt{2}U_2$；以此类推，从不同的位置输出，就可以得到 4、5、6 倍于 $\sqrt{2}U_2$ 的输出电压。需要注意的是，分析此类电路时，先假设电路为空载，并且处于稳态；当电路带负载后，输出电压将不可能得到 u_2 峰值的倍数。

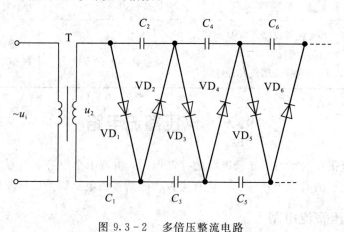

图 9.3-2　多倍压整流电路

9.4 稳 压 电 路

经整流和滤波后的电压虽然脉动较小，但是往往会随交流电源电压的波动和负载的变化而变化。电压的不稳定可能会引起电子线路系统工作不稳定，甚至根本无法正常工作。尤其是精密电子测量仪器、自动控制、计算机装置等都要求直流电源具有很高的稳定性。因此，在滤波电路之后，往往需要增加稳压电路。

稳压电路按所用器件可分为分立元件直流稳压电路和集成直流稳压电路；按电路结构可分为串联型直流稳压电路和并联型直流稳压电路；按电压调整单元的工作方式可分为线性直流稳压电路和开关型直流稳压电路。

9.4.1 稳压电路的性能指标

稳压电路的性能指标是用来衡量输出直流电压稳定程度的，包括稳压系数、输出电阻、温度系数等。

（1）稳压系数 γ：负载一定时稳压电路输出电压相对变化量与其输入电压相对变化量之比。其定义式为

$$\gamma = \left. \frac{\Delta U_O / U_O}{\Delta U_I / U_I} \right|_{\substack{\Delta I_O = 0 \\ \Delta T = 0}} \qquad (9.4-1)$$

γ 表明电网电压波动对输出电压的影响，其值越小，电网电压变化时输出电压的变化越小。

（2）输出电阻 r_o：稳定电路输入电压一定时输出电压变化量与输出电流变化量之比。其定义式为

$$r_o = \left. \frac{\Delta U_O}{\Delta I_O} \right|_{\substack{\Delta U_I = 0 \\ \Delta T = 0}} \qquad (9.4-2)$$

r_o（单位为 Ω）表明负载电阻对稳压性能的影响。

（3）温度系数 S_T：稳压电路输入电压一定时输出电压变化量与温度变化量之比。其定义式为

$$S_T = \left. \frac{\Delta U_O}{\Delta T} \right|_{\substack{\Delta U_I = 0 \\ \Delta I_O = 0}} \qquad (9.4-3)$$

S_T（单位为 mV/℃）表明温度变化对输出电压的影响，其值越小，温度变化时输出电压的变化越小。

9.4.2 稳压管稳压电路

1. 电路结构与工作原理

稳压管稳压电路是一种最简单的直流稳压电路，由稳压限流电阻 R 和稳压管 VD_z 构成，如图 9.4-1 中虚线框内所示。当电源电压出现波动或者负载电阻（电流）变化时，该稳压电路能自动维持负载电压 U_o 的基本稳定。

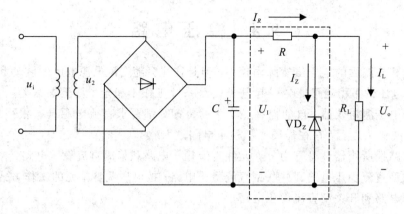

图 9.4-1　稳压管稳压电路

假设负载不变，当电网电压突然增加时，整流输出电压 U_1 增加，负载电压 U_o 也随着增大。但是对于稳压管而言，U_o 即加在稳压管两端的反向电压，该电压的微小变化将会使流过稳压管的 I_Z 显著变化。因此，I_Z 将随着 U_o 的增大而显著增加，使流过电阻 R 的电流增大，导致 R 两端的压降增加，使得 U_1 增加的电压绝大部分降落在 R 上，负载电压 U_o 保持近似不变。上述过程可简单表述为

$$电网电压 \uparrow \to U_1 \uparrow \to U_o(U_Z) \uparrow \to I_Z \uparrow \to I_R \uparrow \to U_R \uparrow \to U_o \downarrow$$

交流电源电压降低时，上述电压电流的变化过程刚好相反，负载电压 U_o 亦可以保证基本不变。

由此可见，当电网电压变化时，稳压电路通过限流电阻 R 上电压的变化来抵消 U_1 的变化，从而使 U_o 基本不变。

假设整流输出电压 U_1 不变，当负载电流 I_L 突然增大（负载降低）时，则 I_R 增大，电阻 R 上的压降也随之增大，导致负载电压 U_o 下降，即 U_Z 下降，根据稳压管的伏安特性，则流过稳压管的电流 I_Z 显著减小，从而 I_R 随之显著减小。如果参数选择合适，使 $\Delta I_Z \approx -\Delta I_L$，就可以使 I_R 基本不变，电阻 R 上的压降近似不变，负载电压 U_o 因此保持稳定。上述过程可简单表述为

$$R_L \downarrow \to U_o(U_Z) \downarrow \to I_Z \downarrow \to I_R \downarrow \to \Delta I_Z \approx -\Delta I_L \to I_R 基本不变 \to U_o 基本不变$$
$$\underline{\qquad\qquad\qquad} \to I_L \uparrow \to I_R \uparrow \underline{\qquad\qquad\qquad}$$

相反，当负载电流减小时，稳压过程的分析与之类似。

由此可见，在电路中只要能使流过稳压管的电流 I_Z 的变化量和负载电流 I_L 的变化量近似相等，就可保证负载变化时输出电压基本不变。

2. 电路元件的选择

由上面的分析可以看出，在由稳压二极管组成的稳压电路中，利用稳压管所起的电流调节作用，通过限流电阻 R 上电压或电流的变化进行补偿，可以达到稳压的目的。限流电阻 R 的作用首先是限制稳压管中的电流使其正常工作，其次是与稳压管相匹配来达到稳压的目的，所以电阻 R 是不可缺少的元件。通常在电路中如果有稳压管存在，就一定有与之相匹配的限流电阻。

如果要设计一个稳压管稳压电路，在选择元件时，应首先知道负载所要求的输出电压

U_O，负载电流 I_L 的最小值和最大值（或者是负载电阻的最小值和最大值），输入电压 U_I 的波动范围（一般为 10%）。

(1) 输出电压 U_O 的选择。根据经验值，一般选择：

$$U_I = (2 \sim 3)U_O \qquad (9.4-4)$$

(2) 稳压管的选择。稳压管的选择一般按照以下规则来执行：

$$U_Z = U_O \qquad (9.4-5)$$

$$I_{Zmax} = (1.5 \sim 3)I_{Lmax} \qquad (9.4-6)$$

(3) 限流电阻 R 的选择。

当输入电压最小、负载电流最大时，流过稳压二极管的电流最小。此时 I_Z 不应小于 I_{Zmin}，表达式为

$$I_{Zmin} = \frac{U_{Imin} - U_Z}{R} - I_{Lmax} \geqslant I_Z \qquad (9.4-7)$$

由此，可计算出稳压电阻的最大值，即

$$R_{max} = \frac{U_{Imin} - U_Z}{I_{Zmin} + I_{Lmax}} \qquad (9.4-8)$$

当输入电压最大、负载电流最小时，流过稳压二极管的电流最大。此时 I_Z 不应超过 I_{Zmax}，表达式为

$$\frac{U_{Imax} - U_Z}{R} - I_{Lmin} = I_{Zmax} \qquad (9.4-9)$$

由此，可计算出稳压电阻的最小值为

$$R_{min} = \frac{U_{Imax} - U_Z}{I_{Zmax} + I_{Lmin}} \qquad (9.4-10)$$

所以，限流电阻 R 的取值范围为

$$\frac{U_{Imax} - U_Z}{I_{Zmax} + I_{Lmin}} \leqslant R \leqslant \frac{U_{Imin} - U_Z}{I_{Zmin} + I_{Lmax}} \qquad (9.4-11)$$

【例 9.4-1】 稳压管稳压电路如图 9.4-1 所示，假设输入电压 $U_{Imax} = 15$ V，$U_{Imin} = 12$ V；负载电阻 $R_{Lmax} = 600$ Ω，$R_{Lmin} = 300$ Ω；负载工作电压为 6 V；试选择限流电阻及其稳压管。

解 由于负载的工作电压为 6 V，所以必须选择稳压值 $U_Z = 6$ V 的稳压管。

负载电流的最大值为

$$I_{Lmax} = \frac{U_Z}{R_{Lmin}} = \frac{6}{300} = 0.02 \text{ A}$$

负载电流的最小值为

$$I_{Lmin} = \frac{U_Z}{R_{Lmax}} = \frac{6}{600} = 0.01 \text{ A}$$

要使稳压管稳压电路能正常工作，必须满足式(9.4-12)，代入数据，推导可得

$$I_{Zmax} > \frac{3}{2}I_{Zmin} + 0.02 \text{ A}$$

这是选择稳压管的参考数据。此处选择 $I_{Zmax} = 40$ mA，$I_{Zmin} = 5$ mA，$U_Z = 6$ V 的稳压二极管。将数据代入式(9.4-12)可得

$$180 \text{ Ω} < R < 240 \text{ Ω}$$

取 $R = 200\ \Omega$。

虽然稳压管稳压电路结构简单,所用元件数量少,但是由于受稳压管自身参数的限制,其输出电流较小,输出电压不可调节。因此,稳压管稳压电路只适用于负载电流较小、负载电压不变的场合。

9.4.3 串联型稳压电路

串联型稳压电路的工作电流较大,输出电压一般可连续调节,稳压性能优越。目前这种稳压电源已经制成单片集成电路,广泛应用在各种电子仪器和电子电路之中。

1. 电路结构

图 9.4-2 所示为典型的串联型稳压电路,其中图 9.4-2(a) 为原理图,图 9.4-2(b) 为组成框图,它由取样电路、基准电压电路、比较放大电路及调整电路四个基本部分组成。

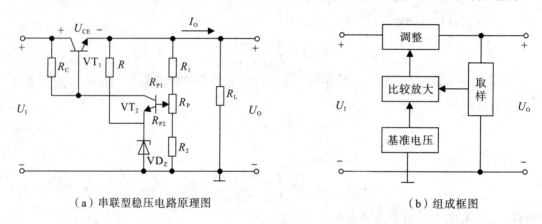

（a）串联型稳压电路原理图　　　　　　　　　　（b）组成框图

图 9.4-2　串联型稳压电路及框图

（1）取样电路:由 R_1、R_2 和 R_P 组成的分压电路,它的主要功能是对输出电压变化量分压取样,然后送至比较放大系统,同时为 VT_2 提供一个合适的静态偏置电压,以保证 VT_2 工作于放大区。此外,取样电路引入电位器 R_P 还可以调节输出电压 U_O 值。

（2）基准电压电路:由稳压管 VD_Z 和限流电阻 R 组成的稳压电路,提供一个稳定的基准电压。

（3）比较放大电路:一个由 VT_2 构成的直流放大电路,R_C 是 VT_2 的集电极负载电阻（同时又是调整管 VT_1 的偏置电阻）。它的作用是将输出取样电压与基准电压进行比较,并将误差电压放大,然后再去控制调整管。为了提高稳压性能,实际中采用差分放大或集成运放作为比较放大电路。

（4）调整电路:一般由功率管 VT_1 组成,是稳压电路的核心部分,输出电压的稳定最终要依赖 VT_1 调整作用来实现,为了有效地起到电压调整作用,必须保证它在任何情况下都工作在放大区,因为调整管与负载串联,故称它为串联型晶体管直流稳压电路。

2. 工作原理

如果由于 U_1 升高,负载电阻 R_L 增大原因的影响而使输出电压 U_O 升高,这时 U_{B2} 也相应升高（忽略 VT_2 管基极电流）,而 VT_2 管的射极电压 $U_{E2} = U_Z$ 固定不变,所以 U_{BE2} 增加,于是 I_{C2} 增大,集电极电位 U_{C2} 下降,由于 VT_1 基极电位 $U_{B1} = U_{C2}$,因此 VT_1 的 U_{BE1} 减小,

I_{C1} 随之减小，U_{CE1} 增大，迫使 U_O 下降，即维持 U_O 基本不变。这一自动调整过程可简单表示为

$$U_I \uparrow \ \rightarrow U_O \uparrow \rightarrow U_{B2} = (R_{W2} + R_2)U_O/(R_1 + R_W + R_2) \uparrow \rightarrow U_{BE2} = U_{B2} - U_{E2} \uparrow \rightarrow I_{C2} \uparrow$$
$$U_O \downarrow \ \leftarrow U_{CE1} \uparrow \ \leftarrow I_{C1} \downarrow \ \leftarrow U_{BE1} \downarrow \ \leftarrow U_{C2}(U_{B1}) \downarrow$$

同理，如果由于某种原因使 U_O 下降，可通过上述类似负反馈过程，迫使 U_O 上升，从而维持 U_O 基本不变。

3. 输出电压与调节范围

由图 9.4-2(a) 可得 VT_2 基极电压为

$$U_{B2} = \frac{R_{P2} + R_2}{R_1 + R_P + R_2} U_O \approx U_{BE2} + U_Z \tag{9.4-12}$$

所以，输出电压为

$$U_O \approx \frac{R_1 + R_P + R_2}{R_{P2} + R_2} (U_{BE2} + U_Z) \tag{9.4-13}$$

当 R_P 滑动端调至最上端时，$R_{P2} = R_W$，此时输出电压 U_O 最小，即

$$U_{Omin} \approx \frac{R_1 + R_P + R_2}{R_P + R_2} (U_{BE2} + U_Z) \tag{9.4-14}$$

当 R_P 滑动端调至最下端时，$R_{P2} = 0$，此时输出电压 U_O 最大，即

$$U_{Omax} \approx \frac{R_1 + R_W + R_1}{R_2} (u_{BE2} + U_Z) \tag{9.4-15}$$

由此可见，调整 R_W 的阻值即可调整 U_f 的大小。

串联型稳压电路中的放大单元也可由集成运放组成，如图 9.4-3 所示。它依然由调整管、比较放大器、取样电路、基准电压源四部分组成。

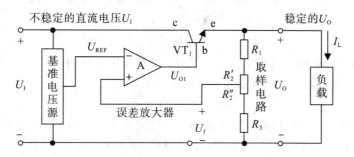

图 9.4-3 串联型直流稳压电路的原理框图

下面根据图 9.4-3 分两种情况来讨论串联型直流稳压电路的稳压过程。

假如电网电压波动使得输入电压 U_I 增加，必然会使输出电压 U_O 有所增加，输出电压经过取样电路取出一部分信号 U_f 与基准源电压 U_{REF} 比较，获得误差信号 ΔU。误差信号经放大后的信号 U_{O1} 减小，使调整管的基极压降减小，使管压降 U_{CE} 增加，从而抵消输入电压增加的影响，使输出电压 U_O 基本保持恒定。这一自动调整过程可简单表示为

$$U_I \uparrow \rightarrow U_O \uparrow \rightarrow U_f \uparrow \rightarrow U_{O1} \downarrow \rightarrow U_{CE} \uparrow \rightarrow U_O \downarrow$$

负载电流 I_L 增加，必然会使线路的损耗增加，从而使输入电压 U_I 有所减小，输出电压 U_O 必然有所下降，经过取样电路取出一部分信号 U_f 与基准源电压 U_{REF} 比较，获得的误差

信号使 U_{O1} 增加，进而使调整管的管压降 U_{CE} 下降，从而抵消因 I_L 增加使输入电压减小的趋势，输出 U_O 可基本保持恒定。这一自动调整过程可简单表示为

$$I_L \uparrow \rightarrow U_I \downarrow \rightarrow U_O \downarrow \rightarrow U_f \downarrow \rightarrow U_{O1} \uparrow \rightarrow U_{CE} \downarrow \rightarrow U_O \uparrow$$

假定比较放大器的电压放大倍数很大，可以将其同相输入端和反相输入端看成虚短，则 $U_f \approx U_{REF}$，因此有

$$U_O \approx \frac{R_1 + R_2 + R_3}{R_3 + R_2''} \times U_{REF} \qquad (9.4-16)$$

从式 $(9.4-16)$ 可以看出，可以通过调节 R_2 改变输出电压 U_O 的大小。

R_2 动端在最上端时，输出电压最小，即

$$U_O \approx \frac{R_1 + R_2 + R_3}{R_3 + R_2''} \times U_{REF} \qquad (9.4-17)$$

R_2 动端在最下端时，输出电压最大，即

$$U_O \approx \frac{R_1 + R_2 + R_3}{R_3} \times U_{REF} \qquad (9.4-18)$$

4. 调整管的选择

调整管是串联稳压电路中的核心元件，它一般为大功率管，因而选用原则与功率放大电路中的功放管相同，主要考虑其极限参数 I_{CM}、P_{CM} 和 $U_{(BR)CEO}$。调整管极限参数的确定必须考虑输入电压 U_I 变化、输出电压 U_O 的调节以及负载电流变化的影响。

由图 9.4-2 可知，当负载电流最大时，流过调整管发射极的电流最大，在忽略 R_1 上电流的前提下，调整管的集电极电流最大。因此在选择调整管时，应保证其最大集电极电流为

$$I_{CM} > I_{Lmax} \qquad (9.4-19)$$

当晶体管的集电极（发射极）电流最大，且管压降最大时，调整管的功率损耗最大。因此在选择调整管时，应保证其最大集电极耗散功率为

$$P_{Tmax} \geqslant I_{Lmax}(U_{Imax} - U_{Omin}) \qquad (9.4-20)$$

当输入电压最高，同时输出电压又最低时，调整管集-射极承受的管压降最大。因此在选择调整管时，应保持其集-射极之间的反向击穿电压为

$$U_{(BR)CEO} > U_{Imax} - U_{Omin} \qquad (9.4-21)$$

在实际选用时，不仅要考虑一定的裕量，还要按照手册上的规定采取散热措施。

【**例 9.4-2**】 电路如图 9.4-4 所示，已知 $U_Z = 6 \text{ V}$，$R_1 = 2 \text{ k}\Omega$，$R_2 = 1 \text{ k}\Omega$，$R_3 = 2 \text{ k}\Omega$，$U_I = 30 \text{ V}$，VT 的电流放大系数 $\beta = 50$。试求：

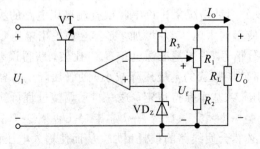

图 9.4-4 例 9.4-2 图

(1) 电压输出范围。

(2) 当 $U_O = 15$ V，$R_L = 150$ Ω 时，调整管 VT 的管耗和运算放大器的输出电流。

解 (1) 求电压输出范围。

当 R_1 调到最上端时：

$$U_{Omin} = U_Z = 6 \text{ V}$$

当 R_1 调到最下端时：

$$U_{Omax} = (1 + \frac{R_1}{R_2}) \times U_Z = 18 \text{ V}$$

故 U_O 的输出范围为 $6 \sim 18$ V。

(2) 求 VT 的管耗和运算放大器的输出电流。

由于 R_L 比 R_1、R_2、R_3 都小得多，故

$$I_C \approx I_O = \frac{U_O}{R_L} = 100 \text{ mA}$$

VT 的管耗为

$$P_C = U_{CE} I_C = (30 - 15) \times 0.1 = 1.5 \text{ W}$$

运算放大器的输出电流为

$$I_B = \frac{I_C}{\beta} = 2 \text{ mA}$$

9.4.4 开关型稳压电路

虽然串联型稳压电路具有电路结构简单、输出电压稳定性高、调节方便、纹波电压小、工作可靠等优点，但是调整管必须工作在线性放大状态，当负载电流增大时，调整管就会产生较大的功耗，这会使电路的转换效率降低至 $40\% \sim 60\%$，有时甚至仅为 30%，另外，为了解决散热问题，还必须安装散热装置，这样会增加电源的体积、重量和成本。

如果能使调整管工作在开关状态，即工作在截止区或饱和区，由于这两种状态管耗很小，因此电路的转换效率可以得到大大的提高，其效率可达 $75\% \sim 95\%$。这种调整管工作在开关状态的稳压电路称为开关型稳压电路，有时称这样的调整管为开关调整管，简称开关管。开关型稳压电路省去了电源变压器和调整管的散热装置，具有体积小、重量轻等优点，适用于功率较大且负载固定、输出电压调节范围不大的场合。开关型稳压电路的不足之处是输出电压中所含纹波较大，控制调整管反复通、断的高频开关信号对子设备会造成一定的干扰，而控制电路又复杂，所以对元器件要求较高。随着开关电源技术的不断发展，开关型稳压电路的应用也日益广泛。

开关型稳压电路种类繁多，主要有以下分类方式：按调整管与负载的连接方式分为串联型和并联型。串联型开关稳压电路中调整管与负载串联连接，输出端通过调整管及整流二极管与电网相连，电网隔离性差，且只有一路电压输出。并联型开关稳压电路中输出端与电网间由开关变压器进行电气上的隔离，安全性好，通过开关变压器的次级可以做到多路电压输出，但是电路复杂，对调整管要求高。

调整管按是否参与振荡可分为自激式和他激式稳压电路，自激式由开关内部电路来启动调整管，他激式由开关稳压电路外的激励信号来启动调整管。

调整管按稳压的方式分为脉冲宽度调制型（PWM）和脉冲频率调制型（PFM），脉冲宽

度调制型是利用调整管脉冲宽度的不同，控制调整管的导通时间达到稳定输出的目的；脉冲频率调制型是通过控制调整管通断周期，达到稳定输出的目的。

由于开关型稳压电路输出功率一般较大，尽管调整管功耗相对较小，但是绝对功耗仍然较大，因此在实际运用时，必须加装散热片。由于篇幅所限，本节只介绍用晶体管作为调整管的脉冲宽度调制式串联型开关稳压电路。

1. 电路结构

脉冲宽度调制式串联型开关稳压电路如图 9.4−5 所示。图 9.4−5 中，U_I 为开关稳压电路的输入电压，是电网电压经整流滤波后的输出电压；R_1、R_2 组成取样单元，取样电压即反馈电压 U_f；A_1 为比较放大器，同相输入端接准电压 U_{REF}，反相输入端接 U_f，将两者差值进行放大；A_2 为脉冲宽度调制式电压比较器，同相端接 A_1 的输出电压 u_A，反相端与振荡器输出电压 u_T 相连，A_2 输出的矩形波电压 u_B 就是驱动调整管通、断的开关信号；VT 是开关调整管，L、C 构成 T 型滤波器，VD 为续流二极管，R_L 为负载，U_O 为稳压电路输出电压。

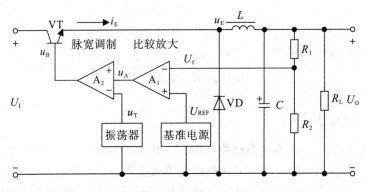

图 9.4−5　脉冲宽度调制式串联型开关稳压电路

2. 工作原理

由于 A_2 为脉冲宽度调制式电压比较器，所以当 $u_A > u_T$ 时，u_B 为高电平；反之当 $U_A < u_T$ 时，u_B 为低电平。

当 u_B 为高电平时，开关调整管 VT 饱和导通，输入电压 U_I 经滤波电感 L 加在滤波电容 C 和负载 R_L 两端，在此期间，电感两端的电流 i_L 增长，L 和 C 存储能量，续流二极管 VD 截止。当 u_B 为低电平时，开关调整管 VT 由饱和转为截止，由于电感两端的电流 i_L 不能突变，i_L 经负载 R_L 和续流二极管 VD 衰减而释放能量，此时滤波电容 C 也向 R_L 放电，因而 R_L 两端仍能获得连续的输出电压。当开关调整管在 u_B 的作用下又进入饱和导通时，L 和 C 再一次充电，以后 VT 又截止，L 和 C 又放电，如此循环往复。开关稳压电源的电压、电流波形图如图

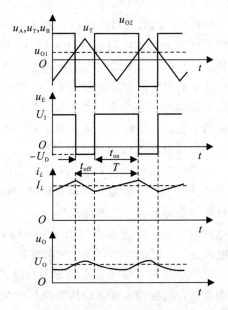

图 9.4−6　开关稳压电源的电压、电流波形图

9.4 - 6 所示。

输出电压 U_O 与输入电压 U_I 之间的关系为

$$U_O = \frac{1}{T}\int_0^T u_E \mathrm{d}t = \frac{1}{T}\int_0^{t_{on}} U_I \mathrm{d}t = \frac{t_{on}}{T} \times U_I = DU_I \qquad (9.4-22)$$

式(9.4 - 22)中，D 称为占空比，表示调整管的导通时间 t_{on} 与开关周期 T 之比。由式(9.4 - 22)可知，在一定的直流输入电压 U_I 之下，改变占空比 D 就可改变输出电压，占空比 D 越大，则开关电源的输出电压 U_O 越高。显然有 $D \leqslant 1$，则 $U_O \leqslant U_I$。

3. 稳压过程

当输入的交流电源电压波动或负载电波发生改变时，都将引起输出电压 U_O 的改变，电路通过负反馈自动调整使得 U_O 基本上维持稳定不变。

当 U_O 升高时，取样电压会同时增大，并作用于 A_1 的反相输入端，与同相输入端的基准电压进行比较放大，使放大电路的输出电压减小，经过 A_2 使得 u_B 的占空比变小。因此，输出电压随之减小，调节结果使 U_O 基本不变。变化过程简述如下：

$$U_O \uparrow \ \rightarrow U_f \uparrow \ \rightarrow u_A \downarrow \ \rightarrow D \uparrow \ \rightarrow U_O \downarrow$$

当 U_O 减小时，与上述变化正好相反。

由上述分析可以看出，控制过程是在保持开关调整管开关周期 T 不变的情况下，通过改变开关管导通时间 t_{on} 来调节脉冲占空比，从而达到稳压的效果，故称之为脉冲宽度调制型开关稳压电路。需要注意的是，由于负载电阻变化时会影响 LC 滤波电路的滤波效果，因此开关型稳压电路不适用于负载变化较大的场合。

9.4.5 集成稳压电路及其应用

随着半导体工艺的发展，如果将调整管、比较放大环节、基准电源及取样环节和各种保护环节均制作在同一芯片上，就构成了集成稳压电路。尽管具体电路有所改进，但基本工作原理相同。

串联集成稳压电路的种类繁多，按输出电压是否可调分为固定和可调两类：固定式输出电压为标准值，使用时输出电压不能调节；可调式可通过外接元件在较大范围内调节输出电压。按外部引线的数目可以分为三端集成稳压器和多端集成稳压器。

集成稳压电路具有输出电流大、输出电压高、体积小、性能稳定、价格低廉、使用方便、可靠性高等优点，在各种电子系统中得到了非常广泛的应用。

1. 固定输出电压的三端集成稳压器

固定输出电压的三端集成稳压器中的三端是指输入端、输出端和接地(公共)端。固定输出电压的三端集成稳压器有 W7800 系列(输出正电压)和 W7900 系列(输出负电压)稳压器，各有 7 个挡次，输出电压分别为 $\pm 5\ V$、$\pm 6\ V$、$\pm 9\ V$、$\pm 12\ V$、$\pm 15\ V$、$\pm 18\ V$ 和 $\pm 24\ V$；对于具体的器件，符号中的"00"用数字代替，表示输出电压值。输出电流有 3 个挡次，分别为 $1\ A$(W78××)、$0.5\ A$(W78M××)和 $0.1\ A$(W78L××)。W7800 系列输出固定的正电压有多种，例如，W7815 的输出电压为 $+15\ V$，最高输入电压为 $35\ V$，最小的输入、输出电压差为 $2 \sim 3\ V$，最大输出电流可达 $1.5\ A$，输出电阻为 $0.03 \sim 0.15\ \Omega$，电压变化率为 $0.1\% \sim 0.2\%$。W7900 系列输出固定的负电压，其参数与 W7800 系列基本相同。

使用时应当注意，在根据稳定电压值选择稳压器的型号时，要求经整流滤波后的电压要高于三端集成稳压器的输出电压 $2 \sim 3\,\mathrm{V}$，即输入电压应至少高于输出电压 $2 \sim 3\,\mathrm{V}$，但不宜过大。这是由于输入与输出电压差等于加在调整管上的 u_{CE}，如果过小，调整管容易工作在饱和区，降低稳压效果，甚至失去稳压作用；若过大，则功耗过大。图 9.4-7 是 W7800 系列稳压器的外形和电路符号。使用时只需在其输入端和输出端与公共端之间各并联一个电容即可。图 9.4-8 是 W7800 系列稳压器的典型接线图，其中 C_i 用以抵消输入端较长接线的电感效应，防止产生自激振荡，接线较短时也可不用；C_i 电容值一般可取 $0.1 \sim 1\,\mu\mathrm{F}$，为了防止瞬时增减负载电流时输出电压产生较大的波动，输出可接 $1\,\mu\mathrm{F}$ 左右的电容 C_o。

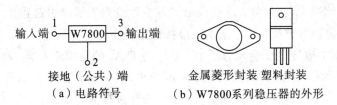

图 9.4-7　W7800 系列稳压器的电路符号和外形

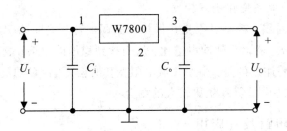

图 9.4-8　W7800 系列稳压器的典型接线图

2. 可调输出电压的三端集成稳压器

可调输出电压的三端集成稳压器有 W×17 系列（输出正电压）和 W×37 系列（输出负电压）稳压器，它既保持了三端的简单结构，又实现了输出电压连续可调。它以一种通用、标准化稳压器的形式用于各种电子设备的电源中。可调输出电压的三端集成稳压器的外形和电路符号与固定输出的三端集成稳压器很相似，只是没有接地（公共）端，只有输入、输出和调整三个引线，是悬浮式电路结构。其内部具有过流保护、短路保护、调整管安全区保护和稳压器芯片过热保护等电路，使用安全可靠。以 W317、W337 为例，W317、W337输出电压为 $1.2 \sim 35\,\mathrm{V}$（或 $-1.2 \sim -35\,\mathrm{V}$）、连续可调，输出电流为 $0.5 \sim 1.5\,\mathrm{A}$，最小负载电流为 $5\,\mathrm{mA}$，输出端与调整端之间的基准电压为 $1.25\,\mathrm{V}$，调整端静态电流为 $50\,\mu\mathrm{A}$。

3. 集成稳压电路的应用

三端集成稳压器在使用时，根据需要配以适当的散热器就可以接成实际的应用电路。下面简单介绍几种常用的应用电路。

（1）提高输出电压的应用电路。在一些场合的应用中，设备实际要求的工作电压可能略大于集成稳压器可以直接提供的电压值。图 9.4-9 所示的应用电路能使实际输出电压高于固定的输出电压。图中，U_{xx} 为 W7800 系列稳压器的固定输出电压，显然 $U_o = U_{xx} + U_z$。

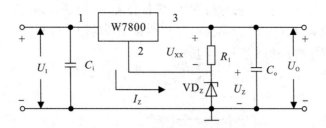

图 9.4-9　提高输出电压的电路

（2）扩大输出电流的应用电路。当电路所需电流超过器件的最大输出电流 I_{Omax} 时，可采用外接功率管 VT 的方法来扩大电路的输出电流，接法如图 9.4-10 所示。在 I_O 较小时，稳压器输入电流较小，所以 U_R 较小，外接功率管 VT 截止，$I_C = 0$；当 $I_O > I_{Cmax}$ 时，稳压器输入电流增大，从而使 U_R 增大，VT 导通，使 $I_O = I_{Cmax} + I_C$，扩大了输出电流。

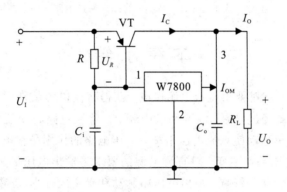

图 9.4-10　扩大输出电流的电路

（3）三端输出电压可调的应用电路。三端输出电压可调的应用电路如图 9.4-11 所示。图中，最大输入电压不超过 40 V，固定电阻 R_1（240 Ω）接在输出端与调整端之间，其两端电压为 1.25 V。通过调节可调电位器 R_2（0～6.8 kΩ），就可以在输出端获得 1.2～35 V 连续可调的输出电压。

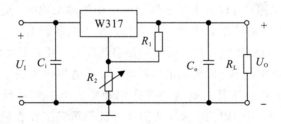

图 9.4-11　三端可调的应用电路

由于 W317 可以维持输出电压不变，所以 R_1 的最大值，即 $R_{1max} = 1.25/0.005 = 25$ Ω，实际取值可略小于 250 Ω，如 240 Ω。由图 9.4-12 可知，输出电压为

$$U_O \approx 1.25 \times \left(1 + \frac{R_2}{R_1}\right) \tag{9.4-23}$$

为了减小 R_2 上的纹波电压，可以在其两端并联一个 10 μF 的电容 C。但是，在输出短路时，C 将向稳压器调整端放电，并使调整端发射结反偏，为了保护稳压器，可以在 R_2 两

端加二极管 VD_2，提供一个放电回路；若 C_o 容量较大，一旦输入端断开，C_o 将从稳压器输出端向稳压器放电，容易使稳压器损耗。可以在稳压器的输入端和输出端之间跨接一个二极管 VD_1，起保护作用，如图 9.4 - 12 所示。

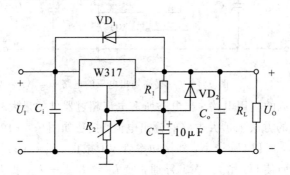

图 9.4 - 12 W317 的外加保护电路

本 章 小 结

在电子系统中，一般都要由直流电源供电。获得直流电源最常用的方法是由交流电网转换为直流电压，需要经过整流、滤波和稳压环节。整流电路将交流电压变为脉动的直流电压，滤波电路可减小脉动使直流电压平滑，稳压电路的作用是在电网电压波动或负载电流变化时保持输出电压基本不变。对直流电源的要求是输出电压尽量不受电网电压波动、输出负载变化和温度变化的影响，输出电压中脉动和噪声成分小，转换效率高。

整流电路有半波和全波两种，最常用的是单相桥式整流电路。分析整流电路时，应分别判断在变压器副边电压正、负半周两种情况下二极管的工作状态，从而得到负载两端电压、二极管端电压及其电流波形，并由此得到输出电压和电流的平均值，以及二极管的最大整流平均电流和所能承受的最高反向电压。

利用二极管的单向导电性可以构成整流电路，将交流电变为脉动直流电。在整流电路的输出端接各种滤波电路，可以大大减小输出电压中的脉动成分。滤波电路分为电容滤波和电感滤波两大类。在直流输出电流较小且负载几乎不变的场合，可采用电容滤波；负载电流大的场合，可采用电感滤波；对滤波效果要求较高时，可采用复合式滤波。

稳压管稳压电路结构简单，但输出电压不可调，仅适用于负载电流较小且其变化范围也较小的情况。电路依靠稳压管的电流调节作用和限流电阻的补偿作用，使输出电压稳定。必须合理选择限流电阻的阻值，这样才能既保证稳压管工作在稳压状态，也不至于因功耗过大而损坏。

在串联型稳压电源中，调整管、基准电压电路、输出电压取样电路和比较放大电路是基本组成部分。电路中引入了深度电压负反馈的闭环调节系统，它的调整管工作在线性放大状态，通过控制调整管的压降来调整输出电压的大小，从而使输出电压稳定。基准电压的稳定性和反馈深度是影响输出电压稳定的重要因素。

开关式稳压电源是一种转换效率高的稳压电路。其调整管工作在开关状态，通过控制调整管导通和截止的占空比来稳定输出电压，因而功耗小、电路转换效率高，但是一般输出的纹波电压较大，适用于输出电压调节范围小、负载对输出纹波要求不高的场合。

集成稳压器仅有输入端、输出端和公共端三个引出端，使用方便，稳压性较好。其有输出电压固定式和可调式两类。通过外接电路可扩展电压和电流，但是由于调整管始终工作在线性区，功耗较大，因而电路转换效率较低。

思考与练习

9-1　选择题：

(1) 整流的目的是(　　)。

A. 将交流变为直流　　　　　　B. 将高频变为低频　　　　　　C. 将正弦波变为方波

(2) 在单相桥式整流电路中，若有一只整流管接反，则(　　)。

A. 输出电压约为 $2U_D$　　　　　　　　　B. 变为半波直流

C. 整流管将因电流过大而烧坏

(3) 在桥式整流电路中，接入电容 C 滤波后，二极管的导通角(　　)。

A. 变大　　　　　　　　　　　B. 变小　　　　　　　　　　　C. 不变

(4) 直流稳压电源中滤波电路的目的是(　　)。

A. 将交流变为直流　　　　　　　　　　B. 将高频变为低频

C. 将交、直流混合量中的交流成分滤掉

(5) 串联型稳压电路在正常工作时，调整管处于(　　)工作状态。

A. 放大　　　　　　B. 开关　　　　　　C. 饱和　　　　　　D. 截止

(6) 串联型稳压电路中放大环节所放大的对象是(　　)。

A. 基准电压　　　　　　　　　　　　B. 取样电压

C. 基准电压与取样电压之差

(7) 在集成稳压器中，78L12 表示(　　)。

A. 电压输出电压为 +12 V　　　B. 电压输出电压为 -12 V

C. 电压输出电压为 +1.2 V　　　D. 电压输出电压为 -1.2 V

9-2　填空题：

(1) 直流电源一般由_____、_____、_____和_____四个部分组成，它能将_____ 量变为_____量。实质上是一种_____ 转换电路。

(2) 桥式整流电路和半波整流电路相比，在变压器二次电压相同的条件下，_____电路的输出电压平均值高了一倍；若输出电流相同，就每个整流二极管而言，则_____电路的整流平均电流大一倍。

(3) 整流电路是利用二极管的_____ 将交流量变为直流量的；滤波电路是利用电容或电感的_____ 减小脉动成分的；稳压电路是利用_____ 来稳定输出电压的。

(4) 在电容滤波和电感滤波的电路中，_____ 滤波的直流输出电压高，_____滤波适合用于电流负载。

(5) 稳压电路通常由_____ 、_____ 、_____ 和_____ 等环节构成。

(6) 稳压电路按电路结构可分为_____ 和_____ 。

(7) 串联集成稳压电路的种类繁多，按输出电压是否可调分为_____ 和_____

两类。其中固定输出电压的三端集成稳压器中的三端是指 _____、_____

和 _____。

9-3 判断题：

(1) 直流电源是一种能量转换电路，它将交流能量转换为直流能量。(　　)

(2) 直流电源是一种将正弦信号转换为直流信号的波形变换电路。(　　)

(3) 在单相桥式整流电容滤波电路中，如果有一只整流管断开，输出电压平均值变为

原来的一半。(　　)

(4) 当输入电压 U_1 和负载电流 I_L 变化时，稳压电路的输出电压是绝对不变的。(　　)

(5) 线性直流电源中的调整管工作在放大状态，开关型直流电源中的调整管工作在开

关状态。(　　)

(6) 一般情况下，开关型稳压电路比线性稳压电路效率高。(　　)

9-4 在题 9-4 图所示电路中，已知输出电压平均值 $U_{O(AV)} = 15$ V，负载电流平均值

$I_{L(AV)} = 100$ mA。

(1) 变压器副边电压有效值 U_2 为多少？

(2) 设电网电压波动范围为 ±10%。在选择二极管的参数时，其最大整流平均电流 I_F

和最高反向电压 U_R 的下限值约为多少？

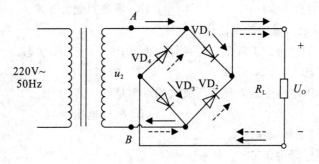

题 9-4 图

9-5 电路如题 9-5 图所示，变压器副边电压有效值为 $2U_2$。

(1) 画出 u_2、u_{D1} 和 u_o 的波形；

(2) 求出输出电压平均值 $U_{O(AV)}$ 和输出电流平均值 $I_{L(AV)}$ 的表达式；

(3) 求出二极管的平均电流 $I_{D(AV)}$ 和所承受的最大反向电压 U_{Rmax} 的表达式。

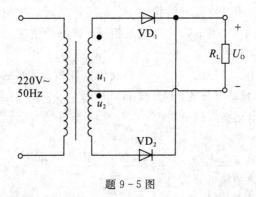

题 9-5 图

9-6 单相桥式整流电路如题9-6图所示，变压器一次侧接220 V交流电压。

(1)已知变压器二次侧电压为18 V，负载电阻为9 Ω。试求输出的直流电压 U_O、直流电流和整流管的平均整流电流 I_D、最大反向峰值电压 U_{RM}。

(2)若要求负载电阻上得到的直流电压为9 V，试确定变压器的二次电压和一次侧、二次侧的匝数比。

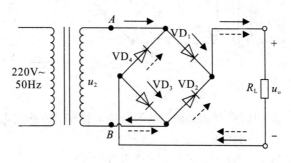

题9-6图

9-7 能输出两组直流电压的桥式整流电路如题9-7图所示。

(1)试分析二极管的导电情况，标出 u_{o1} 和 u_{o2} 的实际极性。

(2)当 $U_{21} = U_{22} = 7.5$ V、VD为理想二极管时，计算电路的输出电压平均值 U_{O1} 和 U_{O2}。

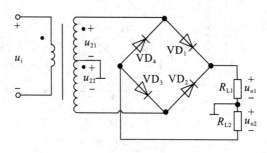

题9-7图

9-8 分别判断题9-8图所示各电路能否作为滤波电路，简述理由。

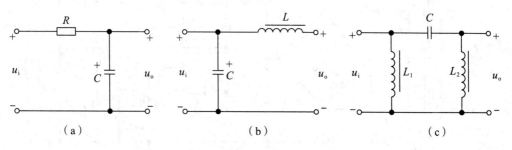

(a)　　　　　　　　(b)　　　　　　　　(c)

题9-8图

9-9 桥式整流、电容滤波电路如题9-9图所示，已知交流电源电压 u_i 为220 V、50 Hz，$R_L = 50$ Ω，要求输出直流电压为24 V，纹波较小。

(1)选择整流管的型号；

(2)选择滤波电容器(容量和耐压)；

（3）确定电源变压器的二次电压和电流。

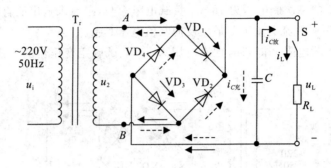

题 9-9 图

9-10　在题 9-10 图所示桥式整流、电容滤波电路中，设滤波电容 $C = 1000\ \mu F$，交流电源频率为 50 Hz，$R_L = 5.1\ k\Omega$。

（1）要求输出电压 $U_o = 17\ V$，问：U_2 需要多少伏？

（2）若 R_L 减小，输出电压 U_o 是增大还是减小？二极管导角是增大还是减小？

（3）若电容 C 虚焊（相当于 C 未接入），输出电压 U_o 是增大还是减小？

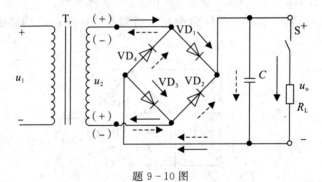

题 9-10 图

9-11　在题 9-11 图所示串联反馈型稳压电源中，设 $U_Z = 8\ V$，$R_1 = 3\ k\Omega$，$R_2 = 2\ k\Omega$。试计算其输出电压。

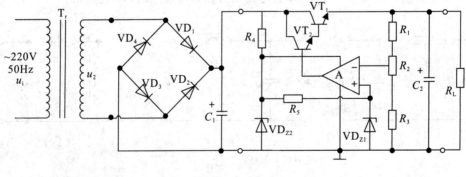

题 9-11 图

9-12　电路如题 9-12 图所示，稳压管的稳定电压 $U_Z = 4.3\ V$，晶体管的 $U_{BE} = 0.7\ V$，$R_1 = R_2 = R_3 = 300\ \Omega$，$R_0 = 5\ \Omega$。试估算：

（1）输出电压的可调范围；

（2）调整管发射极允许的最大电流；

（3）若 $U_1 = 25$ V，波动范围为 $\pm 10\%$，则调整管的最大功耗为多少？

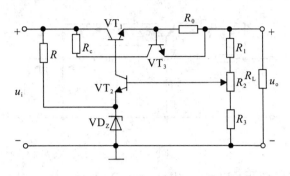

题 9 - 12 图

9 - 13　　电路如题 9 - 13 图所示，已知稳压管的稳定电压 $U_Z = 6$ V，晶体管的 $U_{BE} = 0.7$ V，$R_1 = R_2 = R_3 = 300$ Ω，$U_I = 24$ V。判断出现下列现象时，分别因为电路产生什么故障（即哪个元件开路或短路）。

（1）$U_o \approx 24$ V；（2）$U_o \approx 23.3$ V；（3）$U_o \approx 12$ V 且不可调；（4）$U_o \approx 6$ V 且不可调；

（5）U_o 可调范围变为 $6 \sim 12$ V。

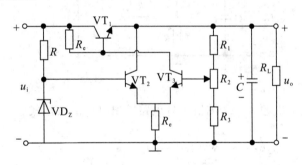

题 9 - 13 图

9 - 14　　直流稳压电源如题 9 - 14 图所示。

（1）说明电路的整流电路、滤波电路、调整管、基准电压电路、比较放大电路、取样电路等部分由哪些元件组成。

（2）标出集成运放的同相输入端和反相输入端。

（3）写出输出电压的表达式。

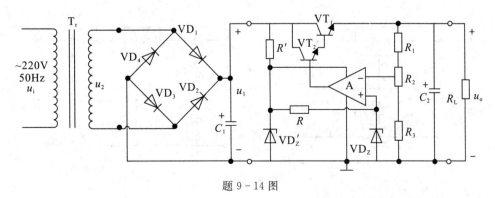

题 9 - 14 图

9 - 15　电路如题 9 - 15 图所示，设 $I'_1 \approx I'_O = 1.5$ A，晶体管 VT 的 $U_{EB} \approx U_D$，$R_1 = 1$ Ω，$R_2 = 2$ Ω，$I_{Dm} \approx I_B$，求解负载电流 I_L 与 I'_O 的关系式。

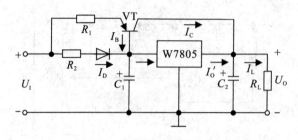

题 9 - 15 图

9 - 16　在题 9 - 16 图所示电路中，$R_1 = 240$ Ω，$R_2 = 3$ kΩ，W117 输入端和输出端电压允许范围为 $3 \sim 40$ V，输出端和调整端之间的电压 U_{REF} 为 1.25 V。试求解：

（1）输出电压的调节范围；

（2）输入电压的允许范围。

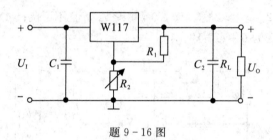

题 9 - 16 图

9 - 17　试分别求出题 9 - 17 图所示各电路输出电压的表达式。

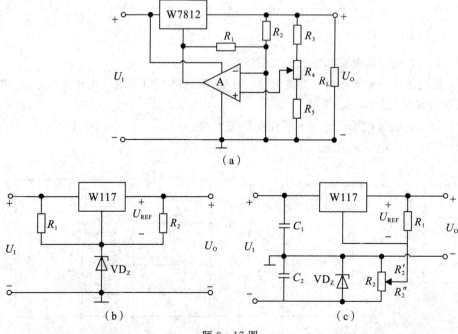

题 9 - 17 图

参考文献

[1] 康华光．电子技术基础(模拟部分)．北京:高等教育出版社,2006.

[2] 陈大钦．模拟电子技术基础．北京:机械工业出版社,2010.

[3] 查丽斌．模拟电子技术．北京:电子工业出版社,2013.

[4] 朱定华．模拟电子技术．北京:清华大学出版社,2013.

[5] (美)博伊尔斯塔德．模拟电子技术．李立华,译．北京:电子工业出版社,2008.